MITTEILUNGEN

der

Geographischen Gesellschaft in Hamburg

Band XXVIII

Im Auftrage des Vorstandes herausgegeben

von

Dr. L. Friederichsen

Erstem Sekretär

Mit 8 Originalkarten, 19 Autotypien auf 14 Tafeln
und 72 Textfiguren

HAMBURG

L. Friederichsen & Co.

(Inhaber: Dr. L. u. R. Friederichsen)

Land- und Seekartenhandlung

geographischer und nautischer Verlag

1914

Druck von J. J. Augustin in Glückstadt und Hamburg.

Morphologie
des Meßtischblattes Stadtremda

von

Prof. Dr. S. Passarge

Mit 19 Autotypien auf 14 Tafeln und 72 Textfiguren

Inhaltsverzeichnis.

Verzeichnis der Autotypien.

Verzeichnis der Karten.

Berichtigungen.

Seite	21	Zeile	6	von	oben,	lies:	I.	Beschreibender Teil.
„	42	„	13	„	„	„	5	Das Gebiet von Thälendorf.
„	44	„	9	„	unten,	„	6.	Der Südosten des Blattes usw.
„	46	„	4	„	„	„	c)	Die Täler.
„	58	„	8	„	oben,	„	c)	Das Remdaer Tal usw.
„	78	„	16	„	unten,	„	γ)	Das Heilsberger Tal.
„	84	„	6	„	oben,	„	δ)	Die Kirchremdaer Mulde und ihre Seitentäler.
„	125	„	9	„	unten,	„		Die Ergebnisse.
„	140	„	11	„	„	„	α.	Der schmutzig-gelbbraune Gehängeschutt.
„	178	„	4	„	oben,	„	3.	Die Talbildung.
„	184	„	12	„	unten,	„	7.	Die prähistorische Landschaft.

I. Einleitung.

Im September 1911 wurde der erste Versuch unternommen, in einem beschränkten Gebiet die verschiedenen Faktoren, die bei der Ausgestaltung der Erdoberfläche wirksam gewesen sind, kartographisch festzulegen. Die Wahl des Gebietes fiel auf Thüringen, das ich von meiner fünfjährigen Studienzeit in Jena her kannte. Formationen und Gesteine waren mir vertraut. Innerhalb dieses Gebiets wurde das Meßtischblatt Stadtremda gewählt, weil vom Oberen Zechstein bis zum Unteren Keuper alle Glieder der Trias entwickelt sind und obendrein teils flache, teils gestörte Lagerung vorkommt. Auch an Tertiär und Diluvium fehlt es nicht. Das Saaletal kommt gerade noch auf das Blatt und das Wasserscheidengebiet zwischen Ilm und Saale konnte als relativ wenig abgetragene Region von Wichtigkeit werden. In der „Physiologischen Morphologie“ [1]) und in einem Vortrag auf dem Geographentag in Innsbruck [2]) wurde auf die Ergebnisse zum ersten Mal hingewiesen, allein diese durch neue Aufnahmen von September bis Oktober 1912 wesentlich erweitert und vertieft. Im August 1913 nahmen Dr. Rathjens und Dr. Brandt an einigen Exkursionen teil. Dabei wurde noch manches Neue gefunden, so vor allem eine größere Zahl neuerer Vorkommen von Lößschnecken in unzersetztem Gehängeschutt und ferner das durch einen neuen Weggraben aufgeschlossene Profil von Teichel mit den Stauchungen und der Brecciebildung des Kalk- und Rötschutts.

Die neu auftauchenden Probleme führten zu dem Plan, an einigen Stellen durch Nachgraben die Beschaffenheit des Gehängeschutts festzustellen. Das geschah im Oktober 1913. Gewählt wurde das Keilhauer Tal. Einmal liegt hier ein zusammenhängender Besitz vor, denn der größte Teil des Bodens gehört der Keilhauer Anstalt, und zwei-

---

[1]) Mitt. der Geogr. Ges. in Hamburg, Bd. XXVI, 1912.

[2]) Verhandlungen des XVIII. Deutschen Geographentags 1912.

tens gestattete Herr Barop, der landwirtschaftliche Leiter derselben, in der liebenswürdigsten Weise das Anlegen von Gruben. Auch Herr Bürgermeister Wächter und Herr Ökonom Bloß kamen meinen Wünschen auf das zuvorkommenste entgegen. Allen diesen Herren möchte ich an dieser Stelle meinen verbindlichsten Dank aussprechen und gleichzeitig auch Herrn Dr. Flume und Herrn Professor Wächter, dem Direktor der Anstalt, die in jeder Hinsicht meine Pläne förderten. Die Gruben wurden dann von Herrn Professor v. Zahn-Jena und seinem Assistenten, Herrn Amhaus, besichtigt und selbständig aufgenommen. Abgesehen von den persönlichen Beziehungen fiel für die Wahl Keilhaus der Umstand ins Gewicht, daß bestimmte Aufzeichnungen über Überschüttungen der Gehänge und Täler mit Schutt vorlagen und man hoffen konnte, die Beschaffenheit und Mächtigkeit solcher Schuttmassen festzustellen.

Zur Kontrolle wurden dann noch auf dem Südhange der Daule nördlich von Altremda ebenfalls einige Gruben angelegt. Herr Ökonom Hornung stellte mir sein Grundstück zur Verfügung; auch ihm möchte ich hier für seine Freundlichkeit danken. Dort war über Schäden durch Schutt nie geklagt worden und andere Verhältnisse als in Keilhau waren zu erwarten. Die Grabungen sind von der größten Bedeutung gewesen. Sie haben gezeigt, daß eine gründliche Erkenntnis der Ausgestaltung Thüringens ohne Grabungen nicht zu erreichen ist. Deshalb müßten von rechtswegen die Aufnahmen jetzt erst beginnen. Denn erst nach dem Erkennen der anscheinend eiszeitlichen Schuttmassen auf den Gehängen und in den Tälern bei Teichel, Keilhau und Altremda wurde ein Teil der auf der Bodenkarte eingetragenen Schuttvorkommen festgestellt. Vermutlich ist die Zahl der Aufschlüsse viel größer, wie auch die der Stellen, in denen der Gehängeschutt diluviale Schnecken führt. So manche Stellen, an denen einfach „Rötletten" notiert sind, mögen Brockentone sein. Auch sei es nicht verschwiegen, daß die Untersuchung nicht gleichmäßig in allen Teilen durchgeführt worden ist. Namentlich die Ränder und Ecken des Blattes sind stellenweise zu kurz gekommen. Wenn ich mich aber trotzdem zu der Veröffentlichung entschlossen habe, so liegt der Grund hierfür darin, daß einerseits die Grundzüge der morphologischen Entwicklung doch wohl festgestellt werden konnten, und weil es obendrein neben der lokalen Erforschung auch auf eine Erprobung der Methode ankam, ein Gebiet durch Kartierung der verschiedenen, morphologisch wirksamen Faktoren zu erforschen. Über den Wert dieser Methode dürfte man sich nunmehr ein Bild machen können, und demnach schien es gerechtfertigt, jetzt bereits mit den Ergebnissen an die Öffentlichkeit zu treten.

Zum Schluss sei Herrn Dr. Horn, wissenschaftlichem Hilfsarbeiter am geologisch-mineralogischen Institut in Hamburg, für die Bestimmung der Fossilien des Löß, des Gehängsschutts und der alluvialen Ablagerungen' aufrichtiger Dank ausgesprochen.

II. Allgemeiner Überblick.

I. Lage, Größenverhältnisse und orographischer Überblick.

Das Meßtischblatt wird durch die Breitengrade 50°42' und 50°48' n. Br. und die Längengrade 28°50' und 29° östl. Länge begrenzt. Demgemäß ist die Höhe des Blattes (N-S) = 6' Breite, d. h. = 11,2 km, die Breite (W-O) = 10' Länge d. h. = 11,75 km. Der Flächeninhalt des Blattes ist 131,61 qkm.

Das Gebiet gehört der Thüringer Mulde an und zwar dem östlichen Teil zwischen Saale und Ilm. Die Saale ist an der Südostecke noch sichtbar, während die Ilm noch wenige Kilometer von der Nordwestecke entfernt ist.

Die Meereshöhe liegt zwischen 192 m im Saaletal und 545,7 m auf dem Gr. Kalmberg. Die relativen Höhen liegen indes meist zwischen 100—250 m. Die größte relative Höhendifferenz besteht zwischen der Saale (192 m) und dem Kesselberg (521 m), nämlich 329 m. Demgemäß besitzt das ganze Gebiet den Charakter eines H ü g e l l a n d e s bis B e r g l a n d e s. Den Oberflächenformen nach wird das Land wohl am besten als z e r s c h n i t t e n e s T a f e l l a n d charakterisiert, in dem die Hochflächen, die über den breiten Tälern und Senken liegen, überwiegen, Berge und Rücken dagegen zurücktreten.

Die Gliederung des Plateaus wird durch die Nebentäler der Saale bewirkt. Von diesen führt das Telltal in die Südwestecke, nach dem Schwarzatal, dagegen gehen Schaaltal und Remdaer Tal zur Saale direkt. Das Remdaer Tal durchquert fast das ganze Blatt von West nach Ost, biegt aber bei Teichröda nach SO. um. Es teilt so das Bergland in einen nördlichen und einen südlichen Teil. Der nördliche Teil, der fast ganz Plateaucharakter besitzt, wird durch die

Breitenheerdaer Senke in einen kleineren westlichen — das Kalmplateau — und einen östlichen größeren — die Teicheler Platte zerlegt. Die Breitenheerdaer Senke stellt eine sehr bequeme, 425 m hohe Verbindungsstraße zwischen Saale und Ilm her. Die Teicheler Platte wird durch das Tännich-, Hirten-, Heilsberger- und Teicheler Tal gegliedert und es treten besonders die Vorsprünge des Wachtel-, Hirten- und Viehberges hervor.

Zwischen dem Tell- und Remdaer Tal liegt die Tafel des Schönen Feldes, die aber auf der Ostseite durch das Schaaltal in zwei Flügel zerlegt wird. Der nördliche Flügel wird durch das Wiesental im Norden und das Groschwitzer Tal im Süden abgegliedert. Es besteht im Gegensatz zum Plateau des Schönen Feldes aus Rücken und Kuppen und sei zusammen mit dem östlich des Unteren Remdaer Tals gerade noch hervortretenden Hügelland als Rudolstädter Hügelland zusammengefaßt. Der südliche Flügel, das Gölitzplateau, liegt zwischen Telltal und Schaaltal und wird durch ein Nebental des letzteren, das von Keilhau nach Groß-Gölitz führt, vom Plateau des Schönen Feldes abgetrennt. Ihm sind im Osten nach der Saale zu vorgelagert die Zeigerheimer Berge. Schließlich ragt in die Südwestecke des Blattes noch der Rand des Paulinenzellaer Hügellandes hinein.

III. Stratigraphie.

1. Beschreibender Teil.[1])

Die Formationen, die auf dem Blatt Stadt Remda vorkommen, gehören hauptsächlich der Trias an, namentlich dem Buntsandstein und dem Muschelkalk. Allein auch ältere und jüngere Schichtenglieder treten auf.

a) Der Zechstein.

1. Der Obere Zechstein findet sich in einem schmalen Streifen westlich von Rudolstadt am Südhang des Hainberges und in dem Mörlagraben. Ein kleines isoliertes Vorkommen ist dann noch

---

[1]) Der Darstellung ist ganz wesentlich der Text zu der geologischen Karte von Fritsch zu Grunde gelegt.

in dem Tal 5b, einem Nebental nördlich von Schaala, gefunden worden, das auf der geologischen Karte der Landesaufnahme fehlt. Es kommen folgende Glieder vor.

a) Untere Letten treten nur in einem wenige Quadratmeter großen Aufschluß auf. Es sind dunkelgraugrüne Lettenschiefer.

b) Oberer Zechsteinkalk und Dolomit. Der Kalk, der oft in Dolomit übergeht, ist dunkel, schwärzlich, enthält Bitumen und Kohlenwasserstoffe und tritt z. Tl. plattig, z. Tl. in Form scharfeckiger Trümmer über dichten, harten, kompakten und klotzigen Massen auf. Versteinerungen sind selten und schlecht erhalten. Im Mörlagraben bildet er steile Wände, im Tal 5b nördlich von Schaala eine Klippe.

c) Obere Letten und Bröckelschiefer. Diese bestehen aus weichen, roten, bröckeligen Letten, die nur ca. 5 m Mächtigkeit besitzen. Sie sind im Mörlagraben aufgeschlossen. Versteinerungen sind nie gefunden worden.

b) Trias.

1. Der Buntsandstein.

Diese Formation ist vollständig entwickelt, allein die Verbreitung der einzelnen Glieder und demnach ihre Bedeutung für das Gebiet ist nicht gleichmäßig.

a) Der Untere Buntsandstein tritt in einer schmalen Zone rund um den Zechstein des Mörlagrabens auf, erreicht ca. 86 m Mächtigkeit und besteht hauptsächlich aus dünnplattigen, feinkörnigen Sandsteinen. Glimmerschüppchen und ein feines, toniges Bindemittel, sowie Lager von Schieferletten zeichnen ihn aus. Die Farbe wechselt und ist grau, graugrün, rötlich, rot. Versteinerungen sind nicht gefunden worden.

b) Im Mittleren Buntsandstein sind die Sandsteine grobkörniger und dickbankiger, aber schwer oder gar nicht scharf von der unteren Stufe zu trennen. Erbsen- bis nußgroße Gerölle aus weißem Quarz und Kieselschiefer kommen bisweilen vor. Tonzwischenlagen sind auch lokal vorhanden. Die Farbe wechselt zwischen weiß, grau, gelblich, rötlich und rot. Der Kitt ist tonig, seltener kalkig oder kieselig; die Konsistenz ist mürb und in nassem Zustand zerreiblich. Die Mächtigkeit ist nicht genau bekannt, dürfte aber 300 m überschreiten. Von Versteinerungen kommen Chirotheriumspuren in den oberen Schichten nahe der Rötgrenze vor und ferner wahrscheinlich auch Gervillia Murchisoni; wenigstens wiesen undeutliche Steinkerne NW von Rudolstadt darauf hin.

c) Der Obere Buntsandstein oder das Röt ist eine ca. 85 m mächtige Schichtenmasse. Der untere Teil bis zu einem grauen bis gelblichen Dolomit, der leicht in Würfel und Parallelepipeda zerfällt und Myophoria costata und andere Zweischaler enthält, besteht aus graugrünen, oft sandigen, an Glimmerschüppchen reichen, kalkigen Letten. Die obere Abteilung[1]) dagegen ist rot, enthält aber hellgrünliche Letten- und Mergelbänder nebst Quarzitbänken. Letztere bilden gewissermaßen das Zentrum des hellen Lettenbandes. Sie enthalten Myophoria costata (Zenk). Gypslager sind in die roten Letten nicht selten eingelagert und zwar Knollen- und Fasergypse. selten derbe oder porphyrische Gypse. Nur an einer Stelle, nämlich im Ebergraben am Ostabhang der Schlucht 9b, zwischen dem Gipfel des roten Berges östlich Teichel und dem Vorwerk Klöswitz liegt — in derselben Weise wie in der Umgebung von Jena — eine etwa 10 m mächtige, gebankte und ungeschichtete Masse von porphyrischem und spätigem Gyps zwischen Mittlerem Buntsandstein und Unteren graugrünen Letten. Ein anderes, nahe der Grenze der Chirotheriumschichten gelegenes Gypslager westlich von Thälendorf liegt in den Letten, ist aber abgebaut worden. Die Grenze des Röts gegen den Wellenkalk ist meist mit Wellenkalktrümmern überschüttet, also schlecht festzustellen.

2. Der Muschelkalk.

a) Der Untere Muschelkalk zerfällt in zwei Abteilungen, α) in die Myophoriumbänke = Untere ebene Kalkschiefer und β) in den Wellenkalk.

α) Die Myophorienschichten bestehen aus bildsamen, grauen und grünlichen Mergeltonen und plattigen Kalksteinen, die massenhaft Steinkerne und Zweischaler enthalten. In einer Grube auf dem Abhang NW von Altremda fand sich auch eine $^1/_2$ m mächtige Kalksteinbank. Sie ist sehr hart, gelbbraun, von weißen Kalkspatgängen durchzogen, die sich auf Klüften abgeschieden haben. In die obersten Lagen der Myophorienschichten ist häufig ein Band roter Letten eingeschaltet, das auch auf der geologischen Karte der Landesaufnahme z. Tl. eingezeichnet ist. Die Mächtigkeit der Myophorienschichten beträgt ca. 18—20 m.

β) Der Wellenkalk zerfällt in eine untere und obere Stufe.

---

[1]) Diese entspricht dem mittleren Röt bei Jena, während das obere Röt der dortigen Gegend mit den Myophorienschichten unseres Blattes verschmolzen sein dürfte.

Der Untere Wellenkalk besteht ganz überwiegend aus Knollen und Knauern von mergligem Kalk. Es sind aber harte Kalksteinbänke und -Platten häufig eingelagert, die dem Kalk größere Festigkeit verleihen. Die Gesamtmächtigkeit ist ca. 88 m. Etwa 50 m über den Myophorienschichten liegt die Oolithzone. Diese besteht aus 2 von ca. 5 m Wellenkalk getrennten, mächtigen, feinporigen Kalksteinbänken, die in Rogenstein übergehen können. Dann folgen ca. 31 m Wellenkalk bis zum Terebratulakalk. Dieser besteht aus 2 Hauptbänken eines harten, porösen Kalksteins. Die Mächtigkeit der Oberbank schwankt erheblich, nämlich zwischen 0,14 und 1,34 m, die der Unterbank zwischen 1,10—1,75 m. Dazwischen liegt ca. 1 m Wellenkalk. Der Wellenkalk ist reich an Abdrücken und Steinkernen von Myophorien, Schlangenwülsten, Lima lineata u. a. m. Der Terebratulakalk aber enthält reichlich Schalen der Terebratula vulgaris.

Der Obere Wellenkalk ist ca. 20—22 m mächtig und gleicht petrographisch dem Unteren Wellenkalk. Auch besitzt er dieselben Fossilien. Er wird abgeschlossen durch den Schaumkalk, der im Volksmund Mehlbatzen heißt. Das ist ein poröser, heller Kalkstein mit zahlreichen Lücken, die auf Molluskenschalen hinweisen und die oft mit Kalksinter erfüllt sind. Die Schaumkalkbank scheint auf dem Meßtischblatt Remda einheitlich zu sein und erreicht bis 2,25 m Mächtigkeit. Myophoria orbicularis kommt lokal vor (Ehrenstein, Sundremda, Kirchremda).

b) Mittlerer Muschelkalk. Im allgemeinen besteht diese Abteilung aus eben geschichteten, plattigen bis schieferigen, dolomitischen Kalksteinbänken und aus Kalkmergeln von leicht grauer bis bräunlicher Farbe. Lokal sind Zellenkalke entwickelt, die z. B. bei Sundremda bis 4 m Mächtigkeit erreichen. Versteinerungen fehlen. Die Mächtigkeit schwankt zwischen 51 und 62 m, allein die Abgrenzung gegen den Oberen Muschelkalk ist nicht leicht, und da der Mittlere Muschelkalk flache Gehänge bildet und nirgends in ganzer Mächtigkeit aufgeschlossen ist, sind Schätzungen und Messungen schwer ausführbar und unsicher.

c) Oberer Muschelkalk. Wie in ganz Thüringen, zerfällt diese Stufe in den Trochitenkalk und die Nodosusschichten.

α) Der Trochitenkalk, dem sich Hornstein führende Kalksteine anschließen, bildet mächtige, harte Kalksteinbänke; 16—22 m ist die Gesamtmächtigkeit. Die gelben, z. Tl. oolithischen Kalksteinbänke bilden hauptsächlich das Liegende, die grauen Trochitenkalk, das Hängende der Stufe. Die Versteinerungen sind häufig und namentlich im

Trochitenkalk zu finden, so Encrinus liliiformis v. Schloth, Lima striata v. Schloth, Terebratula vulgaris v. Schloth., die Auster Terquemia difformis, sowie Natica oolithica Zenk.

β) Die obere Abteilung des Oberen Muschelkalkes — die Nodosus-Schichten — ist durch das Auftreten von Ceratites nodosus (de Haan) ausgezeichnet. Die Mächtigkeit wird auf mindestens 113 m geschätzt, indes ist solche Schätzung recht unsicher. Hauptsächlich sind es plattige Kalksteine mit Tonmergeln, Mergelletten und Kalkmergeln. Die weichen, bildsamen Lagen sind dem Kalkstein gegenüber z. Tl. im Übergewicht, z. Tl. nur im Gleichgewicht. Gegen den Keuper hin treten dolomitische, eisenschüssige Gesteine auf. Die petrographische Beschaffenheit der Kalksteine wechselt sehr. Zum Teil gleichen sie den Myophorienschichten des Unteren Muschelkalkes, z. Tl. sind es zerklüftete, poröse oder dichte Kalksteine. Unter den Versteinerungen sind zu nennen: Ceratites nodosus, C. semipartitus und Terebratula cycloides; letztere kommt in bankweisen Anhäufungen vor. Solche Bänke heißen „Krötenaugen“.

3. Keuper.

Der untere Keuper ist als Kohlen- oder Lettenkeuper nur lokal verbreitet. Versteinerungen wurden nicht gefunden, nur nach Gesteinen und Schichtverband ist die Diagnose gestellt worden. Die Mächtigkeit soll 54—57 m betragen, indes sind sicherlich oft nur Reste der Schichtenreihe erhalten. Die Hauptmasse bilden graue und bräunliche Schieferletten, daneben sind Bänke von Ockerdolomit mindestens lokal entwickelt und ferner eine 12—13 m mächtige Serie toniger mürber Sandsteine. Oberhalb dieser Sandsteine sind die Letten gewöhnlich rot gefärbt. Lettenkohlen sind in 30—50 m Mächtigkeit im Sundremdaer Gebiet gefunden worden.

Während die Formationen vom Mittleren Buntsandstein bis zum Oberen Muschelkalk (inkl.) auf dem Blatt Stadtremda so weit verbreitet sind, daß es nicht notwenig war, auf ihr Vorkommen hinzuweisen, liegt die Sache beim Keuper anders. Er tritt nur inselförmig in Resten auf und zwar einmal in der Breitenheerdaer Senke. Ob die als „Diluvium“ kartierten, westlich und östlich von Kirchremda gelegenen Vorkommen von Lehm wirklich zum Diluvium gehören, erscheint zweifelhaft. Ganz unzweifelhaft besteht aus Keuper das angebliche Diluvialvorkommen auf dem Rücken NW der Heilsberger Mühle. Dort sind gelbbraune, mürbe Keupersandsteine und darüber liegende rote Lettenschiefer in einem Graben deutlich aufgeschlossen und zwar in gestörter Lagerung mit Einfall nach NW. Einzelne kleine Keuperschollen liegen in einer Zone zwischen der Heilsberger Mühle und Geitersdorf, in der Fortsetzung der Breitheerdaer Senke. Eine andere Zone zieht von Ehrenstein im Westen über Sundremda und Lichstedt nach Zeigerheim (SW von Rudolstadt).

c) Tertiär.

Ganz unbedeutend ist das Vorkommen von Tertiär.

Oligozän. Dieses wird eigentlich nur durch das Auftreten zahlreicher Stücke von Knollenquarzit erkannt. Grauwackenschieferstücke treten gleichzeitig auf, und v. Fritsch meint, daß diese einst in den Konglomeraten des Oligozäns steckten und mit den Knollenquarziten nach Entfernung der Sande und Tone liegen geblieben sind. Solche Anhäufungen von Knollenquarziten finden sich westlich von Österöda und südlich von Ehrenstein; auch fand sich ein Block südwestlich von Zeigerheim nahe dem Dorfrand.

Pliozän. Pliozänen Alters sind nach v. Fritsch Kies- und Geröllmassen, die westlich von Österöda liegen und eine Ablagerung der Ilm sind. Demgemäß sind Porphyrite und Porphyre häufig. Die Mächtigkeit beträgt über 10 m, mindestens lokal. Solche Porphyrgerölle sind auch im Bereich des heutigen Saalegebietes zu finden und zwar südsüdöstlich von Breitenheerda, etwa 1 km von dem Südende des Dorfes entfernt. Zwischen diesem und dem Österödaer Vorkommen vermitteln vereinzelte Porphyrgerölle, die westlich von Breitenheerda auf dem Abhang des Weidenberges gefunden wurden, den Übergang. Unter den Kiesen und Schottern liegt die Walkererde, ein grünlicher bis bläulichgrauer, fettiger Ton, der in den Pößnecker Fabriken zum Entfetten von Wollengeweben und Flanellen benutzt wurde. Wenigstens sind solche Gruben bei Dienstedt (Blatt Stadtilm) einst vorhanden gewesen. Ein Backenzahn, der wohl Elephas meridionalis Nesti angehört, spricht für Oberstes Pliozän. Die von v. Fritsch mit den Buchstaben d. p. als möglicherweise pliozän angedeuteten Saaleschotter bei Volkstedt sind, wie später ausgeführt werden soll, sicher nicht pliozän, sondern diluvial. Die Altersbestimmung des Tertiärs auf Blatt Stadtremda ist hauptsächlich durch Vergleich mit petrographisch ähnlichen Vorkommen der Nachbarschaft erfolgt.

d) Diluvium.

Die geologische Kartierung des Diluviums ist auf dem Blatt Stadtremda z. Tl. als wenig gelungen zu bezeichnen. Die Ursache hierfür sind die schlechten Aufschlüsse und der Mangel an Fossilien. Manche Angaben der Karte beruhen sicher auf einem Irrtum, so z. B. die nördlich der Heilsberger Mühle, wo Keuper vorkommt. Andere in der Kirchremdaer Mulde, im Heilsberger Tal, bei Sundremda und Lichstedt sind zweifelhaft; wenigstens ist an dem Boden nicht der mindeste Unterschied gegenüber den Böden der Umgebung festzustellen. Dagegen hat es sich als zweifellos herausgestellt, daß ein Teil des Gehängeschuttes der Täler diluviales Alter besitzt, denn er enthält die Lößschneckenfauna.

Die diluvialen Ablagerungen zerfallen in drei Abteilungen: 1. Schotterabglagerungen, 2. Lößlehm, 3. Schuttmassen der Gehänge und Täler. Die Ablagerungen 2. und 3. sollen bei der Darstellung der Täler eingehend behandelt werden. Dagegen können die Schotterbildungen hier bereits besprochen werden.

Diluviale oder z. Tl. auch pliozäne (?) S c h o t t e r sind viel verbreiteter als die geologische Karte der Landesaufnahme angibt. (Vergl. die Bodenkarte.) Meist sind es vereinzelte Gerölle und zwar Saaleschotter aus dem Schiefergebirge und Ilmschotter aus dem Porphyrgebirge. Erstere enthalten Quarze, Grauwacken, Kieselschiefer, Diabas, letztere Quarzporphyre, Melaphyre, Porphyrite.

Nun muß man aber auf zwei Umstände aufmerksam machen. Einmal werden zum Decken der Häuser vielfach Dachschiefer und Phyllitplatten benutzt und der Bauschutt wird mit dem Dung auf die Felder gefahren. Daher findet man Schiefer- und Phyllitplatten auf den Feldern gar nicht selten. Allein sie besitzen nicht die Form von Schottern und deshalb sind sie leicht als Falsifikate zu erkennen. Daß fremde Gesteine zuweilen ganz bedeutend transportiert werden, geht daraus hervor, daß die alten Pflastersteine von Stadtremda aus Porphyren bestehen, also früher, d. h. wahrscheinlich im Mittelalter oder noch später aus dem Ilmtal per Achse geholt worden sind. Daß bei solchem Transport einzelne Steine zerstreut werden, und nun als „Findlinge“ Aufsehen erregen könnten, ist ja leicht verständlich.

Schwieriger aber wird die Entscheidung in folgenden Fällen. In der Nähe von Rudolstadt, namentlich auf dem „Hain“, sind die Wege mit Saaleschotter überschüttet worden. Deshalb darf man auf Schotterstücke auf Wegen in der Umgebung von Rudolstadt nichts geben. Dazu kommt, daß von höher gelegenen Schotterlagern Gerölle die Gehänge entlang abrutschen können. Deshalb wird man neben dem Auftreten von Geröllen auch auf die Oberflächengestaltung achten, besonders auf das Auftreten von Ebenheiten, die durch Flußerosion entstanden sein könnten. Betrachten wir nunmehr die Ilm- und Saaleschotter getrennt.

Ilmschotter.

a) Westlich und südwestlich von Breitenheerda finden sich auf dem Gehänge des Weidenberges in 430 m Höhe wiederholt isolierte bis faustgroße Porphyrgerölle — Vorkommen, mit denen nichts anzufangen ist. Sie dürften pliozän sein.

b) Südsüdöstlich von Breitenheerda liegen, bereits auf Saalegebiet, zahlreiche kleine und große Schotter von Porphyren, Porphyriten, Grauwacken, Kieselschiefer, Quarz. Dieses Vorkommen von Ilmschotter auf Saalegebiet zu erklären, ist nicht leicht. Wie erwähnt, ist Remda zum Teil aus Porphyren des Ilmgebietes erbaut worden. Deshalb wäre es denkbar, daß bei dem Transport einzelne Stücke verloren gegangen sind. Allein die Porphyrstücke von Remda sind große Steine, mindestens von Kopfgröße, die auf den Feldern um Breitenheerda dagegen höchstens faustgroß. Sie konnten also doch Reste einer — pliozänen oder noch älteren (?) — Schotterablagerung sein. Stücke von Eisenschlacke, die sich auf den Feldern in der Breitenheerdaer Mulde und auch auf Saalegebiet finden, sind natürlich sicher Abfallsprodukte aus Dörfern.

Saaleschotter auf der Rumpffläche östlich des Krähenhügels.

Auf der aus Mittlerem und Oberen Muschelkalk bestehenden Abtragungsfläche östlich des Krähenhügels liegen in geringer Zahl Schotter aus Grauwacken und Quarz und in größerer Zahl solche aus Mittlerem Buntsandstein. Ein alter Bauer, der gerade pflügte, erklärte auf das Bestimmteste, daß seines Wissens niemals Saaleschotter nach Lichstedt gebracht worden sei. Demnach ist es nicht unwahrscheinlich, daß die Rumpffläche östlich des Krähenhügels der Rest einer fluviatilen Abtragungsfläche ist, auf der u. a. Thüringer-Wald-Gerölle abgelagert wurden. Bei der Höhe von 450 m über dem Meere ist tertiäres Alter am wahrscheinlichsten. Auch entspricht die Höhe dem Oligozänvorkommen der Karte südwestlich von Ehrenstein, nämlich 450 m.

Saaleschotter in 350 bis 365 m Höhe.

An vier Stellen kommen in solcher Höhe Schotter aus dem Thüringer Wald als isolierte Gerölle in der Nähe der Saale vor.

a) Die erste Stelle ist die Rumpffläche des Wachtelberges, eine ganz auffallende Hochfläche aus aufgerichteten Triasschichten. Die Gerölle bestehen aus Quarz, Kieselschiefer und Grauwacke. Die Meereshöhe ist 350 m.

b) Die nächste Stelle mit Geröllen ist das Gehänge der Liske in 360 m Meereshöhe. Eine deutliche Terrasse ist nicht vorhanden.

c) Dagegen liegt am Schwarzenshof westlich des Wachtelberges in 365 m Meereshöhe eine Terrasse, auf der Thüringer-Wald-Gerölle vorkommen.

d) Das letzte Vorkommen ist nicht einwandfrei. Es findet sich auf dem Kamm östlich des Schnerrenhügels zwischen Schaala und Geitersdorf an dem fünfstrahligen Wegstern in 350 m Meereshöhe. Das Mißliche an diesem Fundort, wo sich kleine Quarzgerölle und ein Grauwackenstück fanden, ist, daß sie beim Wegebau verschleppt sein könnten. Wenn auch sonst auf dem „Herrenweg" keine Beschotterung existiert, und die beschotterten Wege des Hains 1½ km entfernt sind, so wäre immerhin zufällige Verschleppung denkbar. Andererseits entspricht die Meereshöhe genau der der Rumpfflächen des Wachtelberges und am Schwarzenshof. Weitere Untersuchungen wären erwünscht. Manche Quarzgerölle, die man im Gebiet des Mittleren Buntsandstein gar nicht selten findet, stammen aus dem Sandstein selbst und sind deshalb nicht zu verwerten.

Saaleschotter in 310—330 m Meereshöhe.

Die mit ehemaligen Schottern bedeckten Abtragungsflächen werden umso häufiger, je mehr man sich dem heutigen Saaletal nähert. Es sind aber immer noch vereinzelte Gerölle.

a) Die Terrasse südlich des Bismarckturms auf dem Ostabhang des Zeigerheimberges ist eine ganz auffallende Ebenheit in 320 m Meereshöhe, eine Nische über aufgerichteten Muschelkalkschichten. Auf dem Felde, das die Terrasse bedeckt, liegen Quarz-, Sandstein- und Grauwackengerölle.

b) Westlich des Zeigerheimer Berges im Bereich der Ortschaft Zeigerheim liegt eine Rumpffläche mit Geröllen von Quarz und Grauwacken in 320 bis 330 m Meereshöhe.

c) In derselben Meereshöhe — 310 bis 320 m — liegen auf der ganz auffallenden Hochfläche des Heidenberges und auf der südlich davon gelegenen Höhe reichlich Schotterstücke, und zwar Grauwacken, Quarzite, Sandsteine und Quarze; auch Diabas fand sich.

d) Auf der Hochfläche südwestlich von Mörla liegen Grauwackengerölle im Sandboden der Felder an dem Weg entlang, der von der Ziegelei Mörla nach Woston führt.

Die Schottervorkommen in 250—280 m Höhe.

In der Höhe von 50—80 m über der Saale sind noch keine geschlossenen Schotterlager zu finden, sondern nur vereinzelte Gerölle. Aber sie treten in solcher Menge auf, daß man an der früheren Existenz von Schotterablagern nicht zweifeln kann.

a) Auf der Nordseite des Schaalatales östlich von Schaala liegen auf der ersten Stufe vereinzelte Gerölle, namentlich von Grauwacke und Quarz in 270 bis 280 m Höhe,

b) auf dem Rücken der Justinshöhe in 270 m Höhe und

c) auf einer Sandsteinstufe südlich des Weges von Rudolstadt nach Zeigerheim in 280 m Höhe liegen Schotter so reichlich, daß man zusammen mit der Terrassenform an ehemalige Schotterterrassen denken muß.

d) Wenn man die Meereshöhe für maßgebend hält, gehören demselben Terrassensystem vereinzelte Schotter an, die auf der Sandsteinhochfläche SO von Pflanzwirbach liegen.

e) Dieselbe Meereshöhe haben schließlich Schotterstücke, die zusammen mit Lößlehm im Remdaer Tal in der Gegend Ammelstedt bis zum Geitersdorfer Tal auftreten.

Die Volkstedter Terrasse in 210—225 m Meereshöhe.

Bei Volkstedt erhebt sich eine am Rande ca. 10 m hohe, nach ca. 25 m ansteigende Stufe, deren Basis aus Sandstein und Muschelkalk besteht, über denen Saaleschotter und Löß liegen. Diese scharf ausgesprochene Terrasse ist bekanntlich im ganzen Saaletal im Bereich der Trias aufs deutlichste entwickelt und spielt auch im Landschaftsbild eine erhebliche Rolle. Im Stadtbereich von Rudolstadt ist sie der Umgestaltung durch die Bebauung zum Opfer gefallen. In einer entsprechenden Höhe ziehen sich vereinzelte Schotter das Schaal- und Remdaer Tal hinauf. In ersterem liegen westlich des Parkes reichlich Thüringer-Wald-Schotter in 225 m Meereshöhe, also genau so hoch wie auf der Volkstedter Terrasse am Ausgang des Schaaltales. Es sind also Saaleschotter in das untere Schaaltal eingedrungen.

Weniger klar sind die Verhältnisse im unteren Remdaer Tal, wo durch die Bebauung die ursprünglichen Verhältnisse umgestaltet sind. Immerhin dringen Schotter aus Thüringer-Wald-Gesteinen bis östlich Pflanzwirbach vor, wo sie in 210—220 m Meereshöhe auf dem untersten Gehänge liegen. Vereinzelte Gerölle gelangen bis Teichröda.

An einigen Stellen finden sich in Nebentälern Thüringer-Wald-Schotter, die ganz augenscheinlich von oben abgeschwemmt sind, da auf den Höhen Reste von Schottern liegen. Das ist der Fall in dem Tal zwischen Wachtelberg und Schwarzenshof südlich von Schaala, in dem Nebental nördlich desselben Ortes, sowie in dem bei Pflanzwirbach ausmündenden Hermannstal und zwar nördlich des Mittelbühls. Vielleicht weist dieses Vorkommen auf Schotterlager hin, die einst auf der Höhe lagen. Man wird an das Vorkommen am Herrenweg erinnert, allein die Sache ist unsicher.

Die Lisker Quarzgerölle.

Beim Aufstieg auf dem Liskerberg direkt aus Osten von dem Kreuzberg nördlich von Zeigerheim her, wurden auf dem Gehänge des Muschelkalkes über der Stelle, wo die Grauwackengerölle liegen, Quarzgerölle gefunden, die meist nur bis Taubeneigröße besitzen. Sie steigen bis zu 390 m Meereshöhe hinauf. Diese kleinen, glatten, prachtvoll abgerollten Milchquarzkiesel erinnern auffallend an die Quarzgerölle des Buntsandsteins. Es ist zweifelhaft, woher sie stammen. Sind es Reste einer tertiären Schotterbildung oder waren sie einst in einer Scholle von Mittlerem Buntsandstein enthalten, die an den Osthang des Liskerberges stieß und durch Erosion ganz entfernt worden ist? Man weiß es nicht.

Auf die diluvialen Lehme und Schuttmassen der Nebentäler soll später eingegangen werden.

e) Die Alluvialablagerungen.

Die seit der Diluvialzeit abgelagerten Gebilde befinden sich einmal in den Tälern, andererseits an den Gehängen der Berge. Allein man muß feststellen, daß von einer festen Altersbestimmung keine Rede sein kann und daß die in Folgendem beschriebenen Ablagerungen z. Tl. sehr wohl diluvialen Alters sein könnten.

Kalktuffe. In einigen Tälern befinden sich Kalktuffablagerungen. Dazu gehören vor allem die Talausfüllungen bei Stadtremda und Schaala, wo der Kalktuff in beiden Fällen eine Stufe bildet. Es sind sandige, erdige Kalktuffe, von grauweißer bis gelblicher Farbe, durch Humus oft schwarz gefärbt. Die Humusmassen bilden Bänke oder ungeschichtete oder dünngeschichtete Massen. Auffallend ist in Remda die oft wellige oder vielmehr buckelige Oberfläche der Bänke, die namentlich in den obersten Lagen auftritt. Der Auelehm geht über diese Buckel hinweg, indem er alle Vertiefungen des Kalkes gewissenhaft ausfüllt, an der Oberseite aber einen glatten, ebenen Wiesenboden bildet. Versteinerungen kommen reichlich vor und zwar in Schaala Landschnecken neben sehr seltenen Wasserschnecken, — sie sollen später namhaft gemacht werden — ferner Säugetierknochen und Blattabdrücken (Acer). Ganze Baumstämme sind in Schaala nicht selten.

An einigen Stellen finden sich an den Gehängen im Bereich der Quellhorizonte Kalktuffabsätze, die v. Fritsch für rezent hält. Indes sind diese Vorkommen mit Erde und Vegetation bedeckt und vielleicht doch der Hauptsache nach älteren Datums.

Talalluvien. In allen Tälern finden sich heutige und 'altalluviale Ablagerungen. Auf dem Boden der größeren Bäche liegen Schotter, darüber aber feiner Auelehm bis feiner Ton, höher hinauf an den Gehängen auch Lehm und Sand oder grobes Kalkgeröll, je nach der Beschaffenheit der Gesteine. Sie sollen bei der Darstellung der Täler ganz besonders Beachtung finden.

Muschelkalkschutthalden. Am Fuß der Wellenkalkgehänge finden sich fast überall mächtige Schuttmassen aus Wellenkalktrümmern oder herabgerutschte Massen, die die Schichtung noch bewahrt haben. v. Fritsch hält sie für rezent, und hat damit z. Tl. zweifellos recht, allein z. Tl. dürften sie alt sein, d. h. noch in die Diluvialzeit zurückreichen. Auch darüber soll der spezielle Teil mehr bringen.

Der Gehängeschutt. In allen Tälern finden sich Anhäufungen von Gehängeschutt, auf die bei der Besprechung der Bodendecke und Täler eingegangen werden soll. Sie sind z. Tl. sicherlich jung, sogar sehr jung, z. Tl. aber diluvial.

2. Erklärender Teil.

Hinsichtlich der erklärenden Stratigraphie wird man sich hier kurz fassen können.

Der Obere Zechstein dürfte entsprechend seiner stratigraphischen Beschaffenheit und der Fossilienführung nach in einem salzreichen, vielleicht ganz oder fast ganz abgeschlossenen, starker Verdunstung ausgesetzten, flachen Meere gebildet worden sein. Ungelöst dürfte bis jetzt das Problem des Zechsteindolomits sein, wenn man wohl auch organischen Ursprung annehmen darf. Die Ausbildung ist indes auf unserem Blatt so unbedeutend, daß man diesen Fragen nicht weiter nachzugehen braucht.

Heiß umstritten ist das Problem der Entstehung des Unteren und Mittleren Buntsandsteins. Marine, fluviatile äolische Entstehung sind angenommen worden. Ja, für manche Geologen ist die äolische Entstehung in Wüsten geradezu zum Dogma geworden. Fossilienleere, rote Farbe, Wechsel von Sandbänken mit Tongallen, Kreuzschichtung und dünnen Tonlagen, die in periodischen Überschwemmungsseen entstanden seien, ferner Fußspuren von Landtieren, die am Ufer solcher Seen herumgelaufen und deren Spuren durch Sandbedeckung konserviert worden seien, werden von den Wüstenfreunden ins Feld geführt. Für die marine Entstehung führen andere die Gervillien an, während für Flußablagerungen die Schotter sprächen. Andere wiederum meinen, daß Wechsellagerung von Sanden und Letten, Kreuzschichtung, Fußspuren, Schotterablagerungen ebensogut und noch besser durch fluviatile Aufschüttung erklärt werden könnten. Meines Erachtens spricht für teilweise marine Entstehung das Auftreten von Gervillien führenden Horizonte. Demnach könnte das Meer in eine Wüste oder in ein alluviales Tiefland periodisch eingedrungen sein. Gegen eine wirkliche Wüste spricht das Vorkommen großer Tiere, der Schotter und die Tonschichten und vor allem die rote Farbe. Am wahrscheinlichsten ist vielleicht die Bildung in einer tropischen oder subtropischen Steppe bis höchstens Salzsteppe mit großen, Roterdeschlamm führenden Flüssen, die dissonante, fluviatile Ablagerungen in dem Trockengebiet entstehen ließen. In der Trockenzeit konnten von den schmalen Flußbetten aus Dünensande in die Steppe eindringen und in den Regen- und Hochwasserseen des Schwemmlandes zwischen Dünen und Alluvialflächen konnten Steppentiere ihre Spuren abdrücken. Gegen sehr salzreiche Steppen spricht das Fehlen von Salz- und Gypspfannen, von Kalk- und Gypskrusten. Deshalb dürfte m. E. die Trockenheit und Abflußlosigkeit nicht den Grad erreicht haben wie aralo-kaspischen Becken oder im Eyre-Becken Australiens.

Klarer werden die Verhältnisse im Röt. Die Schichten dieser Stufe sind zweifellos marin, und zwar ist die untere Stufe mit Dolomiten und Ammoniten teilweise wenigstens in einem Meer entstanden, das mit dem Ozean im Zusammenhang stand, während die Gypsbildungen des Unteren- und die gypsreichen Letten des Mittleren Röts mehr für ein salzreiches, abgeschlossenes, flaches Seebecken in heißem, regenarmen Klima sprechen.

Gegen die Entstehung des Muschelkalkes in einem Nebenmeer mit verarmter Fauna wird wohl kaum Widerspruch erhoben, allein ungelöst ist noch das Problem der Knollenbildung im Wellenkalk. Sind es Druckerscheinungen oder konkretionäre Bildungen vielleicht um Organismen? Wie sind ferner so ausgedehnte

Bänke, wie z. B. die des Terebratula- und Schaumkalkes zu erklären? War das ganze Seebecken gleichzeitig mit dieser sich bildenden Schicht bedeckt? War es eine transgredierend vorrückende Zone?

Die Keuperletten und Keupersandsteine weisen wieder auf ein flaches, salzreiches Meer hin.

Die Oligozänvorkommen sind so rudimentär und spärlich, daß es wohl genügt, darauf hinzuweisen, daß die Sande mit Knollensteinen, die mit Braunkohlen zusammen vorkommen, für terrestrische, fluviatil-lakustrische Bildungen gehalten werden und zwar in heißem tropisch bis subtropischen Klima.

Das Pliozän ist wohl fluviatiler Entstehung.

Über die Geschichte unseres Gebietes in der Diluvialzeit und später, über die uns die Talablagerungen Aufschluß geben, sei später eingegangen.

IV. Geomorphologie.

Die Oberflächenformen der Erde werden durch endogene oder exogene Kräfte gebildet. Die endogenen Kräfte schaffen die Gebirge bezw. die formlosen Hebungen und Senkungen oder die vulkanischen Gebilde. Diese ursprünglichen Formen sind — mit Ausnahme einiger einfacher Vulkanformen — uns völlig unbekannt. Die exogenen Kräfte gestalten das ursprüngliche Relief um, und die daraus entstehenden Formen sind es, die uns entgegentreten. Die Erklärung hat sich einmal auf die endogene, sodann auf die exogene Entstehung zu richten. Den ersten Teil der Geomorphologie wollen wir Geologische Morphologie nennen. Sie zerfällt in tektonische und vulkanische Morphologie, allein nur die erstere kommt hier in Frage. Der zweite Teil beschäftigt sich mit der Umgestaltung durch die exogenen Kräfte und er sei Physiologische Morphologie genannt.

A. Tektonische Morphologie.

1. Beschreibender Teil (= tektonische Morphographie).

Von Eichenberg und Gotha her zieht durch die Thüringer Mulde, in der flachgelagerte Triasschollen überwiegen, eine Störungszone nach SO, die unser Blatt von der NW-Ecke bis zur SO-Ecke durchquert und auf Blatt Saalfeld endet. Demgemäß zerfällt das Meßtischblatt Stadtremda in tektonischer Hinsicht in drei Zonen, eine nordöstliche, eine südwestliche mit geringem Einfall der Schichten, und in eine mittlere, in der die Schichten stark gestört sind. Der nordöstliche Teil fällt im wesentlichen mit der Teicheler Platte zusammen, der südwestliche mit der Tafel des Schönen Feldes und dem Gölitz plateau, der mittlere aber umfaßt die Breitenheerdaer Senke, das Kalmplateau, den Nordrand des Schönen Feldes und schließlich den westlichen Teil des Rudolstädter Sandsteinhügellandes.

Die Teicheler Platte besteht aus schwach nach N einfallenden Triasschichten. Östlich der Linie Heilsberg-Ammelstedt bildet Mittlerer Buntsandstein die Basis und die südlichen Vorberge, dann folgt auf eine Zone von Röt die Muschelkalktafel, die auf dem Blatt bis zum Mittleren Muschelkalk (inkl.) reicht. Im westlichen Teil, d. h. zwischen Heilsberg und Oesterröda, stößt die Muschelkalkplatte unmittelbar an die Störungszone.

Die zentrale Störungszone zerfällt in drei Teile, die parallele, von NW nach SO streichende Zonen bilden. In der Mitte liegt ein flacher Sattel, an den Rändern je ein Streifen zertrümmerter Schollen von Muldenform.

1. Die Breitenheerdaer Trümmerzone liegt auf der Nordseite und umfaßt die Breitenheerdaer und Kirchremdaer Mulde mit den Randpartien der Teicheler Platte und des Kalmplateaus. Das Ende der Mulde östlich Kirchremda gehört ihr auch an. Jenseits des Rinnetales jedoch wird der orographische Charakter ein anderer, denn die Schollen bilden einen Abhang, der sich in das Gehänge des zum Rinnetal nach NO abfallenden Hügellandes einfügt, lokal auch Kuppen bildet. Im ersteren, westlichen Teil bestehen die Schollen überwiegend aus Oberem Muschelkalk und Keuper in der Mitte, aus Unterem und Mittlerem Muschelkalk an den Rändern; im östlichen dagegen tritt der untere Muschelkalk mehr hervor. Im wesentlichen hat dieser Trümmerstreif Muldenbau, aber die Mulde ist zerstückelt. Die Breite der Trümmerzone ist höchstens 2—3 km. Ganz genau läßt sie sich gerade an den breitesten Stellen — bei Kirchremda — nicht angeben, da die Ausdehnung der Verwerfungen wegen der gleichförmigen Gesteinsbeschaffenheit sich nicht feststellen läßt. Im allgemeinen ist die Breite im NW unter 2 km, im SO unter 1 km. Bei Ammelstedt keilt sich die Trümmerzone aus, allein vielleicht nur scheinbar. Sie könnte sich im Buntsandstein noch weiter fortsetzen, aber wegen der gleichförmigen Gesteinsbeschaffenheit nicht erkennbar sein.

2. Die Sundremdaer Trümmerzone kommt von dem Blatt Stadt Ilm her und zieht anfangs nach O, dann von Sundremda ab nach SO. Eine ausgesprochene Muldenform ist nicht vorhanden, vielleicht fallen die Schollen entweder nach S ein oder haben ganz unregelmäßige Lagerung. Selbst söhlige Lagerung kommt vor — Pörzberg — oder ganz kleinschollige Zerstückelung — Schaala-Zeigerheim. Die Schichten sind, wie im Breitenheerdaer Trümmerzug, Muschelkalk neben Keuper und Röt. Die Beteiligung des Mittleren Buntsandsteines ist kaum festzustellen, im Randgebiet aber vielleicht bedeutender als die Karte es vermuten läßt. Dafür spricht eine Zechsteinklippe in dem Tal 5b nördlich von Schaala. Orographisch bildet die Sundremdaer Trümmerzone einmal den erhöhten Rand des Plateaus des Schönen Feldes, sodann den Sundremdaer Kessel. Südlich des Schaaltales setzt sie das Zeigerheimer Hügelland zusammen.

3. Der Rudolstädter Sattel bildet den zwischen beiden Trümmerzonen gelegenen Mittelteil. Nur an den beiden Enden kommt auf der Karte der Bau zum Ausdruck. Der Zechstein und Untere Buntsandstein im Mörlagraben bei Rudolstadt bilden das Gewölbe von dem aus die Schichten mit 12—15° nach NO, mit 30° nach SW abfallen. Im Mittelteil, wo nur Mittlerer Buntsandstein auftritt, ist die Lagerung wegen Bewaldung und Mangel an Aufschlüssen nicht erkennbar. Erst auf dem Kalmplateau ist die Neigung des nördlichen Teils nach N und der Einfall der Rötschichten nach S wieder deutlich. Allein die Einfallswinkel betragen nur wenige Grade im Gegensatz zu der Gegend von Rudolstadt.

Die Tafel des Schönen Feldes zeigt wieder verhältnismäßig flache Lagerung. Immerhin fallen auch hier die Schichten mit 4—5° nach N ein. Sie bestehen aus Mittlerem Buntsandstein im Bereich des Telltales und aus Muschelkalk auf dem Plateau selbst. Es ist recht wohl möglich, ja sehr wahrscheinlich, daß die Sandsteine des Bohrberges und der Kuhleite südlich von Thälendorf von dem Röt durch Verwerfungen getrennt werden. Auch nördlich von Großgölitz und am Wege zwischen diesem Dorf und Keilhau sind 10—20° nach N einfallende Schichten zu beobachten.

2. Erklärender Teil (= tektonische Morphologie).

Die Tektonik unseres Blattes ist nur im Zusammenhang mit der weiteren Umgebung zu verstehen. Ein in der Karbonzeit entstandenes Faltengebirge erlag in der Permzeit der Abtragung durch das Meer und subaerische Abtragung. Perm, Trias, Lias gingen wahrscheinlich einst über den Thüringer Wald und den Harz hinweg. Dann aber folgte nach Philippi, dem man für Thüringen eine grundlegende Arbeit verdankt, vielleicht bereits vom Ende der Jurazeit bis ins Eozän hinein eine Periode der Gebirgsbildung, die der Hauptsache nach den Thüringer Wald und Harz schuf. Allein im Oligozän lagerten sich auf einer Rumpffläche fluviatile Schotter und Sande ab. Es muß daher eine Zeit starker Abtragung vorhergegangen sein. Ob Flüsse die Einebnung verursachten oder andere Kräfte ist nicht bekannt. Auch tiefgründige Zersetzung fand auf der Rumpffläche statt, z. B. bei Saalburg im Frankenwald, und zwar soll das alte Eluvium auf der Schieferhochfläche des Frankenwaldes noch jetzt sehr mächtig sein. Im Bereich des Muschelkalkes soll die alte präoligozäne Landfläche, auf der noch Fetzen von terrestrischem Oligozän liegen, noch recht gut erhalten sein und weist Philippi u. a. gerade auf das Schöne Feld südlich von Stadtremda und auf das Blatt Stadt Ilm hin, wo Zimmermann bereits die präoligozäne Einebnung erkannt hat. Bei den weiteren Untersuchungen werden wir auf diese Frage achten müssen, wie auch auf die nach dem Oligozän nach Philippi's Ansicht eingetretenen tektonischen Bewegungen. Diese sollen im wesentlichen auf den früheren Bruchlinien der mesozoischen Gebirgsbildung erfolgt sein. Auch das Schöne Feld — so meint Philippi — habe sich bei diesen postoligozänen Schollenbewegung nach N gesenkt.

Die weitere Ausbildung des heutigen Flußnetzes, die namentlich in der Diluvialzeit erfolgte, wird uns später ganz besonders beschäftigen müssen. Hier wollen wir nur noch den Charakter der tektonischen Störungen auf unserem Blatt kurz betrachten.

Die Kirchremdaer Störungszone hat zweifellos den Charakter eines zerstückelten, aber doch im wesentlichen muldenartig eingesunkenen Grabens. Dagegen hat der Rudolstädter Sattel zwischen Rudolstadt und Stadtremda Horstnatur, d. h. er überragte einst als aufgefaltete Monoklinale die Umgebung. Die Sundremdaer Störungszone ist wiederum ein tiefer liegender schmaler Stollenzug.

Was nun den Charakter der Bewegungen betrifft, so spricht der Rudolstädter Sattel für eine Zusammenpressung, die streifenförmigen Trümmerzonen aber für eine Erweiterung des Raumes, Zerrungen, wenn man will, unter Absturz kleiner Schollen an den Rändern des Sattels. Wie die absolute Bewegung gewesen ist — Aufsteigen oder Absinken — ist nicht festzustellen.

Auf Einzelheiten, Anzeichen von postoligozänen Verschiebungen, Abtragungsperioden usw. wird man bei der morphologischen Untersuchung eingehen müssen. Hervorgehoben sei, daß die präoligozäne Landfläche eine Hypothese ist und daß die Oberflächengestaltung, die durch die erste und zweite Gebirgsbildung entstand, ebenfalls unbekannt ist.

B. Physiologische Morphologie.

Beschreibender Teil (= Morphographie).

a) Nomenklatur.

Die physiologische Morphologie hat die Aufgabe, die heutigen Oberflächenformen zu beschreiben und auf Grund der wirksamen Kräfte zu erklären. Bevor wir nun zu dieser Aufgabe schreiten, wird es aber nötig sein, einige allgemeine Gesichtspunkte zu geben, die sich namentlich auf die Nomenklatur beziehen. Zunächst sei hervorgehoben, daß hier das Prinzip verfolgt werden soll, lediglich beschreibende Ausdrücke anzuwenden, die wohl die Form charakterisieren, aber über die Entstehungsweise nichts aussagen. Letztere soll später teils durch Adjektiva, teils durch Spezialnamen ausgedrückt werden.

Hinsichtlich der Bergformen kann man sich kurz fassen. Die bekannten orographischen Bezeichnungen, wie Rücken, Kuppe, Tafelberg, Plateau, Zwischentalplatte und -rücken oder geologisch-morphographische Begriffe, wie Rumpffläche, Rumpfplateau, Schichttafel, aufgerichteter oder gefalteter Schollenberg usw., genügen vollständig. Anders steht es mit den Talformen.

Hinsichtlich der Talformen muß hervorgehoben werden, daß die Täler sehr komplizierte Gebilde sind und die Nomenklatur noch keineswegs festgelegt ist. Es dürfte überhaupt unmöglich sein, für so wechselnde und reichgestaltete Formen kurze Namen zu geben, vielmehr wird man zusammengesetzte Namen wählen müssen und obendrein den Begriff „Tal“ in Unterabteilungen zerlegen, nämlich in Abflußrinne, Talgraben und Talung.

1. Die Abflußrinne oder das Flußbett ist derjenige Teil des Tales, in dem das Wasser fließt und das ganz offensichtlich lediglich von dem Flußwasser gebildet worden ist. Täler, die lediglich aus einer Abflußrinne bestehen, seien Kerbtäler genannt.

2. Talgraben sei derjenige Teil genannt, in dem die Erosionsrinne hin und her pendelt, den sie durch seitliche Erosion beeinflußt und in der Mehrzahl der Fälle auch gebildet hat. Die Grenzen des Talgrabens werden durch feste Gehänge gebildet, die ganz steil auf-

steigen können, manchmal aber auch flach sind. Auf dem Querschnitt kann man in dem Talgraben, wenn er vollständig ist — vollständiges Sohlental — folgende Teile unterscheiden (Abb. 1):

a) Die Gesteinsböschung,

b) Übergangsböschung, die aus Gestein oder aus grobem, eckigen Gesteinsschutt bestehen kann,

c) die Böschungssohle, die aus feinem Schutt besteht,

d) die Überschwemmungssohle, die vom Fluß aus abfällt und deren Korngröße mit der Entfernung vom Flußbett abnimmt. Zwischen c) und d) sind oft Altwasser und Flußarme zu finden.

In anderen Fällen ist das Tal in der Weise ausgebildet, daß die Sohlen c) und d) verschmelzen und eine Horizontalsohle (h) bilden, die vielleicht in der Nähe des Gehänges langsam ansteigt. Solche Täler seien hier Horizontalsohlentäler genannt. (Abb. 2.)

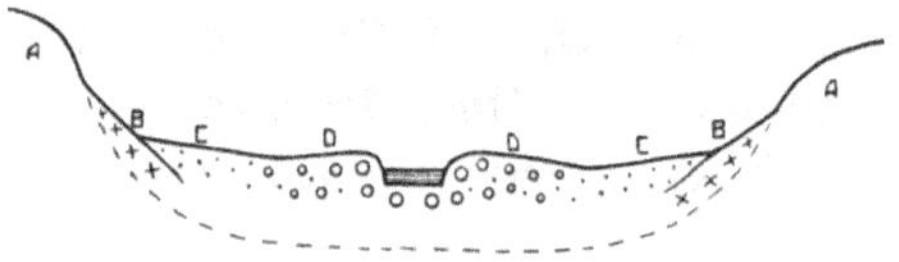

Abb. 1. Vollständiges Sohlental.
A Gesteinsböschung; B Übergangsböschung; C Böschungssohle; D Überschwemmungssohle.

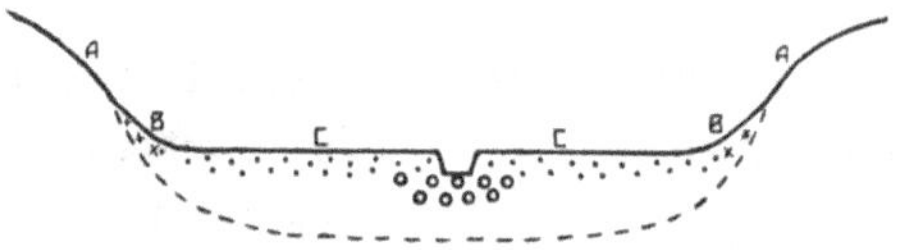

Abb. 2. Talgraben mit Horizontalsohle.
A und B wie Abb. 1; C Horizontalsohle.

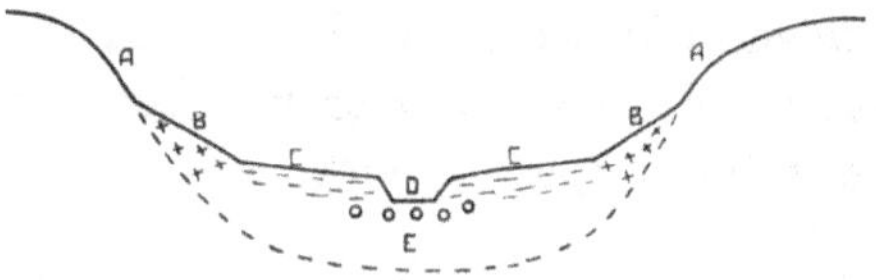

Abb. 3. Böschungssohlental.
A—C wie Abb. 1; D Abflußrinne; E Schotter.

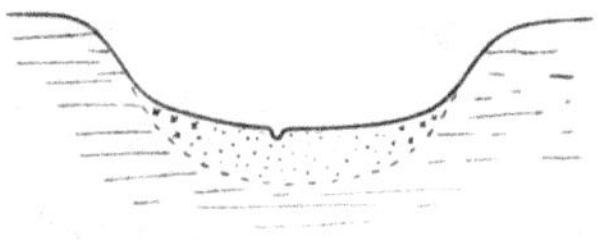

Abb. 4. Sohlenmuldental.

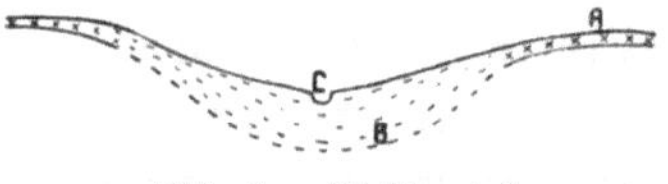

Abb. 5. Muldental.

In anderen Fällen ist statt der Horizontalsohle nur eine Böschungssohle entwickelt, d. h. die Sohlen neigen sich zur Abflußrinne. Das sind die Böschungssohlentäler. (Abb. 3.) Ferner kann die Übergangsböschung mit der Böschungssohle verschmelzen und man erhält dann eine Mulde in einem von steilen Böschungen eingefaßten Talgraben. Solche Täler seien bezeichnet als Sohlenmuldentäler (Abb. 4) oder, wenn es kurze Gehängetäler sind, Gehängesohlenmulden.

Ein Muldental (Abb. 5) schließlich entsteht, wenn auch die

mit Schutt bedeckten Gesteinsböschungen sich an der Ausbildung der Mulde beteiligen und damit im Querschnitt eine sanft geschwungene Bogenlinie entsteht. In welcher Weise die verschiedenen Formen des Talgrabens, die alle allmählich in einander übergehen, entstehen, soll später erörtert werden, hier kommt es nur auf die Formen und die Festsetzung der Nomenklatur an.

Talung sei derjenige Teil des Tales genannt, der den Talgraben einschließt und mit dem Flußbett nicht mehr in direkte Beziehung gebracht werden kann. (Vgl. die Karte der Talformen.) Die Entstehung der Talung ist wohl durch die Ausbildung des Tales verursacht worden, allein ganz andere Kräfte als der heutige Fluß haben sie ausgearbeitet. Für die Form der Talungen sind absolut bestimmend der geologische Aufbau des Grundgesteins und häufig auch ehemalige Ablagerungen und Erosionsformen des Flusses, als er in höherem Niveau floß. Die Feststellung des Begriffs „Talung“ ist von Bedeutung einmal für die Darstellung der Umgebung des Flußtales und die Erklärung desselben, sodann aber kann man einen klaren Unterschied machen zwischen Gehängetälern, die innerhalb der Talung liegen, und Nebentälern, die jenseits derselben entspringen.

So kommen wir denn zu dem Schluß, daß ein „Tal“ aus Talung, Talgraben und Abflußrinne besteht. Die üblichen Bezeichnungen, wie Fluß, Flußtal, Bach, Gehängetal oder gar junge, reife, alte, greisenhafte Täler sind nicht ausreichend.

Einige Besonderheiten der Talformen seien hier noch erwähnt, nämlich die Talschlüsse. Der Unterschied ist wichtig, ob ein Tal spitz endet oder rund ist. Namentlich sind aber von Wichtigkeit die Zirkusbildungen. Man kann hier zwei Formen unterscheiden: den einfachen Zirkus und den Trichterzirkus. Die Unterschiede zeigt Abb. 6. Entsprechende Unterschiede sind Zirkusmulde und Trichtermulde bei flacher Einsenkung.

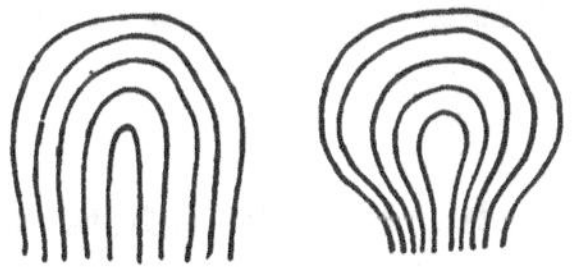

Abb. 6. Zirkus (l.) und Trichterzirkus (r.).

Sonstige Besonderheiten, wie Talengen, Talweiten, Längs- und Querstufen sind als bekannt vorausgesetzt, wohl aber wird es zweckmäßig sein, noch einen Begriff zu erörtern, nämlich den, daß ein Seitental auf die Übergangsböschung des Haupttals eingestellt ist. (Abb. 7.) Die Sohle eines Tales endet in diesem Fall hoch oben an der Übergangsböschung. (Abb. 7A.) Die Übergangsböschung des Seitentales geht in die des Haupttales über. Manchmal führt eine Erosionsrinne oder ein Hohlweg aus dem Talgraben zu dem hängenden Seitental hinauf (Abb. 7B) und wird dafür zuweilen der Ausdruck gewählt werden: das Tal wird durch eine Erosionsrinne oder einen Hohlweg erschlossen. Die Schuttböschung am Fuß von Gehängen einer Talung oder von Tälern kann auch die Rolle der Übergangsböschung spielen. Ein anderer Fall ist der, daß das Seitental auf den Rand eines Talgrabens eingestellt ist, der dann oft eine fluviatile Längsterrasse ist. (Abb. 7C.)

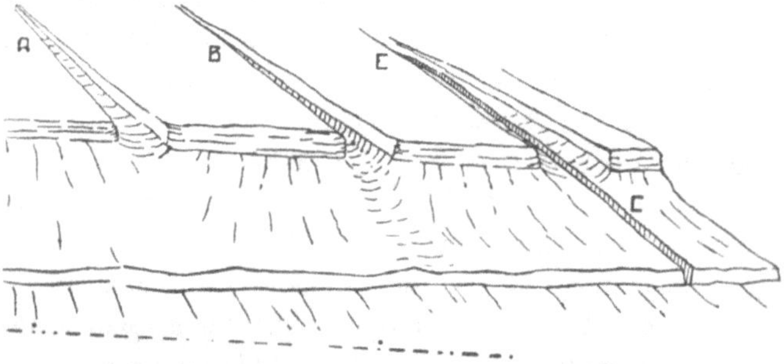

Abb. 7. Einstellung der Sohle des Nebentals auf die Übergangsböschung des Haupttals.

A Einstellung auf den oberen Rand der Übergangsböschung; B Einstellung auf den Rand des Talgrabens; C Einstellung wie A, aber Einschneiden einer Erosionsrinne.

Nach Feststellung obiger Begriffe und Namen kann nunmehr zu der speziellen Beschreibung der Oberflächenformen des Meßtischblattes und ihres Aufbaues geschritten werden. Die Darstellung soll in zwei Abschnitte zerfallen. Im ersten werden die Oberflächenformen, ihr Aufbau und die Bodendecke, im zweiten speziell die Talformen behandelt.

b. Oberflächenformen, ihr Aufbau und die Bodendecke.

Es dürfte zweckmäßig sein, das Blatt in einzelne orographische Regionen zu teilen und diese der Reihe nach zu beschreiben.

1. Das Kalmplateau.

a) Oberflächengestaltung im großen. Das Kalmplateau ist ein rechtwinkliges Dreieck, dessen Basis W—O streicht, während die Katheten nach NO und NW gerichtet sind. Die höchsten Teile der Hochfläche liegen am Südrand und kulminieren mit 542 m im Gr. Kalmberg. Auf der Nordseite erreicht sie dagegen nur 450 m Höhe. Der Absturz der Südseite hat Stufenform. Aus der 340 bis

Phot. v. S. Passarge.

I. Blick von Ehrenstein auf das Kalmplateau, zu S. 25—27.

a = Großer Kalmberg — b = mit Kalkschutt bedeckte Böschung und Myophorienschichten — c = Röthang mit Schluchten — d = Stufe des unteren Röts — e = mit abgeschwemmtem Röt-Ton bedeckte Stufe des Sandsteins — f = Gehängetal 6 — g = Wäldchen östlich des Steinbruchs. Vor g das Tal 1 — h = Das Tal 2.

Phot. v. S. Passarge.

II. Blick von dem Abhang der Keule auf Heilsberg, zu S. 30—31.

a = Eichberg mit Talgrube — b = Viehberg — c = Kalkschutterrasse, darunter Rötschluchten — d = Abhang mit Kalk-Rötbreccie — e = Flacheres Rötgehänge.

Hamburg: L. Friederichsen & Co.

380 m hohen Altremdaer Senke erhebt sich bei Ehrenstein und Altremda eine 6—12 m hohe Stufe, die in der Mitte zwischen beiden Orten fehlt. Über der Stufe folgt ein sanft ansteigender Abhang und dann eine steile Stufe, die bis zum Rand der Hochfläche ansteigt und deren feinere Gliederung besser im Zusammenhang mit der Darstellung des geologischen Baus besprochen wird. Auf der NW- und NO-Seite ist nur die obere, steile Stufe entwickelt; der darauf folgende sanftere Abhang geht in das breite Ilmtal, bezw. in die Breitenheerdaer Mulde über und zwar auf der NW-Seite in ca. 380 bis 400 m Meereshöhe.

b) Der geologische Aufbau. Die untere Stufe der Südseite bei Ehrenstein und Altremda besteht aus dickbankigen Sandsteinen des Mittleren Buntsandsteins. Da, wo die Stufe fehlt, wird der Boden der Mulde von einer Rötböschung begrenzt. Das Röt bildet die flacher ansteigende Böschung, die aber da, wo das Untere Röt Dolomitbänke enthält, eine ca. 10 m hohe Stufe bildet. Der oberste Teil der Rötletten hat steilere Gehänge, namentlich da, wo eine Kalkschuttdecke entwickelt ist, wie z. B. im NW von Altremda. Dann kann es zu der Ausbildung einer flachen Terrasse kommen, auf der sogar Felder stehen. Allein die zweite steile Stufe, die vor allem charakteristisch ist, beginnt doch erst mit dem Wellenkalk und endet im allgemeinen mit dem Terebratulakalk. Dieser bildet zusammen mit etwas Oberem und im W auch aus Unterem Wellenkalk die Hochfläche, die sich nach N senkt. Der Weidenberg und Daulenberg gehören dagegen dem westlichen Schollenrand des Kirchremdaer Schollenzuges an.

Neben den auf der geologischen Karte eingetragenen Verwerfungen dürfte der Gr. Kalmberg von einer von NW nach SO streichenden Verwerfung, der etwa die Schlucht südlich des Gipfels folgt, durchsetzt sein. Denn einmal liegt auf dem Plateau zu beiden Seiten dieser Linie Oolith und Terebratulakalk in gleicher Höhe, und ferner fehlt in ihrer Verlängerung der Mittlere Buntsandstein am Nordrand der Altremdaer Senke. Möglicherweise ist auch der durch ein Tal von dem Hauptkörper getrennte nördliche Teil der Hochfläche von einer Verwerfung begrenzt, da bei nur ca. 300 m Horizontalabstand der Oolith im N ca. 40 m tiefer liegt als im S.

Wenn die Hochfläche auch im wesentlichen der Oberfläche flach gelagerter Schichten entspricht. so ist sie doch wohl keine reine Schichtfläche, weil im S Oberer und Unterer Wellenkalk und Terebratulakalk in einer Ebene liegen. Es dürfte also eine Rumpffläche sein.

c) Die Bodendecke. Im Bereich der Hochfläche tritt der Boden nur selten zutage. Wo er aber aufgeschlossen ist, zeigt sich ein dunkelschokoladenbrauner, sehr steiniger Ton, der höchstens 20 bis 40 cm mächtig ist, d. h. in dieser Tiefe schon fast ganz aus Kalkstücken besteht. Das ist der anstehende Boden. Anders ist es mit den Gehängetälern, die in dem Unteren Wellenkalk eingeschnitten sind, bestellt. Dort sind an den Wegen steinarme bis mäßig steinige, gelbbraune Tone aufgeschlossen, die über der Talsohle die Gehänge bilden.

Auffallend ist folgende Erscheinung. Frisch gepflügte Felder der Hochfläche, wie auch frische Stoppelfelder sind äußerst steinig, dagegen sind sie auf Brachfeldern spärlich und auf ungeackerten Matten, die auf der Hochfläche an Waldrändern auftreten, ganz unsichtbar. Auch im alten Wald fehlen sie, nicht aber auf jungen, umgeackerten Schonungen. Auf den steilen Wellenkalkgehängen der Nord- und Südseite besteht der Ödlandboden aus grobem Kalkgeröll. Allein dieses bildet nur eine wenige Zentimeter mächtige Decke über einem steinigen Kalktonboden. Stellenweise ragen anstehende Kalksteinbänke hervor. Im Gegensatz zu diesen in situ befindlichen oder doch nur wenig gerutschten Verwitterungsprodukten hängen stellenweise an den Wänden des Wellenkalkes abgeplatzte, losgelöste Massen, so z. B. südöstlich des Gr. Kalmberges, oder sie sind abgestürzt und bilden dann über dem Röt mächtige Schuttmassen. Die beiden größten dieser Massen sind auf der geologischen Karte dargestellt, allein tatsächlich umsäumt ein Band von Wellenkalkschutt über Röt und Myophorienschichten das ganze Wellenkalkgehänge. Dieser Schutt, der aus bis $^1/_2$ m großen Kalkplatten bestehen kann, hat nahe der Wellenkalkwand wohl einige Meter Mächtigkeit, wird aber mit der Entfernung vom Steilhang immer dünner, so daß infolge der Beackerung bald eine Durchmischung von Röt- und Kalkschuttboden eintritt. Diese Mischung ist im allgemeinen für die ganze Rötzone charakteristisch. Bald erscheint der steinige Boden mehr wie Rötletten, bald mehr wie Kalktonboden. Bei Besprechung der Schürfgruben bei Altremda soll auf die Beschaffenheit der obersten Bodenschichten noch näher eingegangen werden.

Eine Änderung tritt auf der Stufe des Unteren Röts ein. Graugrünliche Lettenstücke und graugelbliche Dolomitplatten geben neben den roten, kalkschutthaltigen Tonen dem Boden ein besonderes Gepräge.

Bemerkenswert sind die Verhältnisse zwischen der Stufe des

Unteren Röts und der des Mittleren Buntsandsteins. Statt des zu erwartenden Sandbodens breitet sich ein auffallend rotbrauner, an Kalkstücken nicht gerade reicher Tonboden aus, dessen Entstehung aus Rötletten, abgesehen von seiner Zusammensetzung, an dem Zusammenhang mit den höher gelegenen Rötschluchten erkannt werden kann. Man kann den Rötboden unmittelbar über Sandsteinplatten an dem Weg beobachten, der westlich vom Steinbruch nördlich von Ehrenstein liegt. Lehmiger Sand bis sandiger Lehm, der aus dem Sandstein entstanden ist, findet sich erst am Rande der Sandsteinstufe. Er besitzt gelbbraune Farbe und enthält keine oder nur spärliche Kalkstücke. Im allgemeinen ist dieser Sand nur ca. $^1/_2$ m mächtig und enthält wenig Sandsteinstücke.

Innerhalb der Schollenzone besteht der Boden ganz überwiegend aus steinigem Kalkton von dunkelgelbbrauner bis tief schokoladenbrauner Farbe. Als Regel gilt, daß der Wellenkalk und die Hornsteinkalke des Oberen Muschelkalkes einen sehr steinigen Boden liefern, daß dagegen der Mittlere Muschelkalk und die Ceratiten-Schichten nur mäßig steinigen Kalkton erzeugen. Am wenigsten steinig ist der Keuperlettenboden, der oft reiner, dunkelgelbbrauner Ton ist; andererseits aber ist er da, wo Muschelkalk am Abhang höher hinauf ansteht, mit Kalkstücken reichlich durchsetzt.

An den Gehängen des Weidenberges bilden Terebratulakalk, Schaumkalk und Hornsteinkalke lange Rücken, während die dazwischen liegenden Schichten muldenförmig eingesenkt sind. Wo sich Ödland auf den steilen Gehängen befindet, bedeckt eine Lage Steinpflaster den steinigen Kalktonboden.

In den Tälern sind abgeschwemmte Verwitterungsprodukte angehäuft. Im Mittleren Buntsandstein ist die Sohle der Täler ein feiner, fetter Ton, der nach den Gehängen hin sandig wird. Wenn die Täler aber vorher durch Muschelkalk oder Röt gegangen sind, findet man die Verwitterungsprodukte dieser noch in der Sandsteinzone. Näheres wird die Darstellung der Talformen bringen.

Beim Düngen wird namentlich in der Nähe größerer Orte der Boden durch Schutt verunreinigt. Wird man auch Bruchstücke von Ziegeln, Glas, Mörtel, Eisen usw. leicht als Schuttabfuhr erkennen können, so ist die Diagnose schon schwieriger, wenn Gesteinsstücke aus der Trias oder gar Phyllite und andere Gesteine des Thüringer Waldes auf diese Weise ausgestreut werden. Ein großer Müllhaufen, der nordnordwestlich von Stadtremda auf einem Feld im Bereich von Keuperboden stand, war in dieser Hinsicht sehr lehrreich.

An einer Stelle findet sich ein Wiesenmoor mit reichlichen Abscheidungen von Eisenocker durch Lepthothrix, nämlich in dem Tal nordwestlich von Stadtremda, wo die geologische Karte Kalktuffablagerungen zeigt. Diese, wie auch die im NO von Altremda sind heutzutage nicht aufgeschlossen.

d) Beziehungen zwischen Oberflächengestaltung, geologischem Bau und Bodenbeschaffenheit. Vergleichen wir die Oberflächengestaltung im großen mit dem geologischen Bau, so treten einige Beziehungen klar hervor.

α) Die untere niedrige Stufe der Südseite besteht aus dickbankigem Mittleren Buntsandstein, deren Oberfläche nach N hin sanft ansteigt. Wo der Sandstein fehlt und Rötletten die Talmulde begrenzen, ist die Stufe verschwunden.

β) Die hellgrauen Mergel und Letten des Unteren Röts mit ihren Dolomiten bilden nördlich von Ehrenstein auf dieser Sandsteinstufe eine niedrige Stufe, die von der Verbreitung der Dolomite abhängig ist.

γ) Die zweite große Stufe, die das eigentliche Kalmplateau ausmacht, besteht aus Unterem Wellenkalk. Den Rand des Plateaus bildet der Terebratulakalk, wie auch z. T. die Oberfläche desselben, nebst Auflagerungen von Oberem Wellenkalk. Innerhalb des Unteren Wellenkalkes bedingen die Oolithbänke Vorsprünge.

δ) Das Röt nebst den Unteren Kalkschiefern bilden flache Gehänge dort, wo Wellenkalkschutt als Decke über ihnen liegt.

ε) Auf der Hochfläche stehen Unterer und Oberer Wellenkalk nebst Terebratulakalk in einer Ebene an; demnach handelt es sich um eine nach N flach einfallende Rumpffläche.

ζ) Der Schollenzug, der den Ostrand des Kalmplateaus bildet, unterscheidet sich hinsichtlich der orographischen Formen von dem auf flach gelagerten Schichten bestehenden Teil, ebenso der Rücken des Daulenberges.

e) Die Ausgestaltung der Oberfläche.

α) Taldichte. Die Taldichte ist im allgemeinen gering, am stärksten — aber nur ganz lokal — auf dem Südabhang im Bereich der Rötletten und auf der Hochfläche innerhalb des Wellenkalkes. Sonst sind selbst die steilen Gehänge wenig gegliedert und zerschnitten.

β) Bergformen. Ganz deutlich ist der Gegensatz zwischen der Form der aus flach gelagerten Muschelkalkschichten bestehenden Hochfläche im Gegensatz zu der gerundeten Rückenform des Daulen-

und Weidenberges, die aus aufgerichteten Schollen bestehen. Zwischen den nach N hin im Unteren Wellenkalk verlaufenden Gehängetälern sind zwar auch gerundete Rücken entwickelt, der Einfluß der flachschichtigen Lagerung ist aber doch deutlich.

2. Die Teicheler Platte.

a) Oberflächengestaltung im grossen. Die Teicheler Platte wird auf der Südseite durch die Orte Österöda—Kirchremda—Stadtremda—Teichröda und das Tal Nr. 12 auf der Ostseite des Teicheler Tales begrenzt, das sich südlich von Klöswitz befindet und das Plateau von dem Hügelland trennt.

Wie beim Kalmplateau lassen sich zwei Stufen unterscheiden. Die Hochfläche erreicht im Südrande ca. 500 m M. H., senkt sich aber nach N hin — Eichberg nördlich von Teichel 460 m. Dann folgt die obere, steile, ca. 100 m hohe Stufe, die in ein Plateau übergeht, dessen Südrand am Remdaer Tal bei Teichröda ca. 340 m hoch ist, westlich des Heilsberger Tals aber über 380 m M. H. erreicht. Bei Breitenheerda ist diese Fläche sogar über 420 m hoch. Die zweite, ebenfalls steile Stufe ist bei Teichröda ca. 60 m, an der Keule aber 80 m hoch. Der Kessel von Kirchremda hat zwischen Breitenheerda und der Keule diese untere Stufe zerstört, so daß am Wachtelberg die obere Hochfläche 140 m abfällt, Stufe 1 und 2 also verschmelzen.

Östlich des Teicheler Tals erreicht die untere Stufe 400 m Höhe und setzt sich nach O auf das Blatt Rudolstadt fort.

Der Rand der oberen Stufe wird durch mehrere Täler gegliedert; am wichtigsten sind das Heilsberger und Teicheler Tal. Losgelöst von der Hochfläche ist der Rote Berg östlich von Teichel.

b) Geologischer Bau. Die Teicheler Platte hat im wesentlichen den gleichen Bau wie das Kalmplateau. Der größte Teil besteht aus flach nach N einfallenden Triasschichten, nämlich alles östlich und nördlich der Linie Österöda—Heilsberg gelegene Land. Die unterste Stufe ist Mittlerer Buntsandstein, der auch die breiten Hochflächen bildet. Dann folgt die Stufe des Unteren Röts und auf den flachen Abhang der roten Letten die steile Stufe des Wellenkalks. Die obere Hochfläche wird von dem Terebratulakalk, dem oberen Wellenkalk, dem Schaumkalk und z. Tl. auch von dem Mittleren Muschelkalk gebildet. Alle diese Formationen liegen in einer Ebene, so daß man die Existenz einer Rumpffläche annehmen darf. Jedenfalls ist keine Stufenbildung auf der Hochfläche angedeutet. Die Schichten fallen nach N ein. Das zeigt sich z. B. am Teicheler Tal deutlich, wo die Grenze zwischen Mittlerem Buntsandstein und Röt im S bei Milbitz 360 m, bei Klöswitz 380 m hoch liegt, bei Teichel dagegen 320 m. Am Kretzberg (W–Teichel) findet man den Terebratulakalk in 500 m Höhe, am Eichberg aber in ca. 420 m Höhe.

Kompliziert gebaut ist das Gebiet südlich der Linie Heilsberg—Österöda. Es gehört der Kirchremdaer Störungszone an und besteht aus Schollen des Muschelkalkes. Nur der Boden der Kirchremdaer Mulde besteht aus Keuperletten und der Südhang der Keule gehört bereits dem Rudolstädter Sandsteinsattel an. Keuper liegt auch auf dem Abhang nordwestlich der Heilsberger Mühle; dort ist aber auf der geologischen Karte der Landesaufnahme versehentlich Diluvium eingetragen worden.

c) Bodendecke. Die Böden ähneln in jeder Beziehung denen des Kalmplateaus. Auf der Hochfläche findet sich überall der steinige Kalktonboden. In den spärlichen Aufschlüssen zeigt es sich stets, daß dieser dunkelbraune bis schwärzliche, humose, steinige Kalkton nur 20—30 cm mächtig ist. Die Verwitterungsschicht ist also nur sehr gering. Unter der Walddecke sind Steine gewöhnlich nicht sichtbar und der Boden kann schwarzer, humoser Ton sein. Auf Ödland dagegen liegt eine Kalkgeröllschicht unter der lückenhaften Bodendecke. Man könnte von einer „Ödlandhammada" sprechen. Auf Feldern ist der Boden äußerst steinig, indes sind, je nach der Pflege des Besitzers, die ursprünglichen Verhältnisse mehr oder weniger umgeändert worden. Auf Waldwegen finden sich übrigens wohl stets mehr oder weniger reichlich Kalkstücke, die Beschaffenheit des Bodens andeutend.

Die Stufe des Wellenkalkes zeigt innerhalb der Region der flachen Lagerung sehr gleichmäßige Verhältnisse. Auf bewaldeten Gehängen überzieht eine Schicht von Moos, Blättern und Kräutern das Gestein. Anders auf Ödland. Das oft recht glatte Gehänge ist mit Kalkgeröll bedeckt, unter dem aber dunkelgelbbrauner, steiniger Tonboden liegt. Kalkbänke ragen hier und da heraus. Stellenweise sind mächtige Partien des Wellenkalkes losgelöst, bilden steile Wände, und zwischen losgelöster Masse und anstehender Wand klaffen tiefe Spalten und Gruben. Im Heilsberger Tal auf der Ostseite sind die Talgrube, auch Uhufelsen genannt, und auf der Westseite die Teufelskrippe solche Gebilde. Meist sind die abgelösten Kalkmassen längst abgestürzt und bilden mächtige Schuttmassen über Röt und Myophorienschichten. Namentlich in der Umgebung von Teichel, bei Milbitz und im Heilsberger Tal sind solche Kalkschuttdecken entwickelt und bilden die Oberfläche einer gewölbten Stufe über dem Röt. Die geologische Karte zeigt nur die besonders mächtigen Partien des Schuttes, tatsächlich zieht sich aber ein geschlossenes Band von wechselnder Breite und Mächtigkeit am Fuß der Wellenkalkwände hin, das auf dem Rötabhang unter Abnahme der Mächtigkeit des Kalkschuttes in den Verwitterungsboden des Röts übergeht. Auch in den Tälern, die sich in die Wellenkalkböschung eingeschnitten haben, sind erhebliche Schuttmassen angehäuft, indessen wird es besser sein, bei der Besprechung der Täler darauf einzugehen.

Die geschilderten Verhältnisse beziehen sich auf die Wellenkalkgehänge von der Westseite des Heilsberger Tals ab bis zum Ostrand des Blattes und gelten auch für das Österödaer Tal.

Die Rötzone ist sehr gut vom Heilsberger Tal nach O hin entwickelt. Der Boden der Rötgehänge ist fast überall ein Gemisch von Rötton und steinigem Kalkton. Im allgemeinen ist es kaum möglich zu sagen, welcher von beiden Bestandteilen überwiegt. Die Felder sind stets sehr steinig, wenn auch durch Kultur manche Ausnahmen geschaffen worden sind. Im Bereich des Unteren Röts, das auch hier eine deutliche Stufe bildet, ist der Boden mehr graugrünlich und enthält Dolomitstücke neben Muschelkalkstücken. Da, wo lebhaft rot gefärbter Tonboden auftritt, lassen sich wohl ausnahmslos Beziehungen zu Rötschluchten feststellen. Der rote Ton stammt nämlich aus ihnen und ist über die Böschung verbreitet worden. Diese aus Rötschluchten stammenden roten Tone lagern manchmal nicht nur über älterem, mit Muschelkalkton gemischten Rötton, sondern haben sich auch über Unteres Röt und Mittleren Buntsandstein ausgebreitet. Einige Aufschlüsse seien hier angeführt.

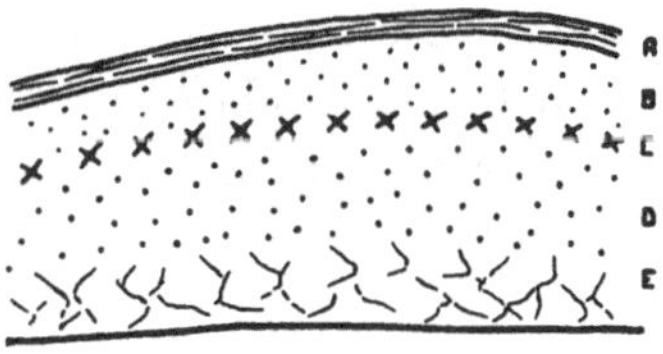

Abb. 8. **Profil an der Heilsberger Kirche.**

Das Profil an der Heilsberger Kirche. Die Kirche steht auf einer ca. 4 m hohen Terrasse. Vor dem Gehöft von Bauchspieß steht am Wege der Sandstein an und darüber liegt am Abhang der genannten Terrasse gelber Kalkton mit Kalkbrocken. Etwas östlicher zeigt eine Wand folgendes Profil: Abb. 8.

A) Ackererde,

B) rotbrauner Ton mit eckigen Kalkbrocken,

C) Anreicherung der Kalkbrocken, die auch größer sind,

D) rotbrauner Ton mit spärlichen Kalkstücken.

E) harter gelbbrauner Ton, der allmählich aus d) entsteht. Er ist zerklüftet und zerfällt in eckige Stücke. Auf jeder Kluftfläche liegt eine Haut aus rotem, anscheinend von oben herabgeschwemmten Ton. Gesteinsstücke fehlen.

Die roten Tone stehen in Verbindung mit einer Gehängemulde, die zu alten Rötschluchten hinaufführt.

Im SSW von Milbitz sind vor dem Beginn des Seitentals zwei Aufschlüsse vorhanden. (Abb. 9.) Der erste, westlichere zeigt nach N einfallende Mittlere und Untere Rötletten, die beide von einer Decke von rotem Ton mit reichlichem Muschelkalkschutt überzogen sind. Die Mächtigkeit dieses auf sekundärer Lagerstätte liegenden Bodens ist 2 m. Etwas östlicher ist an einem Weg, der eine flache, den Abhang des Röts herabfallende Mulde begrenzt, folgender Aufschluß zu beobachten. (Abb. 10.) Oberhalb liegen alte, noch erkennbare Rötschluchten. Der Boden der Mulde und der ansteigenden Gehänge ist feiner Rötton (A) von rotbrauner Farbe, fast steinlos und $^1/_2$ m mächtig. Auf dem westlichen Abhang tritt unter (A) ein mit Muschelkalkschutt reichlich gemischter Rötton auf (B), auf dem östlichen Gehänge aber liegt unter (A) zunächst eine Sandschicht, dann Mittlerer Buntsandstein. Der $^1/_2$—1 m mächtige gelbbraune, lehmige Sand ist sicherlich nichts anderes als Verwitterungsboden des Sandsteins. Schicht (B) ist ein älterer mit Muschelkalkschutt gemischter Verwitterungsboden des Röts und identisch mit der Deckschicht des Profils, (A) dagegen eine jüngere Auflagerung, deren Herkunft aus den Rötschluchten klar ist.

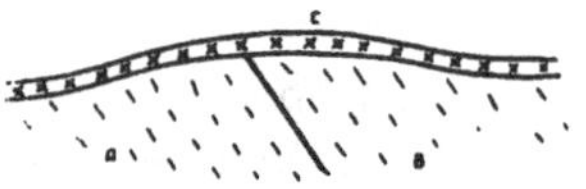

Abb. 9. Aufschluß von Rötschutt SSW von Milbitz.
A Graue Rötletten; B Rote Rötletten; C Roter Ton mit Kalkschutt.

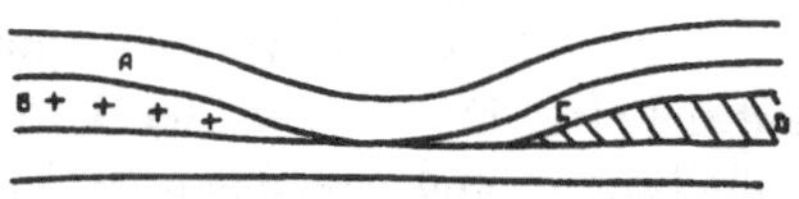

Abb. 10. Aufschluß von Rötschutt SSW von Milbitz.
A Roter Ton $^1/_2$ m; B Rötton mit Kalkschutt; C Sand $^1/_2$ m; D Sandstein.

Am NW-Gehänge des Roten Berges und an dem SO-Gehänge des Wolfstales finden sich folgende Verhältnisse.

Am Rotenberg liegt etwa halbwegs zwischen dem Gipfel des Roten Berges und dem Dorf Teichel über graugrünlichen Letten des Unteren Röts eine 20 cm mächtige Schicht rotbraunen Tons. Oberhalb liegen am Abhang alte Rötschluchten.

Auf dem Abhang des Wolfstales hatte ein neuer Weg folgendes Profil aufgeschlossen:

a) roter Tonboden $^1/_4$ m,

b) Muschelkalkschutt $^1/_2$ m,

c) Rötletten $^3/_4$ m.

An anderen Stellen liegt über gelbbraunem Ton — einem Gemisch von Muschelkalkschutt und Röttonen — eine $^1/_2$ m mächtige Lage von steinigem, violetten Rötton. Also auch hier liegen jüngere reine Röttone über älteren, gemischten Schuttmassen.

Wie Abbildung 10 zeigt, liegt südsüdwestlich von Milbitz auf dem Sandstein und feinen Verwitterungsprudukten Rötton. Dasselbe ist östlich von Milbitz am Wege nach Teichel der Fall. In dem Grenzgebiet von Sandstein und Röt besteht der Boden ebendaselbst aus einem Gemisch von Sand und Röttonen nebst etwas Kalkgeröll. In dem Tal südöstlich von Milbitz liegt, wiederholt aufgeschlossen, über Sandstein und dessen Verwitterungsprodukten $^1/_2$—3 m mächtiger Ton aus Röt-Kalkschutt.

Interessant ist auch ein Profil ca. 500 m südwestlich von Teichel auf der Sandsteinstufe. Dort liegt feiner Rötton unter einem Gemisch von grobem Muschelkalkschutt und Rötton und weiter westlich liegt Röttonboden über anstehendem Unteren Röt. Diese Befunde ergeben, daß zwei Schichten von Verwitterungsböden des Röts existieren, die beide auf sekundärer Lagerstätte liegen und sich über die am Abhang tiefer gelegenen Schichten hinweggeschoben haben. Es herrschen also recht komplizierte Verhältnisse.

Auf der Sandsteinterrasse und auf ihren Gehängen liegt außerhalb der Übergangszone zum Rötboden ein dunkler gelbbrauner Sand und sandiger Lehm, der an Gesteinsstücken meist arm ist, wenigstens auf den beackerten Feldern. In den Tälern bildet Sand und lehmiger Sand eine Übergangsböschung, deren Bau bei Besprechung der Talformen erwähnt werden soll, und auf der Sohle der Täler liegt oft ein wenig sandiger, feiner, fetter, gelbbrauner Ton.

Die Böden der Kirchremdaer Störungszone weisen wegen des raschen Wechsels der Schollen besondere Verhältnisse auf. Die durch die Verwitterung entstehenden Böden sind natürlich bei jeder Formation dieselben wie bei flacher Lagerung, allein es tritt eine starke Durchmischung ein. Steinige Kalktonböden überwiegen, und es ist kaum möglich, hinsichtlich des Gehaltes an Steinen die verschiedenen Verwitterungsböden zu unterscheiden, weil die Kultur durch Auslesen der Steine sehr eingegriffen hat. Der Mittlere

Buntsandstein liefert lehmige Sandböden, die bis 2 m Mächtigkeit erreichen können und in der Nähe von Muschelkalkgehängen noch mit Kalkschutt gemischt sind. Das ist z. B. auf der Südseite des Kalkgehänges der Keule bei Stadtremda der Fall.

Die Muschelkalkböden in situ sind stets wenig mächtig — 0,20 bis höchstens 0,50 m — und nur im Bereich der oberen 10—20 cm steiniger Ton, unten mehr Steine im Ton. An den Gehängen bildet der Terebratulakalk, Schaumkalk und Hornsteinkalk bei aufgerichteter Schichtenstellung Leisten und Rücken, bei flacher Lagerung dagegen Stufen. Ersteres ist z. B. auf dem Gehänge im Norden von Kirchremda gut zu beobachten (Abb. 11), letzteres aber auf dem Gehänge nördlich von Eschdorf (Abb. 12). Besonders der Terebratulakalk

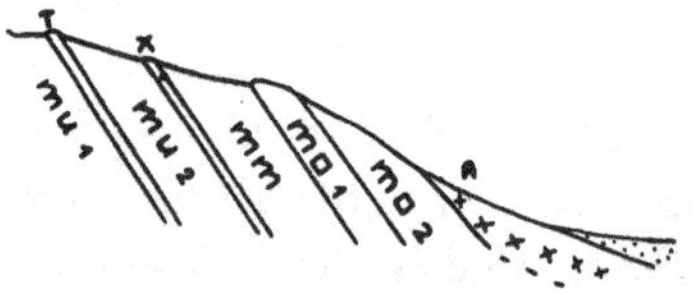

Abb. 11. Profil durch den Südhang des Wachtelberges bei Kirchremda.
mu 1 — mo 2 Unterer Wellenkalk bis Ceratitenschichten; A Schuttböschung.

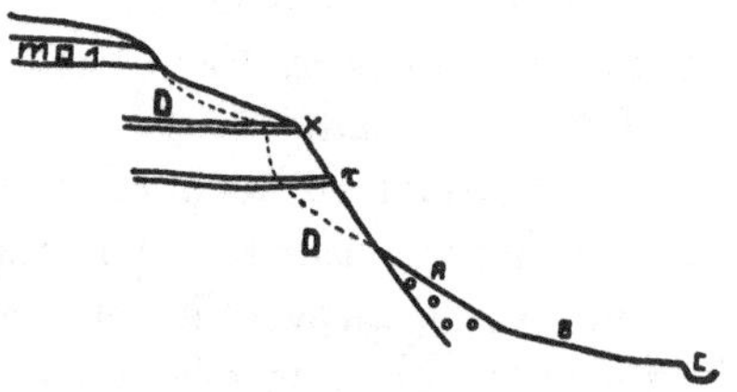

Abb. 12. Profil durch den Südhang der Keule bei Eschdorf.
mo 1 Trochitenkalk; x Schaumkalk; T Terebratulakalk; A Schuttböschung; B Böschungssohle; C Abflußrinne; D—D Talboden.

verursacht eine Stufe. Wo immer die Kalkgehänge steiler sind, ist eine Schuttböschung an seinem Fuß entwickelt. Der Keuper bildet dunkelgelbbraunen, schweren, steinarmen Ton. Wir wollen einmal den Boden auf der Böschung südlich der Keule und nördlich derselben innerhalb der Kirchremdaer Mulde betrachten.

Auf der Terrasse, die den Remdaer Talgraben auf der Nordseite begrenzt, liegen über dem Sandstein und rotem bis grünlichem Sandsteinschutt ca. 2 m mächtige, gelbbraune Sande mit wenig Kalk- und Sandsteinbrocken und rezenten Schnecken. Auf dem Abhang folgt höher hinauf auch fernerhin im Bereich des Sandsteins Sandboden, der am Steinbruch nur $1/2$—$3/4$ m mächtig ist. Aber ca. 120 m vor dem Beginn des Muschelkalkes wird der Boden tonig, und es treten die ersten eckigen Kalkbrocken neben überwiegenden Sandsteinstücken auf. Dieser Boden wandelt sich dann in schweren, gelbbraunen, steinigen Kalkton um. Auf dem Ödlandrücken der „Keule“ ist der Kalkton von einem Geröllpanzer bedeckt.

Auf der Nordböschung der „Keule“ (Abb. 13) folgt auf das Ödland (A) zuerst schwerer, steiniger Kalkton (B), dann eine Mischung von steinigem Kalkton und Keuperboden mit Sandsteinstücken (C), dann schwerer, dunkelbrauner, fetter Ton mit wenig Steinen (D). Meistens sind die ersten 20 cm steinarm. Dann folgt derselbe Boden in umgekehrter Reihenfolge. Nur fehlt der Zone C streckenweise der Keupersandstein, und ist ein Ödlandrücken überhaupt nicht vorhanden. Den Muldenboden entwässert ein künstlicher Graben.

Abb. 13. Der Boden in der Kirchremdaer Mulde N der Keule. A Geröllpanzer; B Steiniger Kalkton; C desgl. mit Keupersandstein; D Feiner Ton. ⟶ Abnahme der Gesteinsstücke an Größe und Zahl.

d) Beziehungen zwischen Oberflächenformen und geologischem Bau, sowie Bodenbeschaffenheit auf der Teicheler Platte. Im Bereich der flachgelagerten Schichten gilt dasselbe, was von dem Kalmplateau gesagt wurde. Die Abhängigkeit der unteren hohen Stufe von dem Mittleren Buntsandstein, einer niedrigen Stufe von dem Unteren Röt, der flacheren Böschung von dem Mittleren Röt und der steilen Stufe von dem Unteren Wellenkalk nebst dem Terebratulakalk ist augenscheinlich. Auch die Stufenbildung im Bereich der abgestürzten Kalktrümmer über den Rötletten ist vorhanden.

Hinsichtlich der Störungszone ist folgendes hervorzuheben. Während zwischen Kirchremda und Heilsberg die Schollenzone sich von der Zone flacher Lagerung abhebt, verschmelzen beide zwischen Kirchremda und Österöda so innig, daß orographisch kein Gegensatz hervortritt. Es tritt die Existenz einer Rumpffläche, die über die Kalkschollen hinweggeht, am Wachtelberg und auf dem Tännich deutlich in Erscheinung.

e) Ausgestaltung der Oberfläche.

α) Taldichte. Die Verhältnisse sind ähnlich wie beim Kalmplateau. Die Oberfläche der Kalktafel ist fast gar nicht zerschnitten, die Ränder dagegen durch die Entwicklung größerer Gehängetäler und deren Seitentäler mächtig zerlappt. Auffallend ist die geringe Entwicklung von Gehängetälern am Rande des aus Schollen bestehenden

Gehänges zwischen Österöda und Kirchremd. Die Rötböschung ist mit Ausnahme einiger lokal entwickelter Schluchtsysteme recht glatt und das gleiche gilt für die Oberfläche des Sandsteinplateaus, dessen Rand auch nur wenig zerschnitten ist.

β) Bergformen. Flache Lagerung hat eine ausgesprochene Tafelform zur Folge, Aufrichtung dagegen führt leicht zur Ausbildung von runden Bergrücken. Namentlich der Terebratulakalk läßt selbst ganz schmale Zwischentalplatten entstehen, wie z. B. der schmale Rücken an der Talgrube nördlich von Heilsberg zeigt. Nur eine einzige Kuppe findet sich in dem ganzen Gebiet, nämlich der mit Muschelkalkblöcken bedeckte, sonst ganz aus Röt bestehende Rote Berg von Teichel.

3. Das Schöne Feld.

a) Oberflächengestaltung im großen. Das Schöne Feld sei hier in folgender Weise begrenzt: Im N durch die Altremdaer Senke, im S durch die Wasserscheide zwischen Telltal und Remdaer Tal, die im wesentlichen mit der Chaussee zwischen Fuchswarte und dem Exerzierplatz zusammenfällt. Von dem Vorwerk Groschwitz ab sei es durch den Weg, der von Lichstedt nach Stadtremda führt, begrenzt. Vogelberg und Kunitzberg sind also eingeschlossen.

Das so abgegrenzte Gebiet ist im wesentlichen ein nach N sich senkendes Plateau. Die höchsten Höhen sind an der Chaussee zu finden und liegen zwischen 450 und 480 m. Die Fuchswarte erreicht sogar 497,4 m. Allein diesem sich nach N senkenden Plateau ist ein Höhenzug vorgelagert, wenn man will, eine erneute Aufwölbung des Plateaus, und dieser Höhenzug erreicht im Galgenberg bei Ehrenstein 461 m, im Büchenberg 470 m und im Kunitzberg sogar 507 m, also die gleichen und größere Höhen als im Süden. Vor diesem Riegel aber ist der ovale Sundremdaer Kessel eingesenkt, der mit dem Remdaer Tal in Verbindung steht.

Hinsichtlich der Täler beherrscht der Abfall des Plateaus naturgemäß das Bild, und zwar sind sie radial auf den Sundremdaer Kessel hin gerichtet; nur das Ehrensteiner Tal geht direkt zur Altremdaer Senke.

b) Geologischer Aufbau. Zwei Regionen springen in die Augen, die auch orographisch hervortreten, eine flachschichtige Triasplatte im S und die Störungszone im N. Die Triastafel bildet das eigentliche Schöne Feld und besteht aus Mittlerem und Oberen Muschelkalk. Der Mittlere Muschelkalk kommt in den breiten Talsenken zum Vorschein, die Hornsteinkalke dagegen nehmen die Hochfläche

Phot. v. S. Passarge.

III. Blick von dem Kesselberg über das Schütztal nach Norden zum Schönen Feld, zu S. 36.

a = Kalmplateau — b = Kunitzberg — c = Tännich — d = Sandsteinberg in der Nähe des Musensitzes — e = Schönes Feld — f = Kirschberg — g = Vogelberg — h = Exerzierplatz.

Phot. v. S. Passarge.

IV. Blick von der Terrasse südlich von Mörla nach Süden, zu S. 44—46.

a = Bismarckturm auf dem Zeigerheimer-Berg — b = Liske — c = Rumpffläche des Wachtelbergs — d = Terrasse des Heidenbergs — e = Mörlaer Terrasse — f = Rücken am Schwarzenshof — Zwischen d und e liegt das Schaalaer-Tal — Zwischen d und c Tal 5 — Zwischen c und f Tal 4 — g = Thüringer-Wald.

Hamburg: L. Friederichsen & Co.

ein und werden in der Nähe der Sundremdaer Störungszone streckenweise von Ceratitenschichten überlagert. Ganz unbedeutend ist eine Überlagerung aus Oligozän, die aus Geröllen von Braunkohlenquarzit besteht. Zweifelhaft könnte das Auftreten von Diluvium auf der Hochfläche nahe dem Westrand des Blattes erscheinen, weil der Boden der gewöhnliche Muschelkalkboden ist. Mittlerer und Oberer Muschelkalk liegen oft in einer Ebene; demnach wäre das Plateau eine Rumpffläche.

In dem Sundremdaer Durchbruchstal liegt auf der Westseite eine alte Lehmgrube, wo unter $\frac{1}{2}$—$\frac{3}{4}$ m mächtigem dunkelbraunen Ton mit vereinzelten Kalkstücken ein braungelber lößähnlicher ungeschichteter Lehm ansteht. Er ist 2 m mächtig aufgeschlossen.

Die Sundremdaer Störungszone zerfällt in zwei Zonen. Ein südlicher Streif, dem die höchsten Erhebungen am Nordrand sowie der Sundremdaer Kessel angehören, besteht aus Schollen von Muschelkalk, daneben auch von Röt und Keuper. Von letzterem befindet sich eine große Scholle im Sundremdaer Kessel und eine kleinere am Nordabhang des Herbesbühl. Der nördliche Streif besteht aus Sandstein und schließt sich an den Rudolstädter Sattel an. Ihm gehört die Abdachung zur Altremdaer Senke und zum Remdaer Tal, sowie der Linzig- und Lohberg an.

c) B o d e n d e c k e. Der Boden der Hochfläche ist recht einförmig, entsprechend der Zusammensetzung aus Mittlerem und Oberem Muschelkalk. Es ist ein dunkelschokoladen- bis gelbbrauner Ton, der auf primärer Lagerstätte meist nur 20—40 cm, selten auch 75 cm mächtig ist. Die Angabe von v. Fritsch, daß der Mittlere Muschelkalk steinarm, der Obere die steinigsten Böden liefere, dürfte nicht allgemein gültig sein. Ebensowenig stimmt es, daß der Name „Schönes Feld" seinen Namen der Steine wegen ironischer Weise erhalten habe. Für die Bauern sind die ebenen Flächen wirklich ein „schönes Feld". Tatsache ist freilich, daß die Felder verschieden steinig sind, allein die Ursache hierfür liegt nicht immer an dem Gestein. Es gibt enorm steinige Felder, wo nach der Karte Mittlerer, und steinarme, wo Oberer Muschelkalk ansteht. Einmal ist der Kultureinfluß ein großer, nämlich das Auslesen der Steine. Ferner verschwinden die Steine nach dem Pflügen, während sie auf dem Stoppelfeld im Herbst geradezu wie auf einer Hammada liegen. Auf dem Brachfeld aber sinken sie in den Boden ein und sind auf horizontalen Ödlandmatten oft völlig verschwunden.

Schließlich aber kann man im allgemeinen in den Tälern — auf den Gehängen und auf dem Boden — Partien feinen Tonbodens feststellen. So ist z. B. auf dem Boden des Stephanstales ein feiner Ton aufgeschlossen, während die höheren Gehänge sehr steinig sind. Allein auch auf der ebenen Hochfläche, wo der Boden auf primärer Lagerstätte liegen dürfte, fand sich südlich des Herbesbühl über Hornsteinkalken ein 75 cm mächtiger tief schokoladenbrauner Ton mit wenig Steinen.

Innerhalb der Schollenzone hat der Sandstein ganz bestimmten Verwitterungsboden, nämlich einen braunen, lehmigen Sand. Nur lokal tritt abweichender Boden auf. So sind im Bereich einiger Meter auf dem Linzigberg Schollen schweren roten Tons von unbekannter Herkunft herausgeackert worden, und auch auf dem Boden des Tals 6 liegt schwerer Tonboden auf dem Acker. In den Tälern liegt gewöhnlich gelbbrauner Ton, der aber auch ziemlich sandig sein kann. In der Nähe der Grenze zwischen Sandstein und Muschelkalk bezw. Röt sind Mischböden zu finden. Davon später mehr.

Der Muschelkalk der Schollenzone liefert stets einen steinigen Kalktonboden, der, wenn auf primärer Lagerstätte, wenig mächtig ist; auf dem Büchenberg z. B. liegt über Wellenkalk nur 20 cm steiniger brauner Ton. In den Tälern liegt entweder feiner, gelbbrauner Ton oder aber ebenfalls steiniger Kalkton. An dem Fuß steiler Kalkgehänge sind Übergangsböschungen zu finden, und ihr Aufbau aus Kalkschutt ist lokal aufgeschlossen.

Im Sundremdaer Kessel überwiegt Keuperboden und zwar ist es ein dunkelbrauner schwerer Ton, der aber mit Muschelkalkboden und -Gesteinsstücken mehr oder weniger erfüllt ist. Auch gelbbrauner Lößlehm tritt auf, der am Weg südlich von Sundremda über 2 m mächtig aufgeschlossen ist. Aber auch er wird von einem dunkelbraunen, steinarmen Ton, der von den höher gelegenen Kalkgehängen stammt, bedeckt. Zeigt dieser Befund mit Sicherheit Bodenversetzungen an, so liegen solche nicht weniger deutlich in den Grenzgebieten zwischen Sandstein und Muschelkalk bezw. Röt vor. Wo Sandstein den höheren Teil einer Böschung bildet, ist der unterhalb gelegene, aus Röt — z. B. westlich von Stadtremda — oder aus Muschelkalk — z. B. auf der Südseite des Lohberges — bestehende Tonboden sandig. Liegt Kalk und Röt höher, so bildet eine Zone von steinigem Lehm den Übergang, d. h. die Steine sind Kalkstücke oder Rötdolomit. Das ist z. B. auf der Sandsteinstufe südwestlich von Altremda der Fall. Auf dem Büchenberg finden sich südlich des Gehängetals 6 folgende Verhältnisse. Zwischen dem mit steinigem

Kalkton bedeckten Wellenkalkrücken und dem Sandboden, der die Sandsteinfläche bedeckt, liegt eine Zone steinigen Lehms, in der sich die oben genannten Böden mischen. Sehr bedeutend sind die Bodenversetzungen nicht, aber doch sehr deutlich. Bemerkenswert sind auch die Verhältnisse in Tälern auf der Grenze zweier Gesteinsarten. Dann sind die Böden auf beiden Talseiten verschieden, in der Mitte aber liegt ein Mischboden. Tal 8 zwischen Sundremda und Stadtremda hat z. B. die in Abb. 14 dargestellten Verhältnisse. Ähnlich

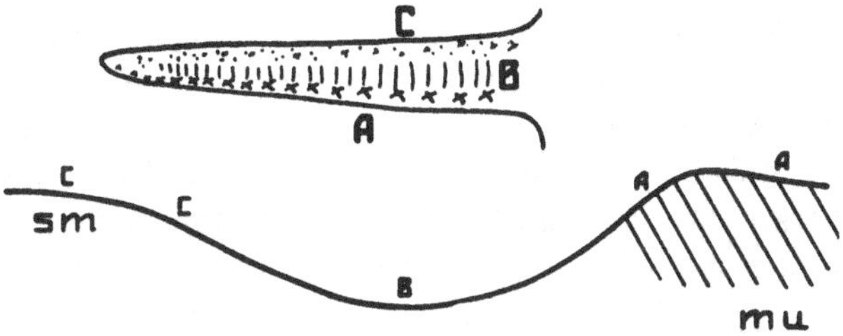

Abb. 14. Tal 8 N von Sundremda.
A Muschelkalkboden; C Sandsteinboden; B Mischung beider.

steht es mit dem Tal nördlich des Kunitz-Berges. In der flachen Mulde liegt auf der Nordseite Sand aus Sandstein, auf der Südseite schwerer Ton, vom Röt stammend, in der Mitte Lehm.

d) Oberflächengestaltung und geologischer Bau. Bestimmte Beziehungen sind zweifellos zu erkennen. So bildet der Sandstein zwischen Ehrenstein und Stadtremda eine Stufe, auf die das Röt mit flacher Böschung folgt. Der Muschelkalk bildet die meisten Höhen des Schollenzuges mit Ausnahme des Linzig- und Lohberges, die aus Sandstein bestehen. Innerhalb des Muschelkalkes bildet der Untere Wellenkalk steile, der Obere Wellenkalk, der Mittlere Muschelkalk und die Ceratitenschichten flachere Gehänge. Der Terebratula-, Schaum- und Hornsteinkalk bilden oft lange Ödlandrücken. Das Profil durch den Büchenberg sei als Beispiel angeführt. (Abb. 15.) Der Terebratulakalk bildet den oberen Rand der Büchenbergwand, den Gipfel des Kunitz- und Vogelberges, des Herbesbühl und Galgenberges. Auffallend ist das Auftreten einer großen Keuperscholle im Sundremdaer

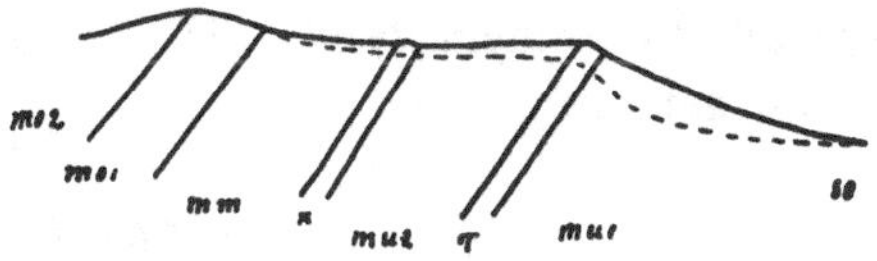

Abb. 15. Profil durch den Büchenberg.
MO 2 — SO Ceratitenschichten bis Röt. Die gestrichelte Linie ist der Talboden.

Kessel und ebenso das des lößähnlichen, wohl diluvialen Lehms. Auf der Hochfläche des Schönen Feldes sind die Beziehungen zwischen Talbildung und Mittlerem Muschelkalk klar. Die Täler sind alle in diesen eingesenkt, der Hornsteinkalk dagegen bildet Steilwände an seinem Rand. An den Hornsteinkalk ist ferner die nach Süden abfallende Stufe an der Chaussee gebunden.

e) Ausgestaltung der Oberfläche.

α) Taldichte. Das ganze Gebiet ist wenig zertalt, am meisten noch die Ränder des Sundremdaer Kessels. Lange, wenig modellierte Böschungen sind keineswegs selten, wenn auch kleine Gehängenischen nicht fehlen, wie z. B. am Nordhang des Büchenberges. Etwas lebhafter ist die Gliederung auf der Westseite des Lohberges und am Linzigberg. Die Hochfläche des Schönen Feldes ist infolge ihrer Neigung stärker modelliert als die horizontalere Teicheler Platte.

β) Die Bergformen. Im Sandsteingebiet ist trotz der geringen Ausdehnung der Berge eine Tafelform doch unverkennbar, so namentlich am Linzig und auf der Höhe nördlich des Kunitz. Dagegen ist der Lohberg gerundet. Rundliche Rücken und Kuppen herrschen auch im Bereich der Sundremdaer Schollenzone vor. Der Vogel- und Kunitzberg, der Kalkrücken südlich des Linzigs und Galgenberges sind Beispiele hierfür. Allein der Büchenberg macht doch eine Ausnahme. Wenn auch die Hornsteinkalke und der Terebratulakalk, z. Tl. auch der Schaumkalk, Rücken bilden, so ist doch eine gewisse Tafelform nicht verkennbar. Noch ausgesprochener ist der Plateaucharakter auf dem Schönen Feld. Dieses ist eine nach N langsam abfallende Rumpffläche. Denn Mittlerer Muschelkalk, Hornsteinkalke und Ceratitenschichten liegen auf seiner Oberfläche in gleicher Höhe und zwar sowohl an seinem Süd- wie Nordrand. Demnach ist die Rumpffläche geneigt.

4. Das Sandsteingebiet von Rudolstadt.

a) Oberflächengestaltung im großen. Im Norden und Westen wird das Gebiet durch die bereits besprochenen Regionen begrenzt, im Süden aber wollen wir die Wasserscheide zwischen Remdaer- und Schaaltal wählen, die vom Vorwerk Groschwitz zum Musensitz und dann auf der Herrenstraße entlang zum Hain bei Rudolstadt läuft. Das untere Remdaer Tal teilt dieses Gebiet in zwei ungleiche Hälften. Die westliche ist ein ausgesprochenes Hügelland, das mit dem Schönen Feld zwischen dem Lichtstedter- und dem Wiesental durch einen Rücken verbunden ist, der zu dem Musensitz führt. Von diesem 500 m hohen, platten Rücken strahlen Zwischentalrücken aus, die z. Tl. entschieden tafelförmig gestaltet sind. Das zeigt schon der Name „Platte", den der Zug zwischen Musensitz und Kuppe trägt. Die Höhe der Zwischentalrücken nimmt gegen das Remdaer Tal zu ab und zwar im nördlichen Teil von 500 m bis auf 460 m, im östlichen aber bis auf 440 m (Rosenbühl) und 420 m (Roter Berg). Am tiefsten senkt sich der lange Rücken der Herrenstraße herab, nämlich bis auf 340 m auf dem Hain bei Rudolstadt. Eine isolierte Stellung hat die 400 m hohe Platte zwischen dem Wiesen- und Birkigttal. Östlich des Remdaer Tales liegt ein ausgesprochenes Sandsteinplateau, von dem die westlichsten Ausläufer — Riesenberg und Hohefahrtskopf — noch auf unserem Blatt erscheinen. Es zieht sich von Klöswitz in der gleichen Höhe — 450 m — nach Süden, wird aber immer stärker von Tälern zerschnitten.

b) Geologischer Bau. Das ganze Gebiet besteht aus Mittlerem Buntsandstein, mit Ausnahme eines Streifens von Muschelkalkschollen, die dem Kirchremdaer Schollenzug angehören. Neben der ganzen Serie der Muschelkalketagen kommen auch kleine Partien von Röt, Keuper und selbst Sandsteinschollen vor. In welcher Weise sich der Schollenzug nach SO fortsetzt, ist nicht bekannt. Auf eine sattelförmige Lagerung der Sandsteinschichten zwischen beiden Schollenzügen schließt man aus der sattelförmigen Lagerung des Zechsteins und Buntsandsteins bei Rudolstadt, direkte Aufschlüsse sind indes nirgends zu beobachten. Östlich des Remdaer Tals ist vielleicht ein geringer Einfall nach N vorhanden. Auf die Ablagerungen dieses Tals sei erst später eingegangen.

c) Bodendecke. Die Sandsteine liefern einen wenig steinigen, lehmigen, braunen Sand, in den Tälern dagegen liegt feiner sandiger, gelbbrauner Ton. Im Bereich der Muschelkalkschollen hat man den gewöhnlichen steinigen Kalktonboden. Manchmal wechseln die Bodenarten schnell, so z. B. am Durchbruch des Hopfgartentals durch den Muschelkalk. Sandboden und sehr steiniger Kalkton wechseln dort sehr scharf ab, ohne daß die Karte hierfür eine Erklärung gäbe.

d) Oberflächengestaltung und geologischer Bau. Bemerkenswert ist, daß der Kalksteinschollenzug orographisch gar nicht hervortritt. Er fügt sich in die Abdachung der Sandsteinberge ein. Nur die „Kuppe" bildet eine leichte Anschwellung, und auch der lange schmale Rücken nordwestlich von Geitersdorf wird von Terebratulakalk gekrönt.

e) Die Ausgestaltung der Oberfläche.

α) Taldichte. Vergleicht man das Rudolstädter Sandsteingebiet mit den bisher betrachteten Gebieten, so fällt die viel stärkere Zertalung auf. Während letztere mäßig bis wenig zerschnitten sind, ist das Sandsteingebiet reichlich durch Täler gegliedert. Daß der Kalkschollenzug sich anders verhält als der Sandstein, ist kaum zu behaupten.

β) Bergformen. Entsprechend der reichlicheren Zertalung sind abgerundete Zwischentalrücken die Regel, wenn auch plattenförmige auf den höchsten Höhen keineswegs selten sind. Dagegen treten ausgesprochene Kuppen entschieden zurück. Wo überhaupt Kuppenform vorliegt, sind es mehr abgerundete, gewölbte Rücken.

4. Das Gebiet von Thälendorf.

a) Oberflächengestaltung im großen. Um die Südwestecke anzugrenzen, wollen wir die Wasserscheide zwischen Tellbachtal im W und dem Schaaltal im O und zwar von ihrem Beginn am Südrand des Blattes bis zur Chaussee am „Gerode" nordöstlich von Thälendorf wählen.

Das „Schöne Feld" hat an der Chaussee eine Meereshöhe von 390—400 m, fällt nach Süden aber mit einer Stufe um 10—15 m ab und senkt sich dann langsam zu einem 80—100 m abfallenden Steilrand hinab. Dieser ist im Bereich von Thälendorf breit zerlappt, dagegen weiter östlich recht geradlinig. Die Meereshöhe ist im Süden größer als im Norden, nämlich 500 m auf der „Wache", am Baropturm und auf der Geiersleite; dagegen nur 440—460 m nördlich von Thälendorf. Geradeso wie im Teicheler Tal folgt eine flache Böschung, die westlich von Thälendorf bis auf 340 m herabgeht. Dann aber folgt ein neuer Höhenzug, der im Bohrberg 420 m erreicht und zum Tellbachtal (280—320 m) schnell abfällt. Südlich desselben liegt ein 400 bis 420 m hohes Plateau, das gerade noch am Südrand der Karte zum Vorschein kommt.

b) Geologischer Bau. Der Bau ist ein sehr einfacher. Vom Mittleren Buntsandstein im S bis zum Trochitenkalk im N fallen die Schichten flach nach N ein. Das Plateau südlich des Tellbachtals und die Vorstufe, die vom Rattenberg über den Bohrberg zur Schippche zieht, bestehen aus Mittlerem Buntsandstein, die flachere Böschung aber aus Röt, die steile Wand aus Wellenkalk, während der Terebratulakalk am Plateaurand ansteht. Die nunmehr folgende flachere Böschung wird durch eine niedrige aus Schaumkalk bestehende Stufe gegliedert, während die ca. 10—15 m hohe, an der Chaussee befindliche Stufe sich aus Trochitenkalk zusammensetzt.

Der Aufbau ist also derselbe wie im Gebiet von Teichel, und auch die Oberflächengestaltung zeigt unverkennbare Übereinstimmung. Nur auf einen Punkt sei aufmerksam gemacht. Die Höhenunterschiede zwischen dem Gipfel des Bohrberges und der Grenze von Röt und Sandstein ist so bedeutend, daß es fraglich erscheint, ob die Schichten gleichmäßig nach N einfallen, und ob nicht vielmehr eine Verwerfung Sandstein und Röt trennt. Ferner kann man feststellen, daß der Muschelkalk auf dem Plateau am Baropturm NO von Gr.-Gölitz mit verhältnismäßig steilen Winkeln (20°) nach N zum Ilmtal einfällt, also Verwerfungen vorliegen müssen.

Ferner ist es bemerkenswert, daß in den nördlichen Nebentälern der Obere Wellenkalk ebenso steile Wände bildet, wie der Untere. Es bildet dieses Verhalten entschieden eine Ausnahme. (Abb. 16.)

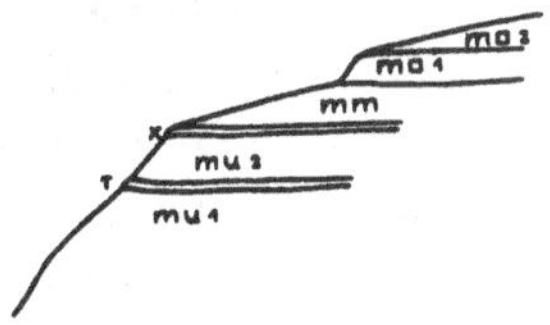

Abb. 16. Profil durch den Rand des Kalkplateaus N von Thälendorf.
mu 1 — mo 2 Unterer Wellenkalk bis Ceratitenschichten.

c) Bodendecke. Die Verhältnisse hier schließen sich eng an die bisher kennengelernten an. Im Bereich des Sandsteins sind lehmige, braune Sande vorherrschend. Das Untere Röt hat da, wo es eine Stufe bildet und sich damit von dem Gehänge der roten Letten abhebt, einen grauen, an eckigen Lettenscherben reichen Tonboden. Allein meist wird die ganze Rötböschung von einem steinigen Tonboden bedeckt, der ein Gemisch von Röt- und Muschelkalkboden ist. Je höher hinauf, umsomehr überwiegt der Kalkschutt. Bei Kl.-Gölitz aber tritt der Kalkschutt als eine mindestens 5 m hohe Stufe bis an das Dorf heran, es fast bedrohend. Auffallend sind östlich von Gr.-Gölitz auf dem Abhang des Röts Streifen von hellem Kalkschutt, die zwischen Röttonen liegen und mehrere Meter mächtig sind. Sie müssen einst Erosionsrinnen erfüllt haben. (Abb. 17.) Die heutige Erosion aber hat sich z. Tl. zwischen Kalkschutt und Röttone eingeschnitten.

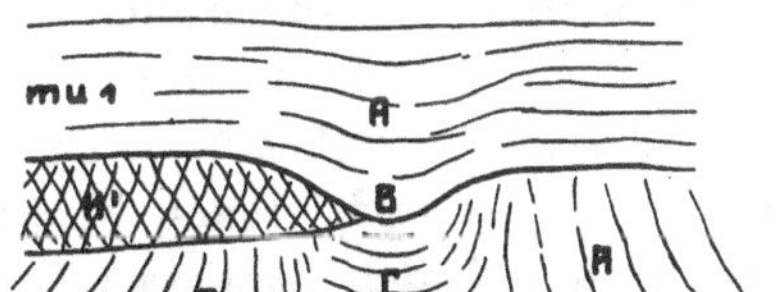

Abb. 17. Kalkschuttmassen und Talbildung auf dem Gehänge zwischen Groß- und Klein-Gölitz.
mu 1 = Wellenkalk; R = Röt; K^1 = Oberer Kalkschutt; K^2 = Kalkschuttstreifen; A—B—B = Gehängemulde.

Zwischen Gr.-Gölitz und Thälendorf tritt oft auffallend reiner Rötboden zutage. Allein stets kann man zeigen, daß oberhalb solcher Strecken auf der Höhe alte oder frische Rötschluchten liegen, aus denen der rote Boden stammen könnte. Zwischen Röt und Wellenkalk ist überall eine bedeutende Anhäufung des Kalkschuttes vorhanden, die mehrere Meter beträgt und, wie mehrere Aufschlüsse zeigen, oben aus einer 20—30 cm mächtigen Schicht von gelbbraunem, zersetztem Schutt, unten dagegen aus weißem, reinem, unzersetztem Kalkschutt besteht. Diese Zweiteilung ist sehr charakteristisch und wohl auch wichtig.

Stellenweise ist die Schuttbildung so mächtig, daß sie auf der geologischen Karte der Landesaufnahme zur Darstellung gelangt ist; in Wirklichkeit ist sie aber überall entwickelt.

Im Bereich des Muschelkalkes ist ein sehr steiniger Kalktonboden zu finden, der nur eine Mächtigkeit von 20—50 cm besitzt und auf den mit Ödland bedeckten Steilhängen des Wellenkalkes von einem Steinpanzer bedeckt ist.

d) Oberflächengestaltung und geologischer Bau. Hinsichtlich der Abhängigkeit der Oberflächenform von den Gesteinen gilt das von den anderen Teilen des Blattes Gesagte.

e) Die Ausgestaltung der Oberfläche.

α) Die Taldichte. Entsprechend dem gleichen Aufbau weist die Taldichte dieses Gebiets die gleichen Verhältnisse wie die Gegend von Heilsberg und Teichel auf. Zerlappt ist der Rand des Wellenkalkplateaus, bis auf lokale Schluchten glatt die Rötböschung und relativ zerteilt der Sandstein.

β) Bergformen. Im Bereich des Muschelkalkes ist die Plateauform absolut herrschend, während der Sandstein die Entstehung rundlicher Kuppen und Rücken begünstigt. Nur ganz in der Südwestecke sind auch auf dem Sandstein Hochflächen entwickelt.

5. Der Südosten des Blattes mit dem Saaletal und den Nebentälern.

a) Oberflächengestaltung im großen. Die Wasserscheide gegen das Schwarzatal und das Remdaer Tal bilden die Grenzen des noch übrigbleibenden Teiles des Meßtischblattes.

Das Ganze ist im wesentlichen ein Plateau, in das das Schaaltal mit seinen Nebentälern nebst dem Mörlatal und dem Zeigerheimer Tal eingeschnitten sind, und das gegen das breite Saaletal abbricht. Im S wird im Kesselberg die Höhe von 521 m erreicht, im NW auf dem Schönen Feld 474 m, und auf der Wasserscheide gegen das Rinnegebiet 478 m. Die das Saaletal begrenzenden Höhen sind aber erheblich niedriger: Liske 452 m, Zeigerheimer Berg 369 m, Heidenberg 316 m, der Hain 344 m; die Aue des Saaletals selbst ist ca. 200 m hoch. Es ist demnach im allgemeinen eine Senkung nach N und eine nach O festzustellen.

Durch die Täler wird das Plateau nicht nur zerlappt, sondern z. Tl. sogar in isolierte Massen aufgelöst. So trennt der Steiger, d. h. der Paß zwischen Gr. Gölitz und Keilhau die „Geiersleite“ ab und das Kl. Gölitzer Tal von dieser den Kesselberg, dessen Vorsprung wiederum die Liske ist. Unvollständig losgeschnürte Teile der Tafel des Schönen Feldes sind Kolmberg (481 m), Kirschberg (426 m); von der Geiersleite bezw. dem Kesselberg aber sind abgegliedert Ibenberg, Dissau und Steinberg. Tatsächlich losgelöst sind die Tafeln rund um Lichstedt, wie Krebs, Gehege, Schirme, ferner Schirrenberg und Pörzberg und die Höhen südlich des Schaaltales und östlich der Linie Eichfeld—Zeigerheim.

Schließlich bleibt noch übrig das Gebiet südlich der Herrenstraße. Es ist das die nach S abfallende Böschung eines Rückens, und sind auf dieser im Bereich von Mörla zwei Stufen ausgebildet, auf denen, wie wir bereits wissen, Schotterreste der Saale liegen.

Das Saaletal besitzt eine ca. 1 km breite Wiesensohle, in die das Flußbett ca. $2\frac{1}{2}$—3 m eingeschnitten ist. Die Schillerhöhe auf dem rechten Ufer steigt steil an. Auf dem westlichen Ufer ist zunächst eine steil zur Saale abfallende, ca. 10 m hohe Stufe entwickelt, die dann langsamer zum Zeigerheimer Berg, zur Justinshöhe und zum Hain ansteigt. Auf ihr liegt Rudolstadt.

b) Geologischer Aufbau. Die Südostecke des Blattes zerfällt geologisch in drei Zonen. Die erste liegt westlich der Linie Vorwerk Groschwitz—Eichfeld—Zeigerheim und besteht aus flach gelagerten Schichten von Oberem Muschelkalk bis zum Mittleren Buntsandstein, der gerade noch beim Dorfe Zeigerheim zutage tritt. Die Schichten fallen etwas nach N ein.

Die zweite Zone wird im O durch die Linie Musensitz—Schaala—Volkstedt begrenzt und gehört dem Sundremdaer Schollenzug an. Während bei Lichstedt und auf dem Pörzberg die Schollen meist flach lagern, sind sie südlich des Schaaltales steil aufgerichtet.

Die dritte Zone gehört dem Rudolstädter Sattel an. Die Sattelachse verläuft etwa durch den Mörlagraben. Dort tritt Oberer Zechstein auf, flankiert von Unterem Buntsandstein, auf den Mittlerer Buntsandstein folgt.

Am Saaletaal ist die Entwicklung der breiten Volkstedter Schotterterrasse auffallend. Die Schillerhöhe gehört der Zone des Mittleren Buntsandsteins an. Bemerkenswert ist namentlich die mächtige Kalktuffbildung, die östlich von Eichfeld beginnt und im Dorfe Schaala endet. Ähnliche Kalktuffablagerungen finden sich in dem Gehängetal zwischen Dissau und Steinberg südöstlich von Keilhau und in dem Tal 4 südlich von Schaala.

c) Bodendecke. Hinsichtlich des Bodens ist kaum etwas Besonderes zu bemerken. Auf der Hochfläche des Kalkes und auf den Gehängen ist ein nur wenige Dezimeter mächtiger, sehr steiniger Kalkton entstanden, den im Bereich der steilen Ödlandgehänge ein Schuttpanzer bedeckt.

Auf der Grenze zwischen Wellenkalkwand und Rötböschung sind mächtige Kalkschuttmassen entwickelt, auf den Rötgehängen dagegen liegt eine Mischung von steinigem Kalkton und Röt. In dem Schaaltal ist der Boden im allgemeinen feiner als auf den Gehängen.

d) Oberflächengestaltung und geologischer Bau. Die Abhängigkeit der Formen von dem geologischen Bau tritt deutlich in Erscheinung. In der ersten Zone ist die Tafelform ausgesprochen. Die Hochfläche ist eine Rumpffläche, namentlich südwestlich von Groschwitz, wo auch Gerölle von Sandstein und Thüringer-Wald-Gesteinen liegen. Der Terebratulakalk bildet die scharfen Ränder, der Untere Wellenkalk die steilen Hänge, in denen der Oolith zuweilen Vorsprünge verursacht, z. B. die Liske. Die Kalkschuttmassen am Fuße des Steilhanges bilden eine Stufe, das Röt aber flachere Gehänge.

In der zweiten Zone ist die Plateauform einmal im Bereich der flachen Lagerung der Schollen zu finden — Krebs, Gehegeberg, Schirmberg, Pörzberg —, sodann aber auch über steil gestellten Schollen — Wachtelberg. In letzterem Fall liegt also eine Rumpffläche vor, auf der obendrein Saaleschotter liegen. Im Bereich aufgerichteter Schollen lassen Röt und Mittlerer Muschelkalk oft Vertiefungen entstehen. Im Bereich des Sandsteins ist das Auftreten von Stufen, auf denen Schottern liegen, bemerkenswert. Der Sattel tritt in der Oberflächengestaltung nicht zutage.

C. Die Täler.

Drei Flußsysteme treten auf unserm Blatt auf. Das der Saale dominiert vollständig. Zur Schwarza geht das in der Südwestecke befindliche Telltal. Die Nordwestecke dagegen gehört dem Ilmsystem

Phot. v. S. Passarge.

V. Die Rumpffläche des Wachtelberges, zu S. 46.

a = Schwarzenshof — b = Kaiserstuhl — c = Steinberg mit Uhufelsen — d = Katzenstein — e = Pörzberg.

Phot. v. S. Passarge.

VI. Blick über die Ebene des Saaletals (vorn) auf die Volksstedter Terrasse (Mittelgrund) und den Zeigerheimer Berg, zu S. 47.

a = Bismarckturm — b—b = Terrasse mit Saaleschottern.

Hamburg: L. Friederichsen & Co.

an. Beginnen wir mit dem Saalesystem. Außer dem Haupttal sind drei Nebentäler zu nennen, das Schaala-, Mörla- und Remdaer Tal.

1. Das Saaletal.

Von der Talung reicht fast nur die der Westseite bis auf unser Blatt. Als Grenze wählt man zweckmäßigerweise die Linie: Kamm der Zeigerheimer Berge — Justinshöhe — Lücke des Schaalatales — Hainberg. Von dieser Grenzlinie fällt das Gehänge an dem Zeigerheimer Muschelkalkberg steil ab, aber gegliedert durch eine auffallende, in den Mittleren Muschelkalk hineingearbeitete Terrasse, auf der Saaleschotter liegen. (Abb. 18.) Dann folgt die breite Volkstedter Terrasse mit Lößlehm und Schottern, die sich mit geringerer Böschung senkt. Ihr Steilrand bezeichnet den Beginn des Talgrabens. Zwischen dem Zeigerheimer Berg und der Justinshöhe (Mittlerer Buntsandstein) ist ein Paß eingesenkt, den die Chaussee benutzt. Während die Justinshöhe steil nach N abfällt, erhebt sich das Gehänge des Hains anfangs flacher mit einer Stufe, über der der höhere Rücken des Hains folgt. Der Rand des Talgrabens ist hier wegen der Bebauung nicht deutlich. Auf der Ostseite wird eine Nase der Talung, die den Talgraben begrenzt, die Schillerhöhe, gerade noch sichtbar.

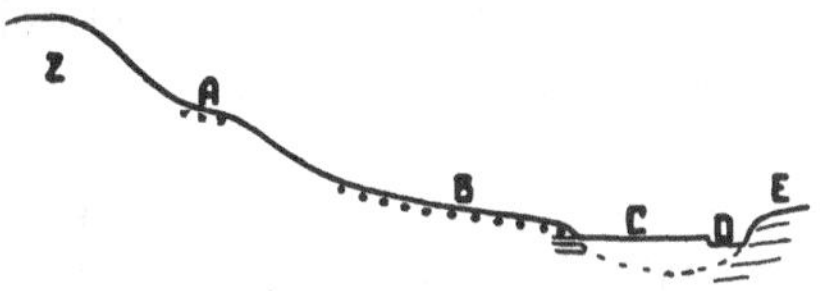

Abb. 18. Querschnitt durch das Saaletal oberhalb Rudolstadt.
Z Zeigerheimer Berg; A Terrasse mit Saaleschotter; B Volkstedter Terrasse; C Saalau; D Flußbett; E Schillerhöhe.

Der Talgraben des Saaletales besitzt auf beiden Seiten einen 10—20 m hohen steilen Rand aus Sandstein bezw. Muschelkalk, aber im Bereich der Stadt Rudolstadt ist er nicht deutlich. Die Saalau ist 800—1000 m breit, besteht unten aus Schottern, oben aus Auelehm. In der Nähe des Saalebettes ist sie eine anscheinend horizontale Wiesenfläche, in die keineswegs selten ganz flache, gewundene, alte Flußbetten eingesenkt sind. Gegen die Ränder des Talgrabens hin steigt die Sohle allmählich an.

Die Abflußrinne ist ca. 2½ bis 3 m tief in die Wiesensohle eingesenkt und besitzt eine Breite von 75—100 m. An der Schillerhöhe (Ostseite) und bei Rudolstadt (Westseite) schält der Fluß gegen den Rand des Talgrabens.

Gehängetäler sind innerhalb der Talung nur auf der Volkstedter Terrasse entwickelt. Sie beginnen auf dem Muschelkalkgehänge des Zeigerheimer Berges und sind „Gehängesohlenmulden“. Diese Gehängesohlenmulden des Zeigerheimer Berges enden z. T. auf der Schuttböschung am Fuß des Muschelkalkhanges, z. T. setzen sie sich als flache Mulden auf der Volkstedter Terrasse fort. Alle diese Mulden enden am Rande des Talgrabens, sind nur wenig in den Rand eingeschnitten, „hängen“ also über der heutigen Saalau. Näheres zeigt die Karte der Talformen. Eine Verbindung mit der Saalau wird aber durch tief eingeschnittene Hohlwege künstlich erzeugt. Im Bereich der Stadt Rudolstadt fehlen alle Gehängetäler.

2. Das Remdaer Tal.

Das bedeutendste der Nebentäler der Saale ist das Remdaer Tal. Es durchquert das Blatt und zwar zwischen Ehrenstein und Teichröda gradlinig in östlicher, von da ab unter Windungen in südöstlicher Richtung. Leider liegt die Mündung des Tals bereits außerhalb unseres Blattes. Beginnen wir die Beschreibung auf der Westseite des Blattes.

a) Das Tal zwischen Ehrenstein und Stadtremda.

Man zerlegt das Tal am besten in drei Abschnitte, die durch die Orte Stadtremda und Teichröda bestimmt werden.

In dem ersten Abschnitt (Ehrenstein — Stadtremda) ist die Talung ca. 2 km breit. Sie wird im N von dem Steilhang des Kalmberges begrenzt, der in dem langen Rücken des Daulenberges endet und zwar an dem Kirchremdaer Tal. Auf der Südseite bildet der Galgenberg und dann der lange Rücken des Büchenberges und der Linzigberg die Grenze. An dem Sundremdaer Tal endet der erste Abschnitt. Auf dem Blatt Stadt Ilm ist die Talung geschlossen. Der Muschelkalk bildet im N und S Steilhänge, dann folgt die Böschung des Röts, und dann auf dem Boden der Mulde der Mittlere Buntsandstein. Am Westrande des Blattes Stadtremda ist bereits ein Sohlental eingesenkt, ein zweites folgt gleich darauf, allein der eigentliche Talgraben beginnt doch erst bei Ehrenstein, wo er sich aus dem Ehrensteiner Tal entwickelt. Die Form der Gehänge der Talung, die Stufe des Sandsteins, Röts und Wellenkalkes, sowie die des Kalkschuttgürtels sind bereits früher beschrieben worden, deshalb können wir direkt zu der Betrachtung des Talgrabens übergehen.

Bei Ehrenstein bildet der Sandstein Gehänge, die sich gegen die Wiesensohle nicht sehr deutlich absetzen; vielmehr ist der Übergang ein allmählicher und da die Sohle sich auch allmählich gegen

Phot. v. S. Passarge.

VII. Blick von dem Abhang der Keule auf die Altremdaer Senke, zu S. 48—49.
a = Buchenberg — a¹ = Galgenberg — b = Kalmplateau — c Altremda — d Sandsteinterrasse im Norden von Remda — e Sandsteinterrasse im Osten von Remda — f Kalk-Sandsteinschutt — g Gegend der Gruben oberhalb Altremda; darüber die »Schöne Aussicht« — Zwischen f und e das Kirchremdaer Durchbruchstal.

Phot. v. S. Passarge.

VIII. Blick von dem Bismarckturm auf der Keule auf Stadtremda, zu S. 48—49.
a = Schönes Feld — b Buchen-Berg — c = Galgenberg bei Ehrenstein — d = Abfall des Kalmplateaus — e = Sundremdaer Durchbruchstal — Zwischen a und e der Sundremdaer Kessel — f = Sandsteinterrasse östlich von Remda — g Sandsteinterrasse nördlich von Remda; dahinter Altremda — h Unterhalb h der Kalk-Sandsteinschutt.

Hamburg: L. Friederichsen & Co.

die Mitte des Tales senkt, ist der Querschnitt ziemlich muldenförmig. Die beiden nördlich von Ehrenstein gelegenen Täler sind anfangs auch Muldentäler, verwandeln sich dann aber in Sohlentäler mit ausgesprochenen Böschungssohlen. Von der Einmündung des Tales 2 ab besteht ein bemerkenswerter Gegensatz zwischen der Nord- und Südseite. Im Bereich des Röts geht die Böschung des Kalmberges ganz allmählich in den Talboden über — es fehlt also eine Begrenzung des Talgrabens —, auf der Südseite ist im Sandstein dagegen die Stufe entwickelt. Eine solche entwickelt sich aber auch im Norden mit dem Beginn des Sandsteins vor Altremda, und gleichzeitig nimmt der Talgraben die Form eines Sohlentales an. Unterhalb Altremda wird er recht schmal — Talenge —, dann aber wieder breiter, namentlich mit dem Beginn des Röts auf der Südseite. Bei Stadtremda wird das Tal im Sandstein wieder enger.

Bemerkenswert sind Querstufen, die den Talboden durchsetzen. Sie sind stets an Wege gebunden, und zwar ist der Wiesenboden oberhalb des Weges höher als unterhalb. Bei Stadtremda beträgt der Unterschied an der nach Breitenheerda führenden Chaussee ca. 3 m. Wir wollen solche Stufen künstliche Querstufen nennen. Die Erklärung wird später folgen.

Die Abflußrinne des Talgrabens ist durchweg ein künstlicher Graben, der den Wiesenboden durchzieht. In Tal 1 zeigt die geologische Karte vom Jahre 1855 noch einen sich schlängelnden Wiesenbach, heute aber ist ein gerader Graben gezogen worden. Bei Stadtremda selbst ist in der breiten Wiesensohle neben dem Hauptgraben noch ein zweiter gezogen worden.

Die Gehängetäler auf der Nordseite der Talung. Innerhalb der Talung sind folgende Gehängetäler zu finden. Die Täler der Nordseite sind namentlich durch die Entwicklung der Rötschluchten charakterisiert. Die Ausbildung des Gehänges ist normalerweise folgende. Der Wellenkalk bildet eine ziemlich glatte Wand, dann wölbt sich eine mit Kalkschutt bedeckte Stufe vor, darauf fällt das Röt mit anfangs steiler, dann flacherer Böschung ab. Auf die lokal entwickelte Stufe des Unteren Röts folgt dann die nur in der Mitte fehlende Stufe des Mittleren Buntsandsteins. Die Täler sind auf der Wellenkalkwand spärlich. Außer einigen ganz flachen Gehängemulden (7—9) ist nur Tal 6 zu nennen, eine mit Schuttboden versehene Gehängesohlenmulde. Sie liegt da, wo eine Verwerfung vermutet wurde. Während die anderen auf den Feldern der Rötböschung enden, setzt sich Tal 6 als Rötschlucht fort. In den Rötletten sind nun lokal Systeme wundervoller Schluchten eingeschnitten. Sie beginnen unterhalb der Kalkschuttdecke und sind anfangs lediglich durch Vertikalerosion nebst Abspülung und Abrutschen der Rötwände gebildet; mit dem Erreichen der flacheren Böschung beginnt aber Horizontalerosion unter Verbreiterung und Schlängelung. Man kann hier die einfachen Erosionsformen durch fließendes Wasser gut studieren. Die Schluchten enden in verschiedener Weise. Nur bei Tal 1 ist der Zusammenhang mit der Schlucht in der Stufe des Unteren Röts und des Mittleren Buntsandsteins gewahrt. Gewöhnlich gehen sie aber in Weggräben über, so namentlich die Schluchtensysteme 12 und 13, oder sie enden auf der Feldböschung blind. Allein auch in den beiden letzteren Fällen ist ehemalige Verbindung mit Tälern in der Sandsteinstufe durch flache Mulden, die überpflügt sind, noch deutlich erkennbar. Das gilt namentlich für die Täler 5, 6 und 11. Da, wo die unterste Sandsteinstufe fehlt, haben die Schluchten ihre Sedimente auf der Rötböschung ausgebreitet und so flache Schuttkegel entstehen lassen. Diese werden durch den auf- und absteigenden Weg veranschaulicht. Unterhalb jedes Schluchtensystems steigt der Weg an. Das gilt sogar für die Muschelkalkmulden 7 und 8. Im Bereich dieser Schuttfächer, wie auch der Täler im Sandstein, sind rotbraune Tone der charakteristische Boden.

Nordöstlich von Altremda liegt eine feuchte Wiese, mit Humusboden, unter dem Kalktuffe liegen. Diese Wiese wird durch die flache Mulde 14, die durch das Dorf geht, entwässert.

Tal 15 ist eine flache Mulde, die mit einem Wiesenmoor beginnt und ganz deutlich über dem Altremdaer Tal hängt. Vor dem Weg befindet sich obendrein an der Einmündung der Wiesenboden eine künstliche Querstufe.

Die Gehängetäler auf dem Nordhang des Büchenberges und Linzig. Tal 1 ist eine Gehängesohlenmulde mit auffallend breitem ebenen Boden. Ein künstlicher Querdamm hat eine Stufe erzeugt, auf der eine kleine Kiefernschonung steht.

Tal 2 und 3 sind Gehängesohlenmulden, die total bewaldet und mit Moos bedeckt sind. Eine total bewachsene Erosionsrinne ist vorhanden und am Ausgang mit Steinen verstopft. Bei Mulde 3 hat man zum seitlichen Ableiten des Regenwassers einen Graben gezogen. Beide Mulden enden an dem Feldrand der Übergangsböschung, aber in der Verlängerung von 3 ist eine in die Altremdaer Senke mündende Mulde entwickelt.

Tal 4 (Abb. 15) beginnt auf der Rumpffläche des Büchenberges als flache Mulde zwischen dem Rücken des Hornsteinkalkes und Terebratulakalkes. Letzterer wird von zwei Schluchten durchbrochen, die sich zu einer steilen Gehängesohlenmulde vereinigen. Den Querschnitt dieser Mulde zeigt Abb. 19. Die ganze Mulde ist dicht bewachsen mit Wald, Moos und Gras. Eine Erosionsrinne ist vorhanden, aber ganz bewachsen. Die beiden Kerben im Terebratulakalk sind durch Hecken verstopft, die zur Entstehung einer Stufe Veranlassung gegeben haben. Die Gehängemulde endet plötzlich auf der mit Feldern bestandenen Übergangsböschung, allein in ihrer Verlängerung mündet eine flache Mulde in die Altremdaer Senke.

Abb. 19. Querschnitt durch das Gehängetal 4 Nordseite des Büchenberges.

Tal 7 ist eine flache Mulde im Sandstein mit einer total bewachsenen, flachen, 10—20 m breiten Erosionsrinne. An der Einmündung in die breite Altremdaer Senke ist ein auffallender Gefällsknick vorhanden. Tal 6 ist auch eine kleine Mulde, die mit Tal 7 vereinigt als flache Mulde zum Altremdaer Tal hinabzieht. Tal 5 ist eine dritte flache Mulde.

Tal 8 ist eine flache Mulde zwischen Röt und Sandstein. Ihr Boden ist sandiger Ton, der am Weg eine $1^1/_2$ m mächtige Stufe bildet und von einem künstlichen Graben entwässert wird.

b) Das Remdaer Tal zwischen Stadtremda und Teichröda.

Die Talung bei Stadtremda wird durch das Sundremdaer und Kirchremdaer Tal unterbrochen, beginnt dann aber in gleicher Breite ($1^1/_2$ km). Die Nordgrenze der Talung liegt nahe der Talsohle und z. Tl. fällt sie mit der des Talgrabens zusammen. Dagegen hat sie im S einen größeren Abstand und ist obendrein zackig. Auf der Nordseite liegt die Grenzlinie auf dem Kamm der „Keule" und dann auf dem Rand aus Trochitenkalk. Dann folgt eine Stufe aus Sandstein, bezw. östlicher eine solche aus Schaumkalk, die gleichzeitig den Rand des Talgrabens bilden. Dann senkt sich ein Rücken zum Heilsberger Tal hinab. Im weiteren Verlauf bleibt die Grenzlinie meist auf der Höhe einer aus Sandstein und Lößlehm bestehenden Stufe. Auf der Südseite liegt die Grenze der Talung auf den Sandsteinhöhen. Im Hintergrunde des Birkigttales weicht sie weit nach S zurück, nähert sich dann aber an der Mündung des Wiesentals dem Talgraben, um dann südlich zurückzuweichen. Bemerkenswerterweise liegt sie anfangs auf dem Sandstein, durchquert dann die Kalkschollenzone und springt nun erst auf den Rücken des Kalksteins über, der in der Kuppe kulminiert. Der obere Rand des Talgrabens ist anfangs sehr gut zu ziehen, nämlich auf einer aus Sandstein bestehenden Vorstufe. Bei Eschdorf ist diese noch deutlich, verschwindet aber im Bereich der Kalksteinschollen so gut wie ganz, um auf dem Sandstein aufs neue zu erscheinen. Der Talgraben erscheint demnach als ein sehr gut begrenztes Gebilde, in dem eine Vorstufe mit ziemlich steilen Gehängen entwickelt ist; dann folgt eine Übergangsböschung und dann eine Böschungssohle. Diese bildet das Wiesental, das über 100 m breit ist, sich aber im Bereich der Kalkschollen auf die Hälfte verengert; dann wird die Sohle wieder breiter.

Die Abflußrinne ist ein geschlängelter, 2—3 m tiefer, ca. 5—6 m breiter Graben mit dauernd fließendem Wasser. Er entwickelt sich aus Teichen im Kirchremdaer Tal. Auch sind flache, gewundene, ehemalige Abflußrinnen auf dem Wiesenboden zuweilen erkennbar. Auffallenderweise liegt die Bachrinne manchmal auf einer sich einseitig senkenden Böschungssohle. Augenscheinlich hat z. Tl. eine künstliche Verlegung des Baches stattgefunden, wie ja auch vermutlich Mühlgräben wiederholt künstlich angelegt worden sind. An einigen Stellen drängt die Bachrinne gegen das Ufer und hat Sohle und selbst Übergangsböschung entfernt, nämlich auf der Nordseite zwischen Eschdorf und Heilsberger Mühle und auf der Südseite zwischen Heilsberger Mühle und Feldmühle. Bei Teichröda schiebt sich auf der Südseite die aus Lößlehm bestehende Übergangsböschung so weit nach N vor, daß die Wiesensohle bis auf 50 m eingeengt wird.

Die Ablagerungen des Remdaer Talgrabens. Die Böden der Remdaer Talung sind zwar schon beschrieben worden, allein es wird zweckmäßig sein, noch die in dem Talgraben befindlichen Ablagerungen zusammenfassend zu betrachten.

In dem Abschnitt oberhalb Stadtremda bilden sandige bis fast gelbbraune Tone die Wiesensohle. Eine Zunahme des Sandgehaltes gegen die Sandsteingehänge ist überall deutlich erkennbar. Aus Tal 5 und 13 sind rote Tone, die aus den Rötschluchten stammen, in den Talgraben geschwemmt worden. Aufschlüsse an den Gehängen des Talgrabens und auf der Vorstufe fehlen. Zwischen Stadtremda und Eschdorf sind dagegen einige interessante Aufschlüsse zu beobachten.

Auf der den Talgraben einfassenden Terrasse sind südlich der Keule zu beiden Seiten des zum Steinbruch hinaufführenden Weges über dem Sandstein folgende Ablagerungen aufgeschlossen. Unter einer dunkelgraubraunen, steinarmen, ca. 30—40 cm mächtigen Ackererde aus lehmigem Sand liegt eine bis 2 m mächtige Schicht von schmutzig braunem Lehm. (Abb. 20.) Bis nußgroße Kalkstücke und bis faustgroße Sandsteinstücke sind ganz unregelmäßig in ihm verteilt; nur einmal ist ein Lage von Kies erkennbar. Er enthält Bruchstücke von Helixschalen, die noch Farbenringe tragen. Unter dem Lehm liegt eine Schicht großer, brauner Sandsteinplatten, die wohl bis 30—40 cm Länge und 10 bis 15 cm Dicke besitzen. Sie stecken in einer sandig-tonigen Masse, die rote, violette, grüne, gelbe, weißliche Farben besitzt, entsprechend der Farbe der Sandsteine, aus denen sie entstanden sind. Es handelt sich also um eine mechanische Aufarbeitung ohne wesentliche chemische Zersetzung. Unter dieser Blockschicht liegt der Sandstein, der hier eine weißliche bis graue Farbe hat. Ursprünglich zogen sich diese Schichten an dem Abhang hinab, bis der Bruch die heutige Wand schuf.

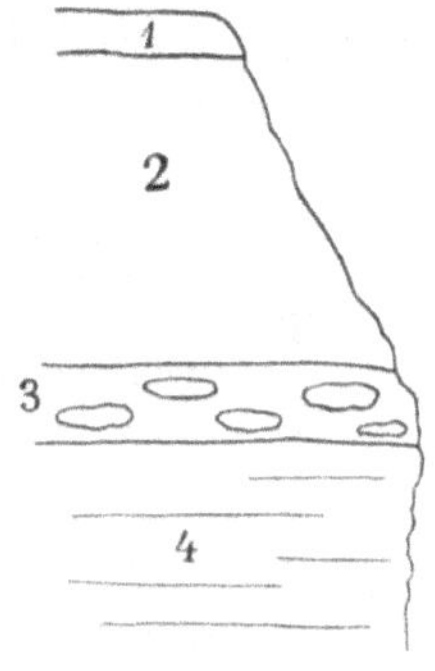

Abb. 20. Profil an dem Sandsteinbruch östlich Stadtremda, Südhang der Keule. 1 = Ackerboden, 30 cm; 2 = Gelbbrauner lehmiger Sand, 2 m; 3 = Unzersetzter Sandsteinschutt, 0,5 m; 4 = Anstehender Sandstein.

Der zweite Aufschluß von einer Schuttablagerung (Abb. 21) liegt auf der Südseite an der Mündung von Tal 6 auf der rechten Seite und ist ein Teil der den Talgraben bildenden Vorstufe. Unter humoser Walderde liegt gelbbrauner, zersetzter Sand mit Sandsteinstücken, dann folgt $^1/_2$ bis $^3/_4$ m aufgeschlossen, unten von der Schuttböschung bedeckt, eine Schuttmasse aus gelbbraunem Lehm mit kantengerundeten bis eckigen Kalkstücken von Nuß- bis Kopfgröße. Dazu kommen abgerundete Sandsteine. Die Blöcke liegen ohne Schichtung in der Grundmasse.

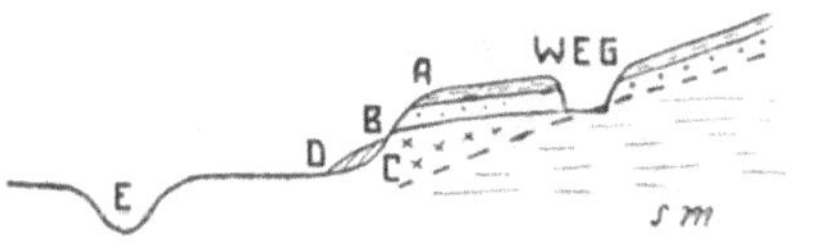

Abb. 21. Der Kalk-Sandsteinschutt zwischen Stadtremda und Eschdorf auf der Südseite des Tals an der Brücke. A Waldboden; B Gelbbrauner Gehängesand; C Kalk-Sandsteinschutt; D Schuttböschung; E Flußbett; sm mittlerer Buntsandstein.

Südlich der Heilsberger Mühle kommen an dem Südufer des Baches unter dem Weg Kalk- und Sandsteinstücke zum Vorschein, die vielleicht einer Masse von Kalk-Sandsteinschutt angehören. Indes ist der Aufschluß schlecht und die Diagnose wegen der Nähe des beschotterten Weges unsicher.

Westlich von der Einmündung des Wiesentals liegen auf dem dieses Tal von dem Rinnetal trennenden Rücken Gerölle aus Sandstein, daneben auch Quarz, wie er im Thüringer Wald vorkommt, und auch Muschelkalk. Es sind Reste einer Kalk-Sandstein-Schuttmasse.

Im Dorf Eschdorf ist eine Terrasse auffallend, auf der die Kirche steht. Auf dieser ist am Westende des Dorfes gelbbrauner Lehm aufgeschlossen.

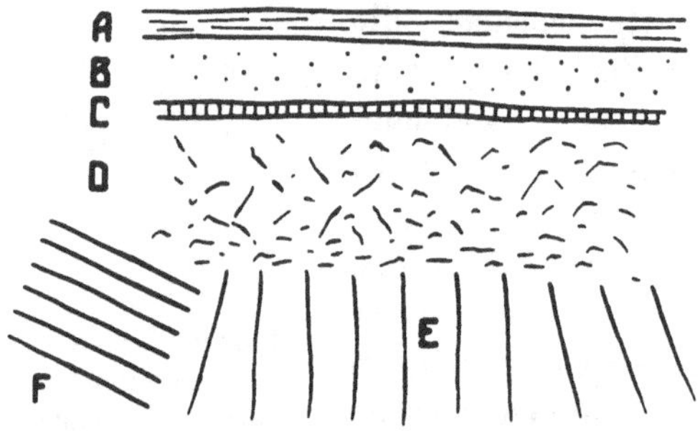

Abb. 22. Steinbruch im mittleren Muschelkalk östlich der Feldmühle, Südseite des Remdaer Tales.
A Waldboden; B Weiße Kalkerde mit Kalkbrocken, 50 cm; C 10 cm gelblich-brauner Tonmergel; D Grober Kalkschutt in gelblich-weißer Kalkerde, 1 m aufgeschlossen; E Schutthalde; F Mittlerer Muschelkalk anstehend.

Westlich der Feldmühle sind im Mittleren Muschelkalk Rutschungen eingetreten und zwar sind in Nischenform zwei Treppenbrüche vorhanden. In den abgerutschten Massen ist alles Gestein zertrümmert. Der Boden über dem Gestein ist $^1/_4$ bis $^3/_4$ mächtiger schwarzbrauner Ton mit reichlichen Kalkstükken. Etwas östlich von diesen Rutschungen liegt ein alter Steinbruch, in dem folgendes Profil aufgeschlossen ist. (Abb. 22).

A) Humoser Waldboden ca. 20 cm,

B) $^1/_2$ m abschilfernde bis geschichtete, feine Kalkerde mit spärlichen Kalkbrocken,

C) 10 cm gelbbrauner Tonmergel,

D) grober Kalkschutt in gelblicher Kalkerde, 1 m aufgeschlossen,

E) Schuttböschung.

Die Schichten B—E bestehen also aus unzersetztem durch physikalischen Zerfall entstandenen Massen.

Auf der Nordseite des Tales an dem Gehänge des Talgrabens liegt nordöstlich der Feldmühle eine Lehmgrube. Es ist gelber Löß mit Lößmännchen und feinen weißen Kalkwurzeln. Obwohl meist ungeschichtet, enthält er doch auch Streifen eines bis 30 cm mächtigen rötlichbraunen Sandlösses. In den tieferen Lagen enthält er unverwitterte faust- bis handgroße Stücke namentlich von Sandstein, aber auch eckigen Muschelkalk. Lößschnecken sind reichlich. Es wurden gefunden: Pupa muscorum, Succinea oblonga, Helix hispida. Das Alter ist also diluvial.

Der Kalk-Sandsteinschutt an dem Gehänge nordöstlich der Feldmühle. Unterhalb des Lößlehms liegt an dem von der Chaussee begrenzten Steilhang eine merkwürdige Ablagerung. Es ist ein ziemlich festverkitteter Sand mit rotbraunen, rötlichen und grünlichen Lagen, die sich nach dem Tale zu neigen. Eckige und gerundete Brocken grüner, sandiger, glimmerhaltiger Letten, sowie gerundete Sandsteinstücke sind eingelagert. Westlich der oben genannten Lößgrube fehlen Kalksteinstücke, aber bereits unterhalb derselben beginnen sie und nehmen östlich des Hohlweges an Menge zu. Dort liegen große und kleine Kalk- und Sandsteinstücke in einem rotbraunen bis braunen Sand. Je nach der Art der zerriebenen Sandsteine bzw. dem Hinzutreten von Rötletten, wechselt die Farbe. Die Kalksteinstücke sind eckig bis kantengerundet, die Sandsteine gerundet bis gut abgerollt. Über dieser mindestens 2 m mächtigen Masse, unter der an einer Stelle anscheinend ein weißer Sandstein ansteht, liegt $^1/_2$ bis $^3/_4$ m mächtig ein schmutzig brauner Gehängesand, der auf der Vorstufe die Felder bildet. Es ist sehr wahrscheinlich, daß sich die ganzen Schichten ursprünglich zum Talboden hinabgesenkt haben und erst durch den Chausseebau angeschnitten worden sind.

Westlich der Lößgrube und nördlich der Feldmühle liegen auf einem Feld auf der Übergangsböschung massenhaft Kalkstücke, vielleicht Reste einer Schuttmasse. Östlich des Tals X steht der Sandstein mit senkrechter Wand an. Über ihm aber liegt eine Kalk-Sandstein-Schuttmasse von großem Interesse. Die Mächtigkeit ist 2—3 m. In einem teils — namentlich in den oberen Partien — rotbraunen oder weißlichgrauen lehmigen Sand liegen Gesteinsstücke von wenigen Millimetern bis 0,5 m Durchmesser. Auffallend sind vor allem die großen braunen Sandsteinblöcke. Durchmesser von $^1/_2$ m sind nicht selten, solche von 30—50 cm häufig bei einer Dicke von 10—25 cm. Diese Platten liegen annähernd horizontal, sodaß eine Art Schichtung herauskommt. Allein dazwischen finden sich ganz regellos hand- und kopfgroße Platten und Stücke von Kalk- und Sandstein, die bis auf Erbsengröße herabgehen. Viele der kleineren Gerölle sind ausgezeichnet abgerollt, glatt, eiförmig, sodaß die Annahme, daß sie im Wasser gerundet sind, nicht von der Hand zu weisen ist. Allein solche prachtvollen Rollstücke kommen bereits im Sandstein fertig vor. Ganz überwiegend sind die Stücke höchstens gerundet oder kantengerundet bis eckig. Irgend welche Schichtung ist nicht zu bemerken. Auffallend war ein wallnußgroßes Quarzstück.

Auf dem weiter östlich folgenden, mit Feldern bedeckten Abhang der Vorstufe sind neben überwiegendem Sandstein doch auch recht viele Kalkstücke zu finden, auch ein großes Quarzgeröll wie aus Thüringer-Wald-Schottern.

Am Westrand des Dorfes Teichröda ist die Übergangsböschung des Sandsteingehänges aufgeschlossen. Sie besteht aus grauem Sand mit Steinen von Sandstein und Muschelkalk und es fand sich darin ein Pupa muscorum. Also ist das Alter diluvial.

Die Gehängetäler zwischen Stadtremda und Teichröda auf der Nordseite. Zwischen Stadtremda und Teichröda liegt eine Anzahl kleiner Gehängetäler, die z. Tl. interessante Verhältnisse aufweisen.

Tal 1 ist eine flache Mulde innerhalb des Sandsteins und endet auf der Sandsteinterrasse, die den Graben des Rinnetals begrenzt. Der Boden ist sandiger Lehm. Ein tief eingeschnittener Hohlweg verbindet sie mit dem Rinnetal.

Tal 2 ist noch in den Sandstein eingeschnitten, aber nahe der Grenze gegen den Muschelkalk zu. Es ist eine Gehängemulde mit steinigem Lehmboden, der aus Sand und Kalkton besteht. Der Muldenboden senkt sich schließlich stark und bildet eine flache Einmuldung in der Übergangsböschung des Rinnetals.

Täler 3—8 haben unter sich den gleichen Bau. Der Ödlandrücken der Hornstein—Trochitenkalke bildet oben ein glattes Gehänge. In die auf ihn nach abwärts folgende flache Böschung des Mittleren Muschelkalkes hat sich je eine flache Mulde eingeschnitten und diese senkt sich gegen eine enge Schlucht, die an dem oberen Rand des Schaumkalkes beginnt. Hier hat man zum Schutz gegen das abfließende Wasser Steine aufgeschüttet. Innerhalb des Unteren Wellenkalkes sind steile Gehängesohlenmulden oder auch einfache Mulden eingesenkt, die auf der Übergangsböschung enden. Innerhalb der Mulde ist je eine bewachsene Erosionsrinne bis 2 m tief in den Kalkschutt eingeschnitten. Auf der ebenfalls aus Schutt bestehenden Übergangsböschung ist je ein flacher Fächer aus Schutt aufgeschüttet worden. Man vergleiche das Profil durch den Südhang der Keule bei Eschdorf auf Abb. 13 mit dieser Darstellung.

Die Abhängigkeit der Talbildung von den Gesteinen ist hier klar und übersichtlich zu beobachten.

Tal 9 ist eine flache Gehängemulde zwischen dem Sandstein im Osten und dem Röt-Muschelkalk im Westen.

Die Gehängetäler der Südseite. Tal 1 beginnt als

Phot. v. S. Passarge.

IX. Eschdorf. Blick auf die Nordseite des Tals.

a = Trochitenkalk — b = Mittlerer Muschelkalk — c = Wellenkalk — d = Übergangsböschung — e = Böschungssohle — f = Lehmterrasse auf der Südseite des Tals.

Hamburg: L. Friederichsen & Co.

Phot. v. S. Passarge

X. Eschdorf.

Blick von der üdseite des Remdaer Tals auf die Nordseite mit dem Wellenkalk (c), dem mittleren Muschel kalk (b) dem Trochitenkalk (a). Mulde im mittleren Muschelkalk, Schlucht im Wellenkalk — d = Übergangsböschung.

Hamburg: L Friederichsen & Co.

flache breite Mulde mit künstlichem bewachsenen Graben, in der sich weiter abwärts infolge der Ausbildung eines kleinen Sohlentales Längsterrassen entwickelten. Die Sohle dieses eingeschnittenen Tales senkt sich am Talausgang mit auffallendem Gefällsknick herab und geht in die Übergangsböschung des Remdaer Tals über, in dem sie einen deutlichen Schuttfächer bildet.

Tal 2 und 3 sind flache Gehängemulden. Während aber der Boden von 2 auf die Übergangböschung des Haupttales eingestellt ist, geht die von 3 auf die aus Kalktuff bestehende Sohle des breiten Rinnetals über, ist also tiefer eingesenkt als Tal 3. Die Sohle des aus Kalktuff bestehenden Rinnetals ist aber so hoch wie die Terrasse, die den Talgraben unterhalb Remda begrenzt.

Tal 4 beginnt als eine flache Mulde auf dem Sandsteinplateau. In der sich tiefer einschneidenden Mulde entwickelt sich allmählich ein Sohlental und in diesem beginnt nach dem Ausgang zu plötzlich eine bewaldete, grabenförmige Abflußrinne. Sie begrenzt das rechte Gehänge des Tals, und fehlt hier daher die Längsstufe im Gegensatz zur Westseite. Die Hochsohle „hängt" über der Sohle des Rinnetals und geht in die Übergangsböschung des Talgrabens über.

Abb. 23. Das Birkigttal östlich von Stadtremda mit Trichterzirkus und über dem Remdaer Tal hängender Sohle.

Tal 5 — das Birkigttal — (Abb. 23) hat einen ganz anderen Anfang als Tal 4. Es beginnt nicht allmählich mit einer Mulde, sondern mit ganz plötzlichem steilrandigen Trichterzirkus, der unvermittelt in das Plateau eingesenkt ist. Dieser Zirkus besitzt auf der Ostseite eine kleine Ausbuchtung. Die steilen Gehänge werden durch Kulturterrassen gegliedert. Der Gehängeschutt ist auf dem Talboden mindestens 1—1 1/2 m mächtig und am Weg wiederholt aufgeschlossen. Das Tal ist anfangs eine Mulde, dann aber mehr Sohlental zu nennen. Die Sohle hängt ca. 20 m über der des Rinnetals. Reste einer Erosionsrinne und z. Tl. ein künstlicher Wiesengraben sind in die Wiesensohle eingeschnitten. Alles ist bewachsen, keine frische Erosion ist sichtbar.

Tal 6 ist ein total bewaldetes, unübersichtliches Gehängetal, wahrscheinlich von Muldenform und über dem Rinnetal hängend.

Tal 7 ist eine flache Gehängemulde im Sandstein.

Tal 8 eine solche auf der Grenze vom Sandstein und Wellenkalk. Sie enthält eine frische Erosionsschlucht, die durch Rückwärtsschneiden noch schädlich werden könnte.

Tal 9 ist eine im Mittleren Muschelkalk eingesenkte Gehängemulde, die oben sandigen Boden hat und in die eine mit Schutt erfüllte Kerbe eingesenkt ist.

Das Remdaer Tal zwischen Teichröda und Rudolstadt.

Die Talung. Die Nordostgrenze der Talung läuft über die Sandsteinberge, die sich über der Sohle des Rinnetals erheben. Auf dem rechten Ufer dagegen tritt sie viel weiter zurück und läuft über Kuppe und Pulverholzkopf zum Hain. Während auf dem linken Ufer die Sandsteinberge steil abfallen und nur eine Übergangsböschung oder auch die nicht einmal entwickelt ist, ist auf der andern Seite eine breite aus Sandstein, Schuttmassen und Lößlehm bestehende Vorstufe vorhanden, die eine scharfe Begrenzung des Talgrabens bildet. Innerhalb desselben ist stellenweise eine Übergangsböschung und stets eine Sohle entwickelt. Auf dem linken Ufer ist unterhalb des Teicheler Tals eine sehr breite Übergangsböschung vorhanden, namentlich an der Einmündung des Holler Tals. Ihr Sandboden enthält vorwiegend Sandsteinstücke, ferner aber auch eckige Kalkstücke und vereinzelte Saaleschotter — Diabas, Grauwacke, Quarz. Dann aber tritt die Abflußrinne an den Sandsteinhang heran und unterwühlt ihn. Erst bei Pflanzwirbach beginnt aufs neue die Übergangsböschung.

Auf dem rechten Ufer ist gegenüber von Teichröda eine sehr breite Übergangsböschung aus Lößlehm und Gesteinsschutt entwickelt, dann aber folgt eine einspringende Bucht, die von der steil ansteigenden Vorstufe begrenzt wird, obgleich die Abflußrinne nicht dagegen drängt. Auf der genannten, mit Löß bedeckten Terrasse sind nur einige interressante Aufschlüsse zu finden.

Ca. 500 m südwestlich von Teichröda ist in einem Hohlweg Kalk-Sandstein-Schutt aufgeschlossen. Auf der Terrasse ist der Weg $1^1/_2$ m tief in eine Schuttmasse eingeschnitten und enthüllt folgendes Profil:

a) Sandige, rotbraune Ackererde 30—40 cm.

b) 60 cm grober Kalk-Sandsteinschutt. Die großen Platten liegen ziemlich flach, sind eckig bis kantengerundet, die Grundmasse ist rötlicher Lehm bis lehmiger Sand. Bis $^1/_3$ m große, 20 cm dicke Steine liegen in ihm ganz unregelmäßig verteilt.

Phot. v. P. Reinicke, Rudolstadt.

XI. Transportierter Talschutt. Kiesgrube im Garten von Herrn Löffler an der Mündung des Geitersdorfer Tals.

a = Schmutzig-gelbbrauner Lehm mit Steinen — b = Kalk-Sandsteinschutt — b^1, b^2 = Sandschichten — c = Roter Sand über dem Sandstein d.

Phot. v. P. Reinicke, Rudolstadt.

XII. Transportierter Talschutt. Kiesgrube im Garten von Herrn Löffler an der Mündung des Geitersdorfer Tals.

a Schmutzig-gelbbrauner Schutt — b Kalk-Sandsteinschutt — c Buntsandstein — d Am Hang sich hinabziehender Schutt.

c) Mehr kiesiger Kalk-Sandsteinschutt; die Gesteinsstücke sind mehr schotterartig, abgerollt, ca. $^1/_2$ m.

d) Sehr sandige Partien in dem Schutt, ca. $^1/_2$ m.

Der Sand d hat zu der Anlage einer kleinen Sandgrube Veranlassung gegeben. Augenscheinlich sind die Gesteinsstücke z. Tl. im Wasser abgerollt, z. Tl. aber ist das bei der eckigen Beschaffenheit und Größe nicht der Fall. Bemerkenswert ist der Umstand, daß sich die Schuttschicht am Abhang hinabzieht, während die Gesteinsplatten sich zum Abhang parallel einstellen.

Nach Süden hin liegen auf den Feldern massenhaft Stücke von Kalk und Sandstein, die augenscheinlich aus dem Kalk-Sandsteinschutt stammen. Dafür spricht vor allem auch ein Aufschluß auf einem spitz auslaufenden Rücken der Terrasse. Dort ist eine Sandgrube in dem weichen Sandstein angelegt worden. Über dem Sandstein aber liegt in rotbraunem, sandigen Ton ein eckiger bis gerundeter Schutt aus Kalksteinen und Sandsteinen. Die Blöcke sind z. T. über kopfgroß, und die ca. $^3/_4$ m mächtige Schuttmasse zieht sich den Sandsteinhang hinab ins Tal. Dabei stellen sich die Gesteinsplatten parallel zum Abhang ein, als hätte sich die Schuttmasse über den Abhang hinabgeschoben.

Auch weiter nach S hin liegen zahlreiche Kalkstücke auf den Feldern.

Nördlich der Einmündung des Geitersdorfer Tals ist in dem Obstgarten von Herrn Löffler ein prachtvoller Aufschluß im Kalk-Sandsteinschutt vorhanden. Die Verhältnisse sind dort höchst instruktiv und übersichtlich. Das Profil, das 5 m Schutt enthüllt, zeigt folgende Schichten:

a) Humoser Ackerboden 30 cm mit großen Sandsteinblöcken.

b) Gelbbrauner Ton mit großen Blöcken von Sandstein und reichlich Kies. Mächtigkeit ca. 1 m.

c) Schuttmasse aus Sandsteinen, Kalksteinen, daneben auch Rötletten in sandig-lehmiger Grundmasse. Der Kies ist gut abgerollt, die größeren Stücke dagegen eckig bis kantengerundet. Kiesige Partien, Sandstreifen und Schichten aus grobem Schutt wechseln ab. Namentlich drei Kiesbänder sind zu verfolgen, von denen zwei in der Mitte, eins ganz unten liegt. Die Grundmasse ist rötlichgrauer, lehmiger Sand.

d) 15—20 cm hohe Schicht von rotem, feinem Sand aus aufgearbeitetem Sandstein, in den einzelne Gerölle des hangenden Schutts hineingepreßt sind.

e) Rot und weiß gestreifte, weiche Sandsteine des Mittleren Buntsandsteins.

Der Kalk-Sandsteinschutt zieht sich, auf den Sandstein liegend, hinab ins Tal, und sind die Platten parallel zum Abhang eingestellt, also ganz wie in den früheren Fällen.

Auf der Südseite des Geitersdorfer Tals ist der Lößlehm in zwei Gruben aufgeschlossen. Eine nur enthält Lößschnecken, nämlich Succinea oblonga und Pupa muscorum.

Südöstlich von Pflanzenwirbach liegt an dem nach S führenden Weg dicht am Dorfe eine 10—15 m hohe Terrasse aus Sandschutt mit Kalkstücken. (Abb. 24). Es ist ein rotbrauner, unzersetzter, lehmiger Sand mit eckigen bis kantengerundeten Stücken von Kalk, die nuß- bis kopfgroß sind, ferner viel abgerundete Sandsteinstücke. Der Aufschluß ist 2 m hoch. Neben dem Muschelkalk kommt auch Zechsteinkalk vor.

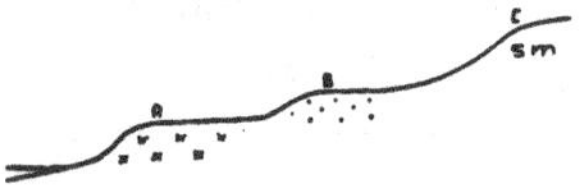

Abb. 24. Profil östlich von Pflanzenwirbach.
A Kalk-Sandsteinschutt; B Lößlehm; C Sandsteingehänge.

Weiter oben liegt an dem Weg gelbbrauner Lößlehm, der eine höhere Terrasse bildet. Auf der Terrasse liegen Gerölle aus dem Thüringer Wald, Grauwacken und Quarzschotter, ferner auch Zechstein.

Die aus Lößlehm bestehende Übergangsböschung tritt schon vor Ammelstedt nach Westen zurück, weil sich ein neuer Zirkus zwischen Ammelstedt und Pflanzwirbach entwickelt, dessen Gehänge steil ansteigt und wo selbst die Vorstufe fehlt. Unterhalb Pflanzwirbach wiederholt sich dieselbe Erscheinung, aber nur ein Teil des Zirkus ist gerade noch auf dem Meßtischblatt sichtbar. Die Sohle hat, wie wir sahen, am Westrande des Dorfes Teichröda eine Breite von nur ca. 50 m, verbreitert sich aber schnell auf ca. 400 m, um dann zwischen 100 und 300 m zu schwanken. An der Einmündung des Geitersdorfer Tals und bei Pflanzwirbach ist die Einengung wieder so groß wie bei Teichröda.

Die Abflußrinne ist ein ca. 3 m tief eingeschnittenes, 6—12 m breites Bachbett, das stark geschlängelt durch die Wiesensohle zieht und oberhalb des Geitersdorfer Tales das rechte, unterhalb bis Ammelstedt das linke Ufer des Talgrabens unterwäscht. Der Bach führt dauernd Wasser und besitzt eine schnelle Strömung.

Die Gehängetäler.

Auf der linken Seite fehlen kurze Gehängetäler mit Ausnahme einer unbedeutenden Schlucht bei Ammelstedt, die total bewaldet ist.

Auf der rechten Seite sind dagegen viele kurze Gehängetäler entwickelt.

Tal 1 und 2 sind flache Gehängemulden im Sandstein, die sich vereinigen. Sie sind durch eine bewachsene Schlucht zerschnitten, die augenscheinlich zuerst ein Hohlweg war. Eine kleine Seitenschlucht ist mit Steinen zugeschüttet, aber doch noch erkennbar. Die Mulden waren ursprünglich auf die Übergangsböschung des Rinnetals eingestellt.

Tal 3 ist kompliziert gebaut. Es ist eine Mulde im Sandstein, deren Boden auf die Übergangsböschung eingestellt ist. Allein in den Muldenboden hat sich eine breite Erosionsrinne eingeschnitten, die zur Wiesensohle des Rinnetals hinabgeht und auf derselben einen Schuttfächer ausgebreitet hat, der neben Sandstein viel Muschelkalkstücke enthält.

Tal 4 ist eine durch Kulturterrassen, namentlich Querstufen umgestaltete Gehängemulde. Sie ist auf die Übergangsböschung des Rinnetals eingestellt.

Tal 5 ist eine breite Zirkusnische, aus der eine Kerbe zum Rinnetal hinabführt.

Täler 6—9 sind sämtlich Gehängemulden, die auf die Übergangsböschung eingestellt sind, also im Verhältnis zur Sohle des Remdaer Tals hängen. Zu jeder führt ein Hohlweg hinauf.

Tal 10 ist eine durch Kulturterrassen gegliederte und umgestaltete Mulde. Sie wird von einem Weg zerschnitten, der gleichzeitig Abflußrinne ist. Der Muldenboden hängt über dem Remdaer Tal und senkt sich zur Übergangsböschung desselben hinab.

Tal 11 beginnt mit 2 flachen Mulden und ist auch nach der Vereinigung beider ein Muldental. Allein in den Muldenboden schneidet sich eine Erosionsrinne ein, die sich schnell zu einem bis 8 m tiefen Sohlental verbreitert. Dieses geht gleichsohlig in das Remdaer Tal über, während der ursprüngliche Muldenboden in Form von Längsstufen oben hängen bleibt.

d) Die Nebentäler der Nordseite des Remdaer Tals.

Eine ganze Anzahl von Tälern, die von dem Remdaer Tal abhängig sind, durchbrechen seine Talung und sind z. Tl. so groß, daß sie selbst Talungen besitzen. Es sind das die Täler von Teichel und Heilsberg, sowie die Kirchremdaer und Sundremdaer Mulde während die anderen einfach gestaltet sind. Wir wollen mit den Nebentälern der Nordseite beginnen.

α) Das Teicheler Tal.

Die Talung entwickelt sich unmittelbar aus der des Remdaer Tals. Anfangs zieht die Grenzlinie auf den Sandsteinhöhen entlang, springt dann aber auf den Rand des Muschelkalkplateaus über. Infolgedessen wird die Talung breiter, namentlich auf der Ostseite, wo die Verbreitung ganz plötzlich eintritt und der isolierte Rote Berg innerhalb der Talung liegt. Oberhalb Teichel tritt aber eine schnelle Verengerung ein und am Nordende des Blattes begrenzen die Linien nur ein einfaches Muschelkalktal.

Im Bereich des Sandsteins ist der Talgraben sehr deutlich ausgebildet und zwar als Vorstufe oder auch nur als breite Übergangsböschung. Das ist aber nur stellenweise der Fall. Über die Vorstufe erheben sich die Sandsteinhänge, die sich oben zu einem breiten Plateau ausdehnen. Über diesem erhebt sich dann die Böschung des Röts und Wellenkalkes, bezw. der Hügel des Roten Berges. Sobald der Sandstein verschwindet — das geschieht bei Teichel —, geht die deutliche Vorstufe verloren und statt dessen bildet die Rötböschung eine breite Mulde, in der nur stellenweise eine Vorstufe angedeutet ist. Erst in dem engen Muschelkalktal wird der Talgraben infolge der deutlichen Übergangsböschungen wieder klar erkennbar. Infolge dieser Verhältnisse ist die Wiesensohle nur in dem Sandstein deutlich ausgebildet. Dort ist der Talgraben ein Sohlental und zwar mit Böschungssohlen. Oberhalb Teichel ist wohl auch noch eine Wiese entwickelt, allein dieser Wiesenboden geht allmählich in die Gehänge über. Beim Übergang in das enge Muschelkalktal verwandelt sich die breite Übergangsböschung, indem sie sich stark verschmälert, in eine Sohle mit flacherer Böschung um. Es entsteht also ein Sohlental.

Die Abflußrinne ist in diesem Muschelkalk-Sohlental eine tiefe Schlucht, die bis in den Wellenkalk eingeschnitten ist, aber mit der Verbreiterung des Tals sich schnell verflacht und schließlich ganz verschwindet. Statt dessen ist ein künstlicher Graben gezogen worden, an dem interessante Aufschlüsse zu beobachten sind. Erst kurz oberhalb Teichel beginnt ein geschlängelter Wiesenbach — der Gornitz Bach — der dauernd Wasser enthält und wenig in die Wiesensohle eingeschnitten ist.

Die Ablagerungen im Teicheler Talgraben.

Innerhalb des Muschelkalktals am Nordrande des Blattes bildet die Sohle ungeschichteter, eckiger und kantengerundeter Kalkschutt in schmutzig braunem Ton. Diese Schuttmasse ist am Wege bis zu 1 m aufgeschlossen. Innerhalb des verbreiterten Talbodens ca. 1 km oberhalb Teichel ist der Weg neu gebaut und ein Steilrand auf der Südseite, ein Graben auf der Nordseite, geschaffon worden. Die Aufschlüsse sind höchst interessant und wichtig.

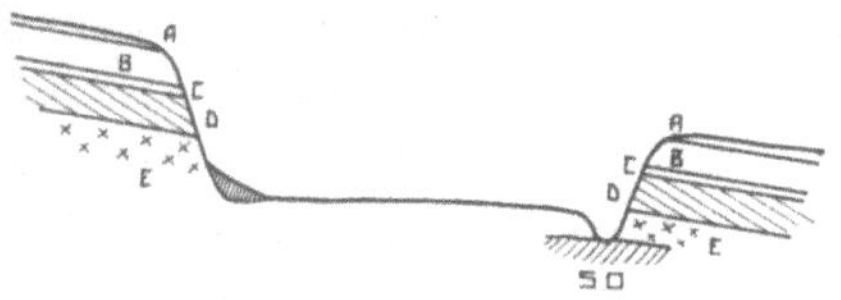

Abb. 25. Profil am Wege NW von Teichel. A Ackererde, 30 cm; B Schwärzliche, bräunlich-violett-rötliche, krümlige Tone mit Kalkbrocken, $^3/_4$—1 m; C Humose Erde mit Wurzeln und Baumstämmen; D Schmutziggraubrauner Kalkschutt; E Heller Kalkschutt; SO Rötletten.

An dem Steilrand im Süden ist folgendes Profil (Abb. 25) zu sehen.

A) 10—30 cm humose Ackererde,

B) Schwärzliche, etwas bräunlich-violett-rötliche. krümelige Tone oder Letten mit einzelnen Kalkstücken $^3/_4$—1 m mächtig,

C) Dunkles Band humoser Erde mit Resten von Wurzeln und frischen Baumstämmen,

D) Schmutzig graubrauner Kalkschutt mit auffallend kleinen, dicht gedrängt liegenden, eckigen Stücken von Muschelkalk.

E) Hellerer, bräunlichgelber Kalkschutt aus nußgroßen bis $^1/_2$ Fuß langen Kalkstücken. Die meisten sind ca. 10 cm lang und halb aufgerichtet, als wären sie nach abwärts geschoben. Sie sind eckig bis kantengerundet. Schichtung ist nicht zu beobachten, wohl aber treten Lagen und unregelmäßige Partien von gelblicher Kalkerde auf, in denen der Kalkschutt spärlicher liegt. Diese Kalkerde bildet überhaupt die Grundmasse der Kalkschuttablagerung.

Der Graben an dem Nordrand des Weges. Verfolgen wir nun das Profil im Graben. Sichtbar sind die Schichten C — D — E und dazu kommt das Röt. Beginnen wir am oberen Ende des Grabens. Anfangs liegt unten eine $1^1/_2$ m hohe Masse aus graubraunem bis schmutzig gelbbraunen Kalkschutt (= D). Die Kalkstücke liegen in spärlichem Kalkton wirr durcheinander, allein auffallend ist die oben erwähnte Schrägstellung. Streckenweise sind unregelmäßige Bänder von Geröllagen erkennbar. Darüber liegt eine 30 cm mächtige Masse feinen dunkelbraunen humosen Tons mit wenig Kalkbrocken (= B). Unter diesen Ton, der der Ackerboden ist, liegt eine Steinsohle aus Kalkstücken.

Gehen wir weiter abwärts, so beginnt Schicht C, nämlich gelber Kalkmergel mit Kalkschutt, die zuerst buckelförmig auftaucht und dann dauernd aufgeschlossen ist. Nester und Lagen ziemlich reinen

Kalkmergels sind nicht selten und ferner dünne Lagen von Scherben von Rötletten. Die Kalkplatten sind oft schräg gestellt.

Nunmehr beginnt das Röt aufzutauchen, anfangs spärlich, dann immer häufiger in Buckeln und Streifen. Aber nirgends bildet es in breiter Fläche den Boden des Grabens. Seine Oberfläche ist entweder glatt, wie abgeschliffen, oder mit dem Kalkschutt zu einer Masse verknetet. Große Kalkstücke stecken in den Letten und oft ist die Grenze ganz verschwommen. Häufig tauchen die Rötletten in Form von runden Buckeln auf oder es sind einzelne Partien mit spitzen Zacken, Ausläufern, Haken, talwärts gerichtet und laufen in dem Kalkschutt aus. Man gewinnt den Eindruck, daß die Masse nach abwärts gepreßt worden sei. In vielen Fällen schwimmen unregelmäßige Fetzen und Streifen von Röt in dem Kalkschutt, und umgekehrt liegen Nester von Kalkschutt innerhalb des Röts. Lokal sind schließlich Rötletten derart mit Kalkschutt zu einer einheitlichen Masse verschmolzen, daß Gebilde ähnlich den „Lokalmoränen" entstehen. Innerhalb der Röttone treten rote, violette und bläulichgrüne Farben auf und dadurch wird stellenweise die sehr komplizierte Struktur des Röts deutlich. Es zeigt sich, daß die Tone gezerrt, gereckt oder auch durcheinander geknetet sind. Flammen- und pilzförmige Figuren kommen vor. Schließlich verschwinden die Röttone ganz und der Kalkschutt allein ist sichtbar, bis der Graben und die Aufschlüsse enden.

Nun müssen wir die petrographische Beschaffenheit des Röts noch näher ins Auge fassen. Beim ersten Anblick scheinen die roten, violetten und grünen Tone anzustehen, allein eine Prüfung ergibt, daß hiervon keine Rede sein kann. Die ganze Masse ist vielmehr aufgearbeitetes Material. Folgende Varietäten sind zu unterscheiden:

1. Weicher, lockerer Rötton: rotbraun, leicht zerreiblich. Aus ihm geht hervor:

2. Roter Brockenton, in dem eckige harte Brocken von Rötletten in dem roten Ton auftreten.

3. Grüner Brockenton; in grünem feinen Tonschlamm liegen grünliche Brocken von harten Rötletten.

4. Bunter Brockenton; ein Gemisch von roten, grünen und violetten Brocken in Rötton.

5. Kalk-Rötbreccie; ein Gemisch von Kalkstücken, verschieden farbigen Brocken von Rötletten, gelbem Kalkton und bunten Rötton. Das ist die „Lokalmoräne".

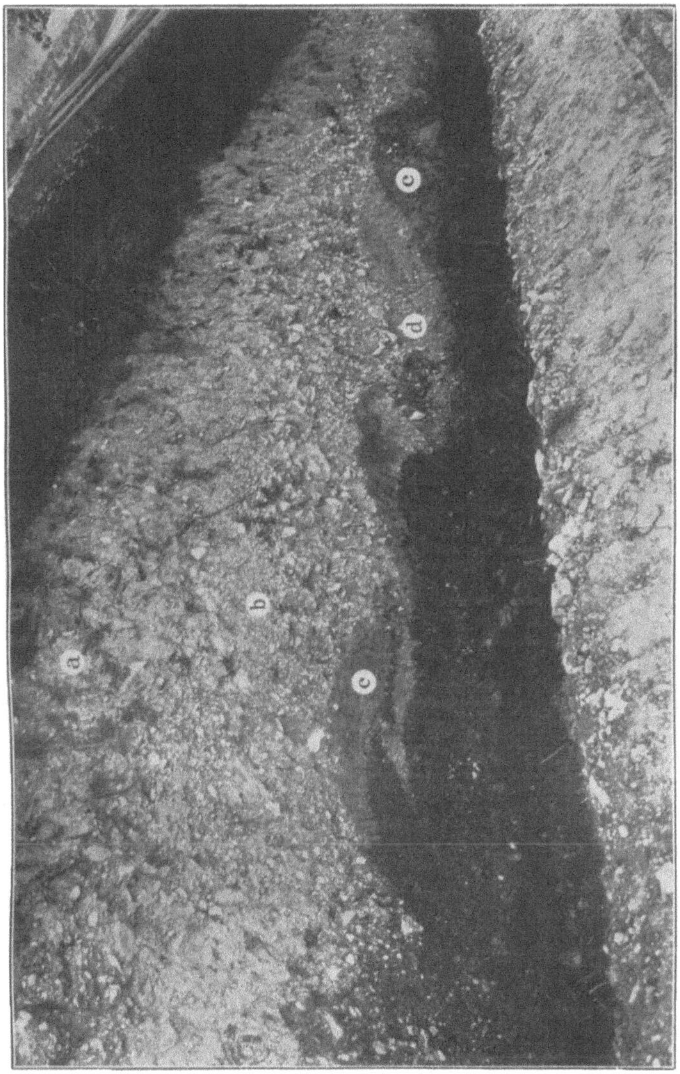

Phot. v. P. Reinicke, Rudolstadt.

XIII. Stauchungen der Rötbreccie im Graben NW von Teichel.

a Schmutzig-gelbbrauner Schutt — b Heller Kalkschutt — c—c Röt-Breccien — d Kalk-Rötbreccie.

Hamburg: L. Friederichsen & Co.

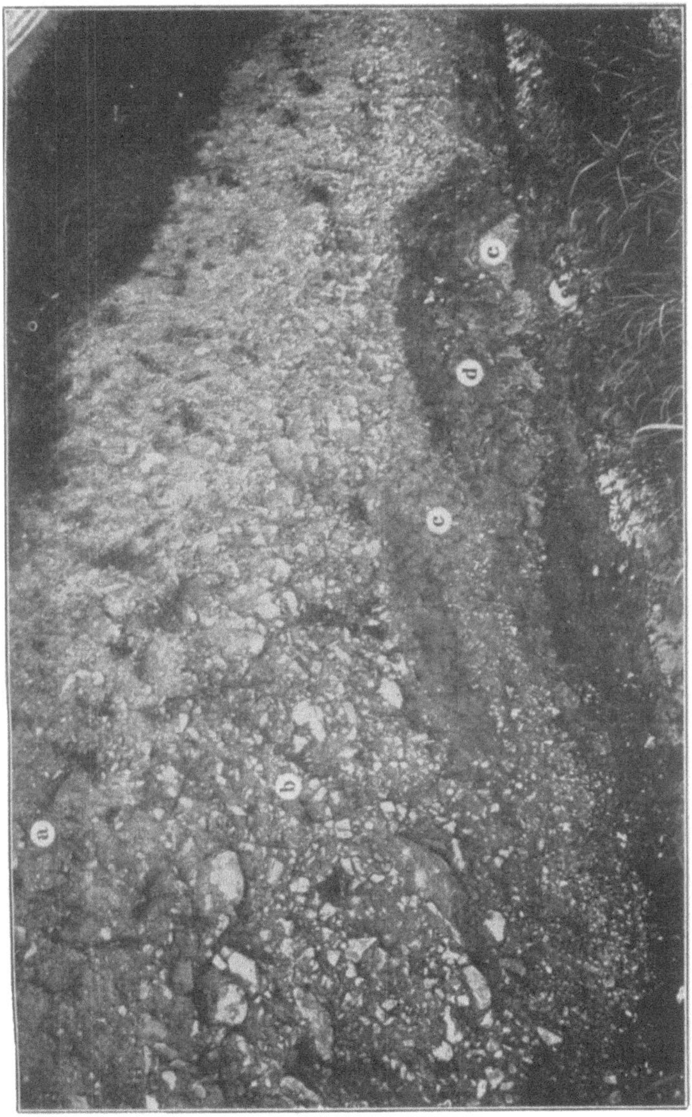

Phot. v. P. Reinicke, Rudolstadt.

XIV. Stauchungen der Rötbreccie im Graben NW von Teichel

a Schmutzig-gelbbrauner Kalkschutt — b Gelber Kalkschutt — c Kalk-Rötbreccie — d Roter Brockenton — e Grüner Brockenton.

6. Gelber Kalkschutt mit Rötfetzen.

7. Reiner, gelber Kalkschutt.

So sind also alle Übergänge vorhanden. Denkt man sich Querschnitte durch die Falten und Buckel der Röttone gelegt, so würde stellenweise eine Bänderung von roten, grünen und gelblichen Tonen mit oder ohne Kalkstücke auf dem Querschnitt sichtbar sein.

Weiter unterhalb zwischen den beiden, von Teichel nach N führenden Wegen ist, auf dem Abhang bereits, 30—40 cm mächtig ein sehr steiniger grober Schutt in einem Gemisch von Kalkton und Rötletten aufgeschlossen.

An dem von W kommenden Weg ca. 200 m vor Teichel entblößt der frische Wiesengraben folgenden Aufschluß:

a) $^1/_2$—$^3/_4$ m rote Tone,

b) gelber, wenig steiniger Kalkton.

Die roten Tone bedecken auch den Westhang und stammen aus frischen Rötschluchten.

In dem Dorf ist an den Ufern des Baches ein grauer bis bräunlicher, erdiger Kalktuff aufgeschlossen, augenscheinlich eine junge Ablagerung von über Wiesen rieselndem Wasser.

150 m unterhalb Teichel an dem linken Gehänge des Talgrabens ist folgender interessanter Aufschluß zu bemerken. Unter einer Schicht Ackererde liegt eine 3 m mächtige Masse schmutzig-gelbbraunen, dunklen Tons mit zahlreichen eckigen und kantengerundeten Brocken von Kalkstein und gerundeten Sandsteinen. Die Kalkstücke sind bis wallnußgroß, die Sandsteine bis faustgroß. Unter diesem Schutt liegt ein gelber, lößähnlicher, feiner, staubiger Boden mit verästelten weißen Wurzelröhren. Kalkbrocken sind spärlich, Lößmännchen fehlen.

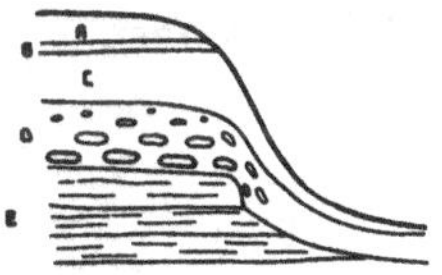

Abb. 26. Profil in einem Bruch im Tal 6, südlich von Teichel.

A Gelbbrauner Sand; B Rotbrauner Sand; C Gelbbrauner Sand; D Rotbrauner Sand mit Sandsteinblöcken; E Sandstein.

Innerhalb des Sandsteingrabens ist die Vorstufe mehrmals aufgeschlossen, z. B. auf dem Osthang zwischen Tal 13 und 14 und dort besteht sie aus grobem, unzersetztem Sandsteinschutt in Sand, nicht aber etwa aus Schottern.

Auf der Westseite ist ebenfalls an drei Stellen der Aufbau der Vorstufe erkennbar, nämlich auf der Südseite des Tals 6 (Abb. 26), südlich von Tal 6 und am Tal 8 (Abb. 27 und 28).

1. An dem Steinbruch am Tal 6 ist folgendes Profil aufgeschlossen:

A) gelbbrauner Sand,

B) rotbrauner Sand,

C) gelbbrauner Sand,

D) rotbrauner Sand mit Sandsteinblöcken. Eingekeilt sind zwischen den Sandsteinblöcken rotbraune Letten und Sandsteinbänkchen. Die Letten waren zwischen den Sandsteinbänken eingelagert.

E) Flach gelagerte Sandsteinbänke.

Demnach liegt unten unzersetzter Schutt (D), darüber zersetzter Gehängesand (A und C) mit einer roten Zwischenlagerung (B).

2. Auch an dem Westhang des Teicheler Tals hat der Weg zwischen dem Steinbruch am Tal 6 und der Mühle die Übergangsböschung angeschnitten und mehrere Meter mächtige Massen von unzersetztem, roten Sand mit wirr durcheinanderliegenden Sandsteinblöcken aufgedeckt. Demnach liegt unten unzersetzter Schutt, darüber zersetzter Gehängesand.

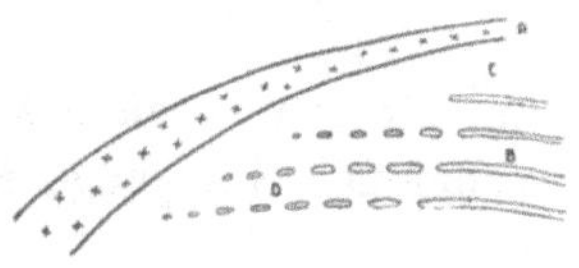

Abb. 27. Profil auf der Südseite des Tals 8 N von Teichröda.
A Gelbbrauner Gehängeschutt; B Sandsteinbänke; C Loser unzersetzter Sand; D Zerstückelte Sandsteinbänke.

Abb. 28. Profil südlich des Tals 8 N von Teichröda.
A Ackererde; B Sandsteinschutt; C Anstehende Sandsteine; D Lößlehm.

3. Auf der Südseite des Tales 8 ist folgendes Profil vorhanden (Abb. 27.)

A) Gelbbrauner Gehängeschutt,

B) weiche Sandsteine mit härteren Brücken, nach W einfallend,

C) loser unzersetzter Sand, der aus dem anstehenden Sandstein entstanden ist; die härteren Sandsteinbänke sind lang ausgezogen und zerstückelt; braune Sandbänder deuten ehemalige Schichtung an.

Weiter westlich auf der Höhe ist folgender Aufschluß sichtbar (Abb. 28.) Auf dem Rücken liegt unter humoser Ackererde (A) gelbbrauner Sand mit eckigem Sandsteinschutt (B) darunter liegt nach N einfallender Sandstein. Etwas nördlicher und tiefer steht gelber lößartiger Sand mit diluvialen Lößschnecken — Pupa muscorum, Helix hispida und Succinea oblonga — und kalkigen Wurzelröhrchen an. Er bildet eine senkrechte Wand und geht nach unten in ungeschichteten lehmigen Sand über. Über dem sandigen Löß aber liegt $^1/_2$ m mächtiger, gelbbrauner Sandlehm ohne Wurzelröhren und Schichtung. Der ganze Aufschluß umfaßt ca. $2^1/_2$ m. Das Lagerungsverhätnis zwischen dem diluvialen Lößlehm und dem Sandsteinschutt ist nicht aufgeschlossen, letzterer aber augenscheinlich älter.

Auf der Sohle des Teicheler Tals ist innerhalb des Sandsteingrabens anfangs roter, aus den Rötschluchten stammender Ton entwickelt, dann mehr rötliche Sande und gelbbraune, feine Tone. Eine ungemein interessante Ablagerung liegt aber in einem Graben südlich der Mühle bis zur Chausseecke (Abb. 29). Vor dem bewaldeten Sandsteingehänge breitet sich eine Böschungssohle aus rötlichem sandigen Lehm aus. Dieser Lehm fällt mit einer ca. 1 m hohen Stufe ab und dann folgt das eigentliche Wiesental mit z. T. moorigem Boden.

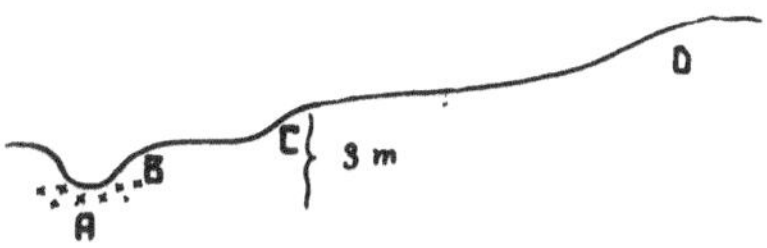

Abb. 29. Profil südlich der Mühle im Teicheler Tal.

A Kalk-Sandsteinschutt; B Aneton; C Rötlicher sandiger Lehm; D Sandsteingehänge.

In dem Wiesenboden ist ein Graben gezogen, der unter 1 m mächtigem graubräunlichem Ton mit massenhaften Resten vermodernder brauner Pflanzenreste eine Ablagerung aus Kalk-Sandsteinschutt entblößt. Dieser ist noch etwa $^1/_2$ m aufgeschlossen. Die Kalkblöcke sind teils eckig, teils kantengerundet und erreichen eine bedeutende Größe. Der größte Block war 60—70 cm lang und 20—25 cm dick! Da der nächste Muschelkalk in der Luftlinie 1—$1^1/_2$ km, dem Tal folgend 2—3 km entfernt ist, so tritt das Problem des Transports klar zutage.

Auf eine Masse von Kalk-Sandsteinschutt dürften auch die zahlreichen Kalkstücke zurückzuführen sein, die zwischen Tal 8 und Teichröda auf der flach ansteigenden Übergangsböschung liegen. Die Kalkstücke sind eckig bis kantengerundet, die Sandsteine abgerundet. Die Stücke erreichen Hand- bis Tellergröße. Gegenüber einer kleinen, auf der Karte nicht sichtbaren Gehängemulde sind wegen Überschüttung mit Sand die Gerölle spärlicher.

D i e S e i t e n t ä l e r d e s T e i c h e l e r T a l s. T a l 1 ist ein kurzes Gehängetal im Muschelkalk, ein Kerbtal, das aber z. T. mit Schutt erfüllt ist. So entsteht eine Gehängesohlenmulde. Der Boden der Mulde ist auf die aus Kalkschutt bestehende Übergangsböschung des Haupttals eingestellt. In die Mulde ist eine meist bewachsene Erosionsrinne eingeschnitten und in dieser zeigt eine steile Stufe mit folgendem Profil (Abb. 30):

A) humoser Kalkschutt,

B) weißer, leicht gelblicher Kalkschutt. Nur die obersten 20 cm sind gelbbraun. Auf der westlichen Talseite schwillt diese Schuttmasse bis auf 2—3 m an, ist aber auf der Abbildung nicht mehr dargestellt,

C) mit gelbbraunem, 1/2 m mächtigen Schutt erfüllter, alter Wasserriß,

D) Wellenkalk, 3 m aufgeschlossen.

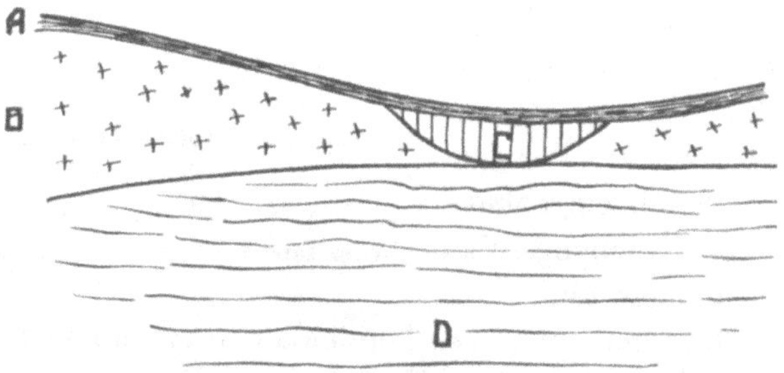

Abb. 30. Aufschluß in den Ablagerungen im Tal 1 N von Teichel. A Humoser Kalkschutt; B Hell gelblicher Kalkschutt; C Gelbbrauner Kalkschutt; D Wellenkalk.

Der gelbbraune Kalkschutt der ausgefüllten Rinne entspricht dem heutigen Gehängeschutt, steht aber im auffallenden Gegensatz zu dem weißlichen, unzersetzten Kalkschutt darunter.

Tal 2. Dieses aus NO kommende Tal hat einen sehr bestimmten Bau. Die Wellenkalkwände und die mit Kalkschutt bedeckte Übergangsböschung des Haupttales gehen in das Tal 2 hinein. Der Querschnitt ist demgemäß der einer Mulde mit steilen Seitenwänden und sich daran ansetzenden Muldenboden aus Schutt. Allein in diesen Schuttboden ist ein Kerbtal eingeschnitten, das sich ganz offensichtlich ursprünglich aus einem Weg entwickelt hat. Der alte Weg, der aus dem Teicheler Tal in den Hohlweg führt, ist noch erkennbar. Später erst hat man die Chaussee gebaut, die auf den Muldenboden hinaufsteigt. Am Ausgang des Tales ist die Kerbschlucht 6 m tief eingeschnitten, und zwar scheint unmittelbar am Eingang in das Seitental nur Kalkschutt die 6 m hohen, steilen Wände zu bilden. Dann aber finden sich etwas oberhalb rote Letten 2 m über der Talsohle, die vielleicht noch dem Röt angehören, vielleicht aber auch den Kalkschiefern der Myophorienschichten eingeschaltet sind. Noch später bestehen die unteren 3 m aus Kalkschiefern und Mittlerem Wellenkalk, die oberen aus Kalkschutt und Ton. Zuweilen ist die ganze Schuttmasse gelbbraun gefärbt; allein gewöhnlich ist die gelbbraune Farbe nur oben zu finden; unten ist der Kalkschutt dagegen hellgelblichgrau bis weiß. In der Kerbe ist die Erosion heutzutage kräftig tätig. Das Gestein steht allenthalben an und wird bei Hochwasser von dem Geröll korradiert.

Die Nebentäler von 2. Tal a hat eine recht charakteristische Gehängesohlenmulde und zeigt eine immer wiederkehrende Form. Es beginnt auf der Hochfläche als spitze Mulde, die aber bald in eine Rundmulde unter Änderung der Richtung übergeht. Diese Rundmulde wird von einer ca. 15 m hohen steilen Kalkböschung begrenzt. Den Rand bildet der dickbankige Terebratulakalk. Der Boden des Tales setzt an den Kalkwänden scharf ab und erstreckt sich mit flacher Böschung bis zu einer in ihr eingeschnittenen Kerbe. Dem Querschnitt nach ist es also ein Sohlental. Die Sohle besteht aus grobem Muschelkalkschutt in Kalktonboden.

Indem nun das Plateau die gleiche Höhe beibehält, die Sohle sich dagegen schnell senkt, werden die Kalkwände immer höher. Wie nun die Kalkwände des Seitentales in die des Haupttales übergehen, so vollzieht sich auch ein allmählicher Übergang von der Sohle des ersteren in die Übergangsböschung des letzteren. Allerdings ist der Abfall der Sohle zuletzt ein auffallend schneller. Dieser Übergang der Sohle des Nebentals in die Übergangsböschung des Haupttals ist eine geradezu gesetzmäßige Erscheinung, die wir schon oft angetroffen haben und immer und immer wieder antreffen werden.

Bei Tal a ist die Sohle von einer Kerbe zerschnitten, deren Boden bei der Einmündung in das Haupttal mit dem Boden des letzteren zwar gleichsohlig ist, aber doch schneller ansteigt. Sie ist dort 5—6 m tief und zur Hälfte in anstehenden Muschelkalk, zur Hälfte in groben Kalkschutt eingeschnitten. An dem Ausgang liegt die Kerbe übrigens unmittelbar an der westlichen Kalkböschung, die Sohle ist also dort einseitig entwickelt. Dieser Typus von Gehängetälern, die durch steile Kalkwände und flache Böschungssohlen aus Kalkschutt charakterisiert sind, wird hier Gehängesohlenmulden genannt. Je nachdem das obere Ende des Tales aber rund oder spitz ist, kann man von einer spitz oder rund auslaufenden Gehängesohlenmulde sprechen. Tal a lief ursprünglich rund aus, aber eine spitze Erosionsrinne ist sekundär eingeschnitten. Zum Schutz gegen diese rückwärts einschneidende Erosion hat man einen Halbmond aus Kalkblöcken aufgeschüttet.

Tal b (Abb. 31) ist im unteren Teil eine Gehängesohlenmulde. Der Weg ist bis auf das Gestein in den 2—3 m mächtigen Kalkschutt eingeschnitten; neben ihm läuft streckenweise eine total bewachsene Kerbe. Die Kalkwände treten mit dem Erreichen des Terebratulakalkes zusammen, allein in dem Oberen Wellenkalk öffnet sich dann eine flache Mulde, die in den nunmehr flach ansteigenden Rand des Plateaus eingesenkt ist und bis an den Schaumkalk heranreicht. Die übrigen Täler sind in die Kalkwand eingesenkte Gehängenischen bis -mulden; eines besitzt eine kleine verwachsene Erosionsrinne. Bemerkenswert ist nur Tal c. An seinem Ausgang befindet sich in einem

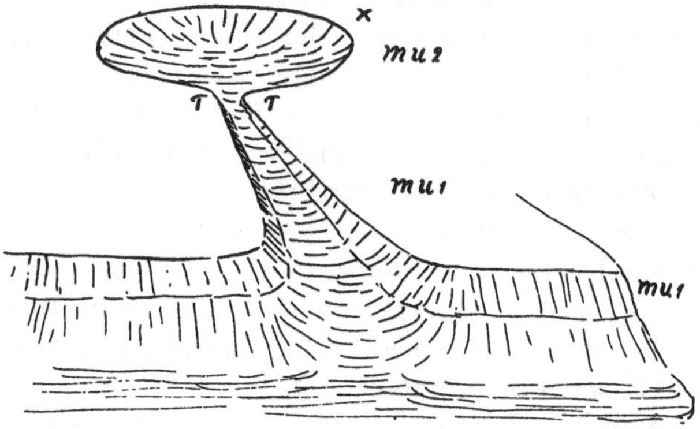

Abb. 31. Schematische Darstellung des Tales 2 b NO von Teichel. Mulde im Oberen Wellenkalk (mu 2), oben der Schaumkalk x, Gehängesohlenmulde im Unteren Wellenkalk (mu 1), den der Terebratulakalk (c) bedeckt. Die Sohle des Nebentals geht in die Übergangsböschung des Haupttals über.

Steinbruch folgender Aufschluß: Auf den Gehängen der Mulde liegt grober Kalkschutt, auf dem Boden mehr Kalkton. Während unten zu beiden Seiten Unterer Wellenkalk ansteht, hat ein Abrutsch die Mitte des Aufschlusses verdeckt. Beim Nachgraben fand ich unter dem Abrutsch nicht anstehenden Kalk, sondern nur Kalkschutt. Es scheint also einst eine Kerbe eingeschnitten und dann mit Schutt ausgefüllt worden zu sein.

Tal 3 ist eine total beackerte Mulde im Wellenkalk. Sie beginnt als Rundmulde, an deren N-Rand noch eine Steilwand angedeutet ist. Ursprünglich war es wohl eine Gehängesohlenmulde. Der Boden geht in die Übergangsböschung des Plateaurandes über.

Tal 4 ist eine durch Beackerung und Terrassenkultur umgestaltete Gehängenische.

Das Wolfstal und seine Gehängetäler. (Tal 5). Es ist eine breite Mulde, die oben von den Gehängen des Wellenkalkes, unten dagegen von der Übergangsböschung des Röts begrenzt wird. Auf der Südseite ist im Verlauf des Roten Berges nur Röt entwickelt. Diese flacheren Gehänge sind als Röt kartiert, allein tatsächlich liegt über demselben, wie ein Aufschluß zeigt, eine mindesten 2--3 m mächtige Masse aus Muschelkalkschutt und Kalkton. Beigemengt mag wohl auch Rötboden sein. Im Verlauf des Muldenbodens ist dagegen feiner Tonboden entwickelt. Ein Bachbett fehlt oder es sind nur hie und da total bewachsene Reste einer früheren Erosionsrinne sichtbar. An den Gehängen des Roten Berges ist der Boden kein steiniger Kalkton, sondern Rötboden.

Die Nebentäler. Tal a ist eine Gehängesohlenmulde, die im Oberen Wellenkalk eine dreizipflige, flache Mulde bildet. Der westliche und mittlere Zipfel sind Rundmulden, der östliche, ist mehr Spitzmulde und besitzt eine total bewachsene Erosionsrinne. Der Terebratulakalk engt das Tal ein und nun entwickelt sich nach abwärts eine richtige Gehängesohlenmulde, deren Sohle sich zuerst mäßig, dann steil zu der Übergangsböschung des Wolfstals herabsenkt. Die Sohle „hängt" also über der Übergangsböschung. Das Gleiche sahen wir bei Tal 2a. Auf der Südseite gehen Rötschluchten — Tal 6—7 — herab, die alle bewachsen sind und in deren Bereich und Verlängerung rotbrauner Röts über älteren Schichten, z. B. über graugrünen Letten des Unteren Röts, liegt. Bis in das Teicheler Tal reichen die abgeschwemmten roten Tone.

Tal 8 beginnt auf dem Roten Berge mit einem System von Rötschluchten. Auf der Sandsteinterrasse ist es eine flache Mulde, um sich dann aber als Schlucht in den Sandsteinrand einzuschneiden. Der Boden dieser Kerbschlucht besteht aus Rötton, der am Ausgang eine ca. 5 m hohe Stufe bildet. Die roten Tone breiten sich auch auf der Wiese des Haupttales aus. In den Boden ist eine total bewachsene, schmale Kerbe eingeschnitten. Der Talboden von 8 „hängt" also über der Sohle des Teicheler Tals.

Tal 9 — der Ebergrund — ist am Kartenrand bereits ein Sohlental mit steilen Gehängen. Eine bewaldete Schlucht beginnt in ihm etwas westlich des Kartenrandes mit ca. 12 m hohen steilen Wänden, an denen anstehende Sandsteinbänke des Mittleren Buntsandsteins sichtbar werden. Sie gehen bis zum Rand der Schlucht hinauf. Diese Schlucht vertieft und verbreitert sich immer mehr zu einem Sohlental und geht gleichsohlig in das Teicheler Tal über. Von seinen Nebentätern ist Tal a eine bewaldete Kerbe, die mit Rötschluchten am Südhang des Roten Berges beginnt. Dasselbe gilt für Tal b, während Tal c als breite Mulde im Röt beginnt, in der Reste einer Erosionsrinne sichtbar sind. Tal b und c schneiden sich nach ihrer Vereinigung als Schlucht in den Sandstein ein. Dabei wird ein Aufschluß von Gips über Sandstein geschaffen. Er ist porphyrisch und faserig und dickgebankt, ähnlich den Gipsstöcken bei Jena.

Tal 10 — Klöswitzer Tal — beginnt auf der Sandsteinfläche als spitze, flache Wiesenmulde, die sich, indem sie sich einschneidet, bald in ein Sohlental mit recht steilen Gehängen und flacher Sohle umwandeln. In die Böschnngssohle schneidet sich aber eine Kerbschlucht ein. Diese geht, sich verbreiternd, wieder in ein Sohlental über, das mit dem Teicheler Tal gleichsohlig ist. Die erste Böschungssohle dagegen, die in Resten erhalten ist, liegt über der Sohle des Teicheler Tals und ist auf die Vorstufe, d. h. die Oberfläche des Talgrabens, eingestellt.

Tal 11 ist eine kleine, nicht näher untersuchte, bewaldete Gehängemulde, dessen Sohle an der Mündung mit einer vielleicht künstlichen (?) Stufe abfällt.

Tal 12 ist ein breites, schönes Sandsteintal und für ein solches recht charakteristisch. Es beginnt bereits oberhalb des Blattes mit einem prachtvollen Trichterzirkus. In die Sandsteinhochfläche ist ein runder Trichterzirkus eingesenkt, der ganz plötzlich mit abgerundetem Rand beginnt und glattwandig und recht steil heruntergeht. Diese glatte Wandung wird an einer Stelle durch die Entwicklnng einer kleinen Spitzmulde gestört, in deren Verlängernng nach dem Talboden zu eine total bewaldete Kerbe liegt. Aus diesem Trichterzirkus entwickelt sich ein Sohlental. In diesem hebt sich das bewaldete Sandsteingehänge deutlich von der Wiesensohle ab, die sich von beiden Talrändern nach einem künstlichen Abzugsgraben hin senkt. Allein zwischen Sandsteinböschung und Sohle schiebt sich die Übergangsböschung ein, die bald besser, bald schlechter ausgebildet ist und, wo immer sie angeschnitten ist, einen Aufbau aus Sand und eckigem

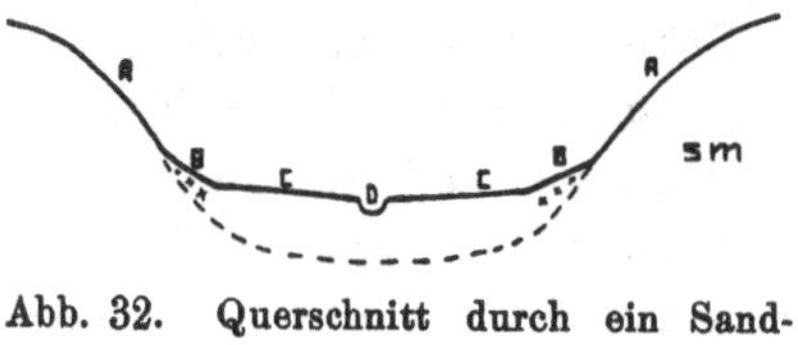

Abb. 32. Querschnitt durch ein Sandsteintal.
A Sandsteingehänge; B Übergangsböschung aus Sandsteinschutt; C Böschungssohle; D Abflußrinne.

Sandsteinschutt aufweist. (Abb. 32.) Etwa von der Einmündung des Tales a ab schneidet sich eine Erosionsrinne ein, die, breiter werdend, die alte Sohle an die Seite drängt. Während die alte Sohle in die Übergangsböschung des Teicheler Tals übergeht, ist die jüngere mit der heutigen Sohle des Teicheler Tals gleichsohlig.

Das Nebental a beginnt als Gehängemulde und wandelt sich in ein Sohlental um und zwar dadurch, daß sich die bewaldete Erosionsrinne in eine Wiesensohle umwandelt. Die Gehängetäler von 12a sind bewachsene unübersichtliche Gehängemulden, ebenso Tal 12b.

Nördlich von Teichel liegen nur noch wenige Gehängetäler:

Tal 13 ist eine Gehängemulde mit einem auf die Übergangsböschung des Teicheler Tals eingestellten Boden; eine frühere Erosionsrinne ist überackert.

Tal 14 ist eine wegen Bewaldung unübersichtliche, auf die Vorstufe eingestellte Gehängemulde mit breitem Trichterzirkus.

Tal 15 ist eine Gehängemulde, deren Boden auf die Übergangsböschung bezw. Vorstufe des Teicheler Tals eingestellt ist. Sie besitzt einen künstlichen, bewachsenen Abzugsgraben, der in den aus Sandsteinschutt bestehenden Boden eingeschnitten ist. Eine Steinmauer hat auf der Nordseite des Talbodens zur Bildung einer Stufe Veranlassung gegeben, auf der ein Feld angelegt worden ist. Auch in diesem Tal ist ein Trichterzirkus ausgebildet.

Tal 16 ist eine Gehängemulde, zu der ein Hohlweg hinaufführt und in der eine ehemalige Kerbe überackert ist. Der Muldenboden ist auf die Vorstufe des Haupttals eingestellt.

Die westlichen Nebentäler des Teicheler Tals. Tal 1 — der Lange Grund — beginnt mit einigen flachen Mulden, im Oberen Wellenkalk, in denen bewachsene, z. Tl. mit Steinen zugeschüttete Kerben eingeschnitten sind. Mit dem Erreichen des Terebratulakalkes wird das Tal enger und wandelt sich in eine Gehängesohlenmulde und schließlich in ein breites Muldental von beistehendem Querschnitt um. (Abb. 33.) Der Kalkschuttboden, der in die Übergangsböschung des Haupttals übergeht, ist 2—3, ja selbst 4 m mächtig am Wege aufgeschlossen, der bis ins Gestein eingeschnitten ist. Mit dem Beginn des Terebratulakalkes hat sich eine tiefe Erosionsrinne eingeschnitten, die total bewachsen ist, und deren Anfang mit Steinen zugeschüttet ist. Am

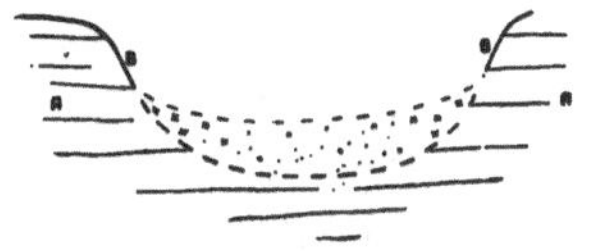

Abb. 33. Gehängesohlenmulde im Kalkstein (A).
B Die Kalkwand über der Schuttsohle.

Ausgang des Tals 1 läßt sich übrigens die Entstehung der Schlucht aus einem Hohlweg deutlich erkennen.

Alle Seitentäler von Tal 1 haben den gleichen Bau wie das Haupttal. Wir wollen uns zwei näher betrachten, 1a und 1b.

Tal 1a beginnt im Oberen Wellenkalk mit zwei flachen, ziemlich spitzen Mulden, die von bewachsenen und z. Tl. zugeschütteten Kerben zerschnitten sind. Beide Mulden vereinigen sich im Bereich des Unteren Wellenkalkes zu einer Gehängensohlenmulde, dessen ebenfalls vereinigte Erosionsrinnen bis auf das Gestein unter Bildung von Schichtstufen eingeschnitten sind.

Tal 1b ist von seiner Mündung bis zu dem Terebratulakalk eine ausgesprochene Gehängesohlenmulde und das gleiche gilt für die anderen Teile seines Sammeltrichters. Am Terebratulakalk, der den Steilrand des Gehänges krönt, laufen die Täler spitz aus, im Oberen Wellenkalk sind es aber flache Mulden. In dem Haupttal, wie auch in fast allen Teilen des Sammeltrichters, sind total bewachsene Erosionsrinnen zu finden, deren Beginn z. Tl. mit Steinen zugeschüttet ist.

Die übrigen Täler sind Gehängenischen in der Wand des Wellenkalkes. Speziell in 1c ist ein Hohlweg 4 m tief in Kalkschutt eingeschnitten.

Für alle Nebentäler des Langen Grundes gilt der Satz, daß die Sohle des Nebentals mit der Übergangsböschung des Haupttales verschmilzt.

Tal 2 weist die gleichen Verhältnisse auf wie der Lange Grund. Im oberen Wellenkalk beginnt es mit flacher Mulde, die mit dem Erreichen des Terebratulakalks sich in ein spitzes Gehängesohlental verwandelt, das nach dem Ausgang zu sich zwar verbreitert, aber doch seinen Charakter beibehält. Die zahlreichen Nebentäler weisen den gleichen Bau auf; in dem Gehängesohlentahl (A) sind durch den Hohlweg $1^1/_2$ m Schutt aufgeschlossen worden. Eine Erosionsrinne ist nur an einer Stelle als Rudiment vorhanden. Im Sommer 1911 hatte das betreffende Talstück infolge von Parzellierung seinen Besitzer gewechselt. Infolgedessen war man dabei, auch den letzten Rest der Erosionsrinne zu beseitigen, zuzuschütten und überzupflügen. Das Regenwasser aber wurde bereits hoch oben durch den Graben des im Bau befindlichen Weges abgefangen, der auf halber Höhe der Talböschung entlang ging. Dieser Vorgang hat wohl in unserer Gegend oft stattgefunden; doch davon später mehr.

Tal 3 ist oberhalb des Terebratulakalks eine flache Mulde, wandelt sich mit dem Beginn desselben in ein Gehängesohlental um, das in ein Muldental übergeht. In diesem sind am Wege 1—1½ m Kalkschutt wiederholt aufgeschlossen.

Tal 4. An dem Gehänge des Röts sind zwischen den Tälern flache Gehängemulden und alte, jetzt überpflügte, terrassierte und bewachsene Rötschluchten, sowie an Wege geknüpfte Rinnen entwickelt. Manche sind noch frisch und senden roten Ton hinab ins Tal.

Mit dem Erreichen der Sandsteine ändert sich die Beschaffenheit der Täler. Es sind ganz kurze Gehängetäler.

Tal 5 ist eine rundliche, durch einen Hohlweg zerschnittene Gehängemulde.

Tal 6 beginnt als flache Einmuldung auf dem Sandsteinplateau, schneidet sich dann als gut ausgebildetes Sohlental ein und zwar ist die Sohle auf die Übergangsböschung des Teicheler Tals eingestellt, hängt also über dessen Sohle.

Tal 7 ist ein prachtvoller, schalenförmiger Trichterzirkus, der in das Sandsteingehänge eingesenkt ist und eine muldenförmige Rinne zur Sohle des Teicheler Tals hinabsendet.

Tal 8 hat einen komplizierten Bau. Es muß in das Sandsteingehänge eine mit diluvialem, lößähnlichen Sandlehm erfüllte Nische eingesenkt sein. Der lößähnliche, diluviale Sandlehm (vergl. S. 66) ist auf der Südseite aufgeschlossen. In dem Sandlehm aber ist ein zweizipfliges Muldental eingesenkt, das auf die Übergangsböschung des Teicheler Tals eingestellt ist, ca. 8 m über dem Bach.

β) Die Täler zwischen Teicheler und Heilsberger Tal.

Zwischen dem tief eingeschnittenen Teicheler und Heilsberger Tal ist der stufenförmige Abfall des Plateaus wenig zerschnitten. Deshalb kann man bei dem Milbitzer Tal auch nicht von einer Talung sprechen. Ebensowenig von seinem Nachbartal zur Linken, das hier Tal X genannt sei. Beide Täler sind unter sich und von dem Teicheler bezw. Heilsberger Tal durch flache Zwischentalplatten getrennt.

Das Milbitzer Tal.

Das Tal beginnt auf der Hochfläche im Oberen Wellenkalk als flache Mulde. Mit dem Erreichen des Terebratulakalks beginnt eine typische Gehängesohlenmulde mit steilen Kalkwänden und stark geneigter Schuttsohle. Das obere Ende wird von einer bewachsenen Kerbe zerschnitten, dann folgt eine unverletzte Sohle und schließlich wieder eine bewachsene Erosionsrinne, die sich nach Milbitz herabzieht. Von O kommt eine Gehängenische — Tal 1 — mit Schuttboden und unterdrückter Erosionsrinne herunter. Mit der Abflachung der Böschung entwickelt sich ein Sohlental mit Übergangsböschung und Böschungssohle von dem in Abb. 32 gezeigten Bau. Später ist am Wege Röt unter einer 4 m mächtigen Kalkschuttdecke aufgeschlossen und vor Milbitz verwandelt sich das Tal in eine flache Mulde, in der das Dorf selbst gelegen ist.

Unterhalb Milbitz beginnt ein Sohlental, dessen Entwicklung aus der Mulde wegen der Dorfanlage verdeckt wird. An den Talgehängen steht Mittlerer Buntsandstein an, dessen gelbbraune, mit Sandsteinschutt vermengte Verwitterungssande von braunem, an Kalkschutt reichen Talboden — Röt und Muschelkalkboden — bedeckt sind. Bis zu den Tälern 2 und 3 hat der Wegebau sehr störend gewirkt, dann aber ist das Sohlental mit steiler bewaldeter Sandsteinwand, mit deutlicher Übergangsböschung und Böschungssohlen entwickelt. Unterhalb Tal 8 ist die Übergangsböschung durch den Wegebau in langem Aufschluß angeschnitten und da zeigt sich folgendes Profil (Abb. 34):

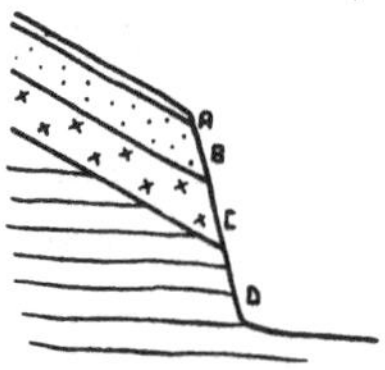

Abb. 34. Querschnitt durch die Übergangsböschung im Milbitztal. A Walderde; B Gelbbrauner Sand; C Roter Sand mit eckigem Sandsteinstücken; D Sandstein.

A) Walderde,

B) $^1/_2$ m gelbbrauner Sand mit kleinen, zersetzten Sandsteinstücken,

C) roter Sand mit eckigem, groben, frischen Sandsteinschutt, $^3/_4$ m mächtig,

D) Buntsandsteinbänke $2^1/_2$ m.

Die Gesamtmächtigkeit des Schuttes ist stellenweise ca. 3 m. Der Gegensatz zwischen dem oberen zersetzten und dem unteren frischen Schutt ist höchst auffallend. Die Böschungssohle besteht aus feinem gelbbraunem, etwas sandigen Ton. Unterhalb Tal 4 ist eine bewaldete Kerbschlucht, die aus Tal 4 herauskommt, eingeschnitten. An dem Gehänge zwischen Haupttal und Tal 4 zeigt ein Aufschluß in der Übergangsböschung folgende Zusammensetzung.

Oben $^1/_2$ m gelbbrauner Sand, Verwitterungssand des Sandsteins. Unten $^1/_2$ m grober, eckiger Sandsteinschutt, weiß und rotbraun, unzersetzt. Also dieselben Verhältnisse wie oberhalb.

Der Kalkschutt im Milbitzer Tal. Gegenüber dem Tal 4 liegt auf der Westseite des Milbitzer Tals eine Stufe und auf dieser massenhaft Kalksteinstücke, die von dem Muschelkalkplateau stammen müssen, zusammen mit Sandsteinstücken. Die Kalksteinstücke sind eckig bis kantengerundet. Diese Stufe ist ein Teil der Übergangsböschung des Milbitzer Tals. Weiter oberhalb sind Steine auf den Wiesen der Übergangsböschung nicht mehr nachweisbar, also auch nicht der Kalkschutt.

Am Talausgange sind Sandsteinböschung, Übergangsböschung und Böschungssohle aus feinem, gelbbraunen, sandigen Ton gut entwickelt. Die Chaussee legt sich vor den Talausgang und ist es zweifellos, daß die Wiesensohle des Nebentals ca. 1—2 m höher liegt als die des Rinnetals. Nur ein kleiner Durchlaß ist vorhanden.

Tal 4 ist an seiner Einmündung in das Haupttel ein typisches Sohlental, dessen bewaldete Erosionsschlucht plötzlich endet; es folgt aufwärts eine Wiesensohle mit künstlichem Graben, der am Weg entlang ausgehoben ist. An dem nördlichen Gehänge finden sich mehrere Aufschlüsse in der Übergangsböschung. Sie besteht, wie im Haupttal oben, unter der humosen Walderde, aus gelbbraunem, zersetzten Sand, der auch lokal Lagen von Holzkohlen enthält und arm an Sandsteinstücken ist, unten dagegen aus frischem weißen und roten Sand mit reichlichen groben, eckigen Sandsteinschutt. Diese Schuttmassen sind bis zu 4 m mächtig aufgeschlossen.

Innerhalb des Sandsteins ist das Sohlental ausgezeichnet entwickelt, aber auf dem Sandsteinplateau verwandelt es sich in eine flache und stark verbreiterte Mulde mit einem nach N und einem nach W gerichteten Vorsprung.

Tal 3 ist ein kurzes Gehängetal, dessen Sohle etwa 6—10 m unter dem Sandsteinplateau liegt, selbst aber wiederum sich ca. 7 m über der Wiesensohle des Haupttals befindet und gleich hoch wie die Sohle von Tal 2 und wie die Übergangsböschung des Haupttals ist. Tal 2 und 3 „hängen" also.

Tal 2 ist innerhalb des Sandsteins ein Sohlental, im Röt verwandelt es sich dagegen in ein Muldental, und dieses geht auf der ansteigenden Rötböschung unterhalb der Kalkschuttdecke in einen Zirkus über, in dem die ehemaligen, jetzt überackerten und bepflanzten Rötschluchten noch erkennbar sind. In der Mulde nicht nur, sondern auch in dem Sohlental und bis in das Haupttal hinein ist Muschelkalkschutt neben Röttonen zu finden.

Tal 5 hat einen ähnlichen Bau wie 2 und 4. Innerhalb des Sandsteins ist es ein schönes Sohlental mit fettem, dunklem Tonboden auf der Böschungssohle, die ein geschlängelter Bach zerschneidet.

Sandstein- und Übergangsböschung sind bewaldet. Auf der Sandsteinfläche und im Röt verwandelt sich das steilwandige Tal in eine Mulde, und diese geht gegen das steilere Gehänge des Röts hin in Nischen mit Resten ehemaliger Rötschluchten über. Hie und da sind bewachsene Erosionsrinnen vorhanden. Die früher beschriebene Überlagerung rotbraunen Rötbodens über Sandstein und an Kalkschutt reichem Talboden ist unterhalb dieser ehemaligen Rötschluchten zu finden.

Tal 6 ist eine kurze Gehängemulde.

Das Tal X. Der Bau ist sehr charakteristisch. Es entsteht aus einem System bewachsener, unterdrückter Rötschluchten, deren gemeinsame Abflußmulde Reste einer bewaldeten Erosionsrinne aufweist. In der Stufe des Unteren Röts ist die Mulde recht deutlich, aber auf der Sandsteinfläche erweitert sie sich zu einer sehr flachen Mulde, in die auch Tal 1 einmündet, das gleichfalls eine aus ehemaligen Rötschluchten herabkommende Mulde ist. Aus der breiten Sandsteinmulde entwickelt sich ein steilwandiges Sohlental, das die Sandsteinstufe durchbricht. Die Chaussee schneidet das Tal an seiner Einmündung glatt ab. Die Sohle des Tales X liegt höher als die des Rinnetals, aber wohl nur infolge des künstlichen Querdamms. Die Abflußrinne ist ein küntlicher Graben, der auch die Chaussee durchquert. Bemerkenswert ist eine hohe Kulturstufe am linken Talrand kurz vor der Mündung.

j. Das Heilsberger Tal.

Das Heilsberger Tal ist so breit und erhält so weit ausholende Seitentäler, daß man bei seiner Darstellung am besten von der Talung ausgeht. An der Einmündung in das Rinnetal ist sie schmal, wird dann aber plötzlich breit. Auf der Westseite folgt sie dem breiten Rücken aus Oberem Muschelkalk bis zur Höhe der Wellenkalktafel und dann der Flucht der kulissenartigen Vorspünge des Plateaus. Auf der Ostseite dagegen folgt auf dem das Rinnetal begrenzenden Sandsteinrücken zuerst eine von Seitentälern eingenommene Senke und dann erst das Wellenkalkplateau. Beide Grenzlinien schließen endlich ein Muschelkalktal ein und vereinigen sich auf der Hochfläche.

Ein Talgraben ist bis oberhalb Heilsberg deutlich entwickelt. An der Mündung fällt das Gehänge namentlich auf der Westseite steil, z. Tl. senkrecht ab, Talung und Talgraben sind dort identisch. Dann aber entwickelt sich eine Vorstufe, die auf der Westseite bogenförmig mit Steilhang zurücktritt, und wo auf der Karte Diluvium auftreten soll. Oberflächlich ist indes nur Kalkschutt in braunem Ton sichtbar. Immer flacher werdend endet diese Stufe oberhalb Heilsberg. Auf der Ostseite ist an der Mündung eine breite hohe Übergangsböschung entwickelt, die mit der des Haupttals verschmilzt. Jenseits des Tals 6 wird der Talgraben durch eine Sandsteinstufe gebildet, auf der sich im Dorf Heilsberg Schuttmassen aus Röt über gelbem Kalkton auflagern. Es sei auf das Profil an der Kirche verwiesen. In dem großen Kessel, wo von O die Täler 2 und 3 und von W Tal 5 einmündet, ist die Terrasse verschwunden; Talung und Talgraben sind eins.

Folgen wir nun dem Haupttal vom Beginn an. Das Tal beginnt auf der Hochfläche als flache Mulde im Oberen Wellenkalk, schneidet sich aber mit dem Erreichen des Terebratulakalks tiefer ein und so entsteht eine Gehängesohlenmulde. Der Schutt ist mindestens 2 m mächtig. Namentlich an den Einmündungsstellen der Nebentäler liegen ganze Schuttfächer. Eine bewachsene Erosionskerbe ist streckenweise eingeschnitten. Mit dem Erreichen des Röts verwandelt sich das Tal in ein breites Muldental, in das aber der Weg wie eine Sohle eingeschnitten ist. Die Kalkschuttmassen, die hier ganz besonders mächtig über dem Röt liegen, bilden eine Stufe.

Erst mit dem Erreichen des breiten Talbodens, in den die Täler 2 — 3 — 5 münden, ist die Muldenform absolut ausgesprochen. Nur an dem Abhang des Viehbergs, nördlich von Heilsberg ist eine Stufe am Wege entwickelt, deren Aufbau noch näher betrachtet werden muß. Allein mit dem Erreichen des Sandsteins auf der östlichen und des Kalksteins auf der westlichen Seite entwickelt sich in dem nunmehr entstehenden Talgraben wiederum ein deutliches Sohlental. Unterhalb Tal 5 bildet der Sandstein und gegenüber der Mündung von Tal 6 der Kalkstein steile Wände. Oberhalb der Einmündung in das Rinnetal ist eine bewachsene Erosionsrinne eingeschnitten und an den Gehängen sind Übergangsböschungen entwickelt. Die Chaussee schneidet das Tal glatt ab. Kein Bach gelangt in das Haupttal und liegt die Sohle des Nebentals ca. 11 m über dem Bach des Haupttals.

Der Boden des Heilsberger Tals ist im Bereich des Muschelkalks ein gelbbrauner Ton mit reichlichem Kalkschutt, bleibt im Rötgebiet wesentlich der gleiche und weist nur in der Nähe ehemaliger oder noch bestehender Rötschluchten reichliche Beimengung von Rötboden auf. Unterhalb Heilsberg ist der Talboden ein mäßig steiniger Ton und vor der Einmündung ein feiner gelbbrauner Ton. Auf zwei Ablagerungen muß aber noch das Augenmerk gerichtet werden, auf die Stufe N von Heilsberg und die an der Muschelkalkecke zwischen dem Dorf und der Mühle aufgeschlossenen Schuttmassen.

Die Terrasse am Weg nördlich von Heilsberg, Ostseite des Tals. (Abb. 35.) Auf der Ostseite des Tals nördlich von Heilsberg begrenzt eine auffallende Stufe den Weg. Sie ist das Ende der oben von Rötschluchten begrenzten sanft abfallenden Rötböschung. Roter Ton mit Kalkstücken bildet die Oberfläche. An dem Steilrand kann man erkennen, daß ungefähr die obere Hälfte — ca. 2 m — aus rotem Ton mit Kalkstücken besteht, die untere dagegen aus einem hellen groben Schutt. Teils ist es gelber Kalkschutt, in dem Rötfetzen und Brocken liegen, teils ist es eine Breccie aus Stücken von Kalk, grünen und roten Letten in gelbem, grünem, rotem Ton. Der hohe Steilrand ist wohl durch allmähliche Aufschüttung von abgeschwemmten Tonen aus den Schluchten vor einer dichten Hecke entstanden.

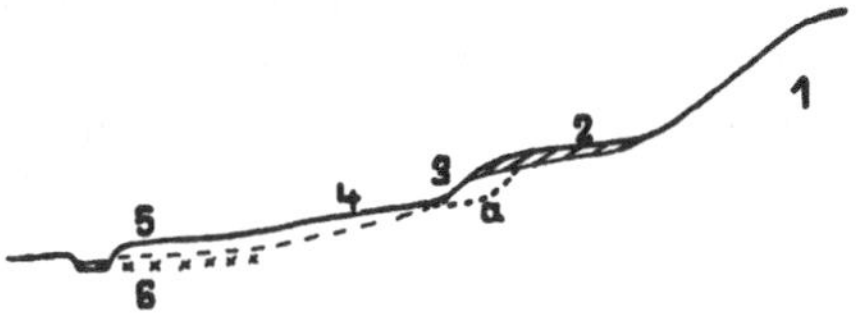

Abb. 35. Querschnitt durch das östliche Gehänge des Tals N von Heilsberg.
1 = Wellenkalk; 2 = Kalkschutterasse; 3 = Rötletten mit den Schluchten a; 4 = Flachere Rötböschung; 5 = Rötschutt mit Kalkstücken; 6 = Kalk-Rötbreccie.

Der Kalk-Sandsteinschutt südlich von Heilsberg. (Abb. 36.) Südlich der steilen Kalkwand gegenüber dem Tal 6 springt

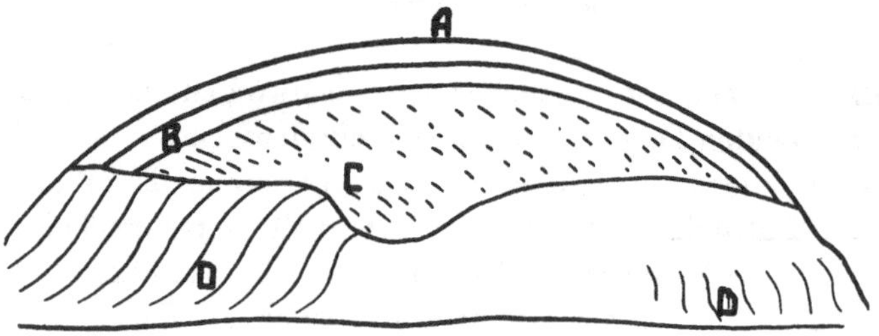

Abb. 36. Kalk-Sandsteinschutt südlich von Heilsberg.
A Ackererde; B Gelbbrauner Ton mit Kalkschutt; C Kalk-Sandsteinschutt; D Wellenkalk anstehend.

die Übergangsböschung etwas in das Tal vor, eine Vorstufe bildend. Der Sockel dieser Stufe ist Unterer Wellenkalk, dessen Schichten z. Tl. steil aufgebogen sind. Das Profil ist folgendes:

A) Ackererde, humoser Ton mit Steinen.

B) Schmutzig gelbbrauner Ton mit zerstreuten Kalkstücken, ca. $^1/_2$ bis $^3/_4$ m.

C) Kalk-Sandsteinschutt mit Kalk- und Sandsteinschollen, die nicht selten Diagonalstellung haben. Die Gesteinsstücke gehen bis auf Haselnußgröße herab, bestehen aus Kalk, Sandstein und auch harten Rötletten. In der oberen Hälfte ist die Grundmasse mehr rötlicher Lehm, in der unteren mehr weiße Kalkerde. Die Gesamtmächtigkeit ist inkl. einer in den Sandstein eingreifenden Tasche 2—3 m, die Höhe der gesamten Stufe ca. 5 m.

Die östlichen Seitentäler. Tal 1 beginnt als lange, spitze, flache Mulde auf der Hochfläche, wandelt sich dann aber in eine Gehängesohlenmulde um, auf deren Boden in einem Graben 2 m Schutt aufgeschlossen sind. Am Ausgang des Tals sind besonders mächtige Schuttmassen angehäuft.

Tal 2 beginnt als eine zweizipflige, flache Mulde, verwandelt sich aber schnell in eine Gehängesohlenmulde und dann in ein breites Muldental. Sie ist mit einer mindestens 2 m mächtigen Schuttmasse erfüllt. Unterhalb Tal a enthält die breite Mulde Vertiefungen und zugepflügte Rinnen. Das Regenwasser aber wird in einem überhöhten Graben neben dem Weg abgeleitet. Mit einem Gefällsknick senkt sich dann der Muldenboden zu dem des Heilsberger Tals hinab. Das Seitental a ist eine mit Schutt erfüllte Mulde, die kleinere Gehängemulden besitzt. Bis 1 m grober Schutt im Kalkton ist in ihr aufgeschlossen.

Tal 3 ist auf der Hochfläche eine flache Spitzmulde, im Unteren Wellenkalk eine tiefer eingeschnittene Gehängemulde, deren Boden mindestens 1 m hoch mit Kalkschutt bedeckt ist. Auf der flachen Übergangsböschung des Haupttals verwandelt sich das Tal in eine flache Mulde. Auf der Südseite sind zwei Gehängenischen oder Mulden in die Wellenkalkböschung eingeschnitten, und zwar endet die eine auf der Übergangsböschung des größeren Muldentals, die andere dagegen ist durch einen von den Oolithbänken gebildeten Gefällsknick des Bodens ausgezeichnet. Nördlich von Heilsberg ist das Rötgehänge von alten bewachsenen Schluchten zerschnitten, aus denen Mulden auf der Rötböschung hinabführen. Die Zahl 4 steht in der Mitte dieses Gebiets. Abgeschwemmter Rötboden liegt auf den tieferen Gehängen und bildet die Oberfläche der oben beschriebenen Stufe nördlich von Heilsberg.

Tal 5 beginnt mit total mit Gras bewachsenen Rötschluchten, deren Wasser jetzt durch einen Graben abgeführt wird. Bezeichnenderweise ist daher der Boden von Tal 5 ein fetter rotbrauner Ton, der aus den Rötschluchten stammt. Auf der Sandsteinstufe ist eine flache

Mulde entwickelt, in die aus O und S kleine Mulden hinabführen. Zuletzt kommt ein Sohlental, das mit dem Heilsberger Tal gleichsohlig ist.

Die Nebentäler der Westseite des Heilsberger Tals. Bei der Zahl 1 liegen teils kurze und flache Gehängemulden, teils Gehängeschluchten.

Tal 2 beginnt als flache Mulde auf der Hochfläche, schneidet sich dann plötzlich in den Terebratulakalk ein, der eine Spitzmulde umrandet. Schnell entwickelt sich nun eine Gehängesohlenmulde mit schöner Schuttsohle, auf der Felder liegen. Erst kurz vor dem Ausgang beginnt eine total bewachsene Kerbe ganz plötzlich mit Nische. An der Einmündung ins Haupttal endet die Talsohle mit einer ca. 2 m hohen Stufe, die künstlich durch einen Querdamm hervorgerufen worden ist.

Tal 3 ist ebenfalls eine Gehängesohlenmulde, die mit einem scharfen Rand aus Terebratulakalk beginnt und eine Schuttsohle besitzt. Weiter unterhalb ist eine Querstufe vorhanden, die vielleicht durch einen Steinwall erzeugt wird, und kurz vor dem Übergang in die Übergangsböschung des Heilsberger Tals ist ein Gefällsknick vorhanden, der vielleicht mit den Oolithbänken in Zusammenhang steht.

Tal 4 ist eine Gehängesohlenmulde mit breiter Schuttsohle. Oben auf dem Rand des Steilhanges liegen anscheinend die Oolithbänke. Das Gefälle der Sohle ist sehr stark. Eine künstliche Querstufe durchquert das Tal und kurz vor dem Übergang in die Übergangsböschung des Haupttals ist eine zweite Stufe vorhanden.

Tal 5 ist ein breiter, muldenförmiger Trichterzirkus, dessen Rand aber durch zwei Gehängetäler a und b zerschnitten wird. Tal a beginnt auf der Hochfläche als spitze, flache Mulde, innerhalb des Unteren Wellenkalkes und, sich tiefer einschneidend und einen breiten Schuttboden entwickelnd, zieht sie den Wellenkalkhang hinab. An dem sie kreuzenden Weg ist eine auffallende Stufe entwickelt und kurz vor dem Ausgang besitzt der Boden einen Gefällsknick, so daß die Mulde über der Übergangsböschung des großen Talkessels hängt. Tal b beginnt auch als flache Mulde und zieht als Gehängesohlenmulde abwärts.

Beide Gehängetäler münden nun in einen breiten runden Talkessel mit steinigem Kalktonboden. Er, sowie das herabführende Tal haben ausgesprochene Muldenform. Auf dem nördlichen Gehänge sind alte, jetzt vernarbte Rötschluchten (c) entwickelt, und von ihnen aus zieht sich eine Zone von mit Muschelkalkboden gemischten Röttonen hin.

Zwischen Tal a und dem Haupttal liegt an dem Gehänge des Wellenkalks die Teufelskrippe. (Abb. 37—38.) Die Steilwand bildet einen Halbmond, vor dem eine abgerutschte Kalkmasse liegt. Der Wellenkalk der anstehenden Wand ist von Spalten durchzogen. Die senkrecht zur Abrißwand verlaufenden Spalten gehen wohl immer von oben nach unten gleichmäßig durch, von den Parallelspalten sind dagegen einige nur unten aufgerissen und klaffend, während sie oben

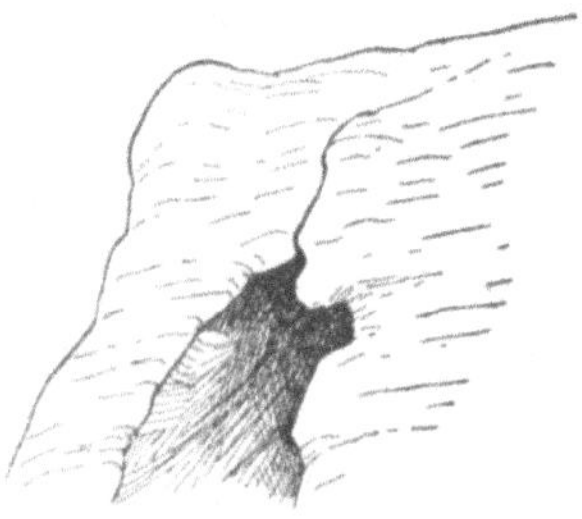

Abb. 37. Spaltenbildung im Wellenkalk an der Teufelskrippe bei Heilsberg.

Abb. 38. Spaltenbildung im Wellenkalk an der Teufelskrippe bei Heilsberg.

entweder zusammengepreßt oder gar nicht vorhanden sind. Demnach erfolgt mindestens teilweise das Aufreißen von unten nach oben. Die Bewegung ist also unter dem Kalk vorhanden. Aus der Teufelskrippe führt eine verschüttete Erosionsrinne auf die Böschung des Tales 5 hinab.

Tal 6 ist eine flache Gehängemulde im Hornsteinkalk. Ein Querdamm hat auf ihrem Boden eine Stufe erzeugt. Beim Übergang in den steilgestellten Unteren Wellenkalk hat sich aber ein schmales Kerbtal zwischen dem Oolith und Terebratulakalk eingeschnitten, die auf beiden Seiten steile Ödlandrücken bilden. Das Tal senkt sich mit großem Gefälle hinab, verwandelt sich aber mit dem Erreichen der Ceratitenschichten in eine Mulde, die mit der Gehängemulde a gemeinsam einst auf der Übergangsböschung endete, jetzt aber vermittelst eines Hohlwegs zur Sohle des Haupttals hinabgeht. Die Mulde a wird von Hecken durchzogen, die zur Entstehung von Querstufen geführt haben.

Auf der Südseite des Tales 6 a ist vor einigen Jahren im Bereich der Nodosusschichten nach nasser Witterung eine Erdmasse von 80 m Länge, 50 m Breite und 1 m Dicke hinabgerutscht. Das Gehänge ist nicht übermäßig steil (ca. 25°). Ein Baum, der auf dem Feld stand, ist mitgerutscht. Die abgerutschte Masse ist heute noch als eine ganz flache Anschwellung, die Abrißstelle als flache Nische erkennbar.

Tal 7 ist eine schöne, schalenförmige Trichterzirkusmulde, die in das aus Ceratitenschichten bestehende Gehänge eingesenkt ist. Ein Hohlweg führt aus ihr in das Heilsberger Tal hinab.

d) Die Kirchremdaer Mulde und ihre Seitentäler.

Bei Stadtremda mündet, von N herkommend, ein Sohlental, das die große Kirchremdaer Mulde mit dem Remdaer Tal verbindet. Die Grenzen dieser Mulde sind: der Kamm der Keule, der Rücken zwischen Kirchremdaer Mulde und Heilsberger Tal, der Steilhang des Muschelkalkplateaus im N, die Wasserscheide der Ilm in der Breitenheerdaer Senke, die Ostecke des Kalmplateaus, sowie der Rücken des Daulenberges. Das so eingefaßte Gebiet ist eine wundervolle Mulde, deren schmale Enden wie bei einem antiken Hippodrom abgerundet sind. Steht man in der Mulde, so gewähren die glatten Rundungen ein sehr auffallendes Bild. Die westliche Rundung wird von einer ca. 500 m langen und bis 3 m hohen Kulturstufe durchquert, auch verursacht die Einmündung des Tals 4 eine Ausbuchtung. Ferner verursachen die Keupersandsteine auf der Nordseite des Daulenbergs die Ausbildung einer Stufe auf dem Gehänge. Ein Talgraben ist nur auf eine kurze Strecke hin entwickelt. Die Vorstufe, die auf der Nordseite des Remdaer Tals den Talgraben begrenzt, geht in den Boden der Kirchremdaer Mulde über. Daher liegt der Muldenboden auf der Ostseite des Dorfes Kirchremda ebenso hoch wie die Stufe bei Remda. Der Talgraben des Remdaer Tals geht aber als grabenförmiges Sohlental nach Kirchremda, biegt dann nach W um, endet aber, nachdem er ganz flach geworden, vor der Chaussee, die nach Breitenheerda führt. Die Sohle des Talgrabens ist südlich von Kirchremda durch Ausgraben von Teichen ziemlich umgestaltet worden. Die Bodenverhältnisse der Mulde sind früher besprochen worden, hier sei nur auf eine bemerkenswerte Ablagerung in dem Talgraben eingegangen.

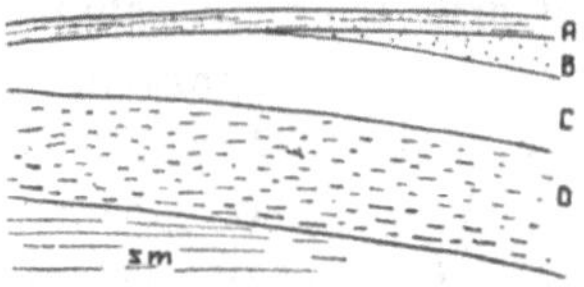

Abb. 39. Kalk-Sandsteinschutt N von Stadtremda.
A Grasdecke; B Schmutzigbrauner Ton mit Kalkstücken; C Brauner Ton; D Kalk-Sandsteinschutt; sm Mittl. Buntsandstein.

Der Kalk-Sandsteinschutt bei Stadtremda. Der Aufschluß liegt auf der Westseite des Talgrabens nahe der Vereinigung mit dem Remdaer Tal; ein Feldweg

Phot. v. S. Passarge.

XV. Kalk-Sandsteinschutt nördlich von Stadtremda an der Ecke zwischen Alt- und Kirchremdaer Tal, zu S. 84—85.

a = brauner Ton — b = Kalk-Sandsteinschutt.

Phot. v. S. Passarge.

XVI. Das Hirtental. Blick von dem Abhang der Westseite zwischen Tal 2 und 3 auf die Ostseite, zu S. 85—86.

a = Gesteinsböschung — b = Übergangsböschung — c = Boden der Talmulde.

geht an dieser Stelle hinauf auf die Terrasse. Der Aufschluß am Wege ist durch einige neue Gruben wesentlich klarer geworden (Abb. 39).

B) Schmutzig brauner Ton mit unregelmäßig zerstreuten Kalkstücken ca. 1 m; unter einer Grasdecke A.

C) Brauner bröckeliger, ungeschichteter, lößähnlicher Ton ohne Kalkbrocken, ca. $^1/_2$ m.

D) Kalk-Sandsteinschutt, regellos in rötlichem, sandigen Lehm, ohne Schichtung; eckige und kantengerundete Stücke von Muschelkalk und gut abgerundete Sandsteinstücke, ca. $^3/_4$ m mächtig. Die größten Blöcke liegen unten. Die Kalkstücke sind bis kopfgroß.

E) Weißer Sandstein, flach gelagert.

Die Platten sind in dem Schutt z. T. diagonal gestellt. Die Schuttmasse zieht sich anscheinend den Sandsteinhang hinab. Etwas oberhalb ist am Rand eines ausgegrabenen Teiches der Sandstein bloßgelegt und darüber liegt der mit Kalksteinbrocken erfüllte Gehängeton (= B).

Die Nebentäler der Kirchremdaer Mulde.

Abgesehen von einigen unbedeutenden Gehängetälern auf den Wellenkalkgehängen gibt es 3 Nebentäler, das Hirten-, Tännich- und im Süden das Tal Y.

α) Das Hirtental.

Aehnlich dem Heilsberger Tal zerschneidet das Hirtental zuerst die flach geschichtete Triasplatte, dann den Kirchremdaer Störungszug.

Das Haupttal beginnt auf der Hochfläche des Oberen Wellenkalkes mit einer flachen Mulde, schneidet sich am Terebratulakalk mit deutlichem Gefällsknick ein und bildet ein Gehängesohlental, dessen Schuttsohle bald 100 m breit ist. Im Bereich des Terebratulakalks befindet sich eine bewaldete Kerbe. Dann folgt eine glatte Schuttsohle. Wo die Oolithbänke gekreuzt werden, ist das Tal auffallend eng. Die Chaussee nimmt die ganze Sohle ein und daneben befindet sich nur eine schmale Übergangsböschung. Es ist ein Sohlental entstanden, das auch am Ausgang in den breiten Talboden vor Einmündung des Tals 1 eine deutliche Übergangsböschung und Böschungssohle aufweist. Erst kurz vor dem Austritt in die breite Mulde ist eine kurze, bewaldete Erosionsschlucht entwickelt. Mit dem Erreichen des Talabschnitts, in dem nach der geologischen Karte Röt ansteht, verwandelt sich das von den Kalksteinwänden eingeschlossene Gehängesohlental in eine breite Mulde. Die Gehänge der Übergangsböschung, die aus Wellenkalk bestehen, sind mit Kalkschutt bedeckt, während der Boden der Mulde, der aus Röt bestehen soll, feineren steinärmeren Kalktonboden aufweist. Stellenweise besteht die Übergangsböschung aus anstehendem Wellenkalk, und solche Stellen sind unbeackert. Übrigens ist die Übergangsböschung von dem Boden der Mulde etwas abgesetzt. Reste einer zugeackerten Erosionsrinne sind sichtbar.

Vor der Einmündung des Tals 3 verengert sich das Tal zwischen den Muschelkalkwänden. An der Übergangsböschung sind hier 4 m Schutt aufgeschlossen. Unterhalb von Tal 3 — hinter dem Engpaß — ist das Sohlental wieder schön ausgebildet (Abb. 40). Die Über-

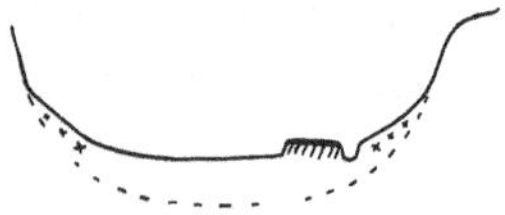

Abb. 40. Querschnitt durch das untere Hirtental, mit Wellenkalkwand, Schuttböschung, Böschungssohle und Weg zwischen beiden auf der Nordseite.

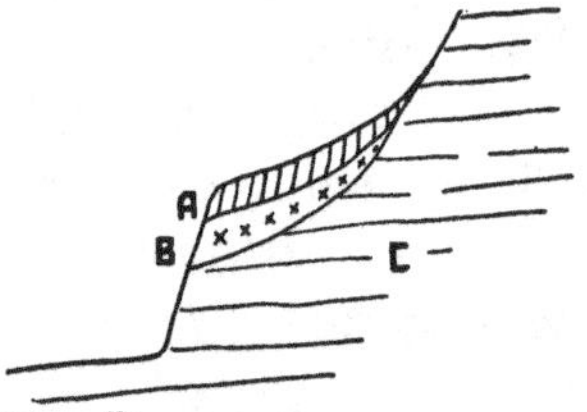

Abb. 41. Übergangsböschung im unteren Hirtental.
A Schmutzig-brauner Kalkschutt; B Weißer Kalkschutt; C Wellenkalk.

gangsböschung ist am Weg aufgeschlossen und besteht aus 2—3 m Kalkschutt am Fuß des dicht bewaldeten Wellenkalkgehänges. Die Böschungssohle ist ganz überackert, die Chaussee ist auf der Grenze von Übergangsböschung und Böschungssohle gebaut. Quer über die Sohle zieht sich ferner eine Stufe, die sich vielleicht im Anschluß an einen Steinwall gebildet hat. An dem Nordhang befinden sich einige Kerbschluchten und vor der Umbiegung nach S beginnt plötzlich eine breite Erosionsrinne, die mit Gras bewachsen ist. Sie ist ca. 4 m tief und 20 m breit, verliert sich aber von dem Tal aus ganz auf der Sohle. Nur überackerte Reste sind schließlich noch sichtbar. Der Boden der Sohle besteht aus sehr steinigem gelbbraunem Kalkton. Auf der Ostseite ist südlich der Umbiegungsstelle nach S die Schuttböschung angeschnitten und zwar zeigt sie folgenden Bau (Abb. 41):

A) ist gelbbrauner zersetzter Ton und Kalkschutt, der sich heutzutage bildet,

B) dagegen ist weißer, reiner, unzersetzter Kalkschutt in Kalkerde, wie er nicht mehr entsteht. A + B = 3 m.

C) Wellenkalk.

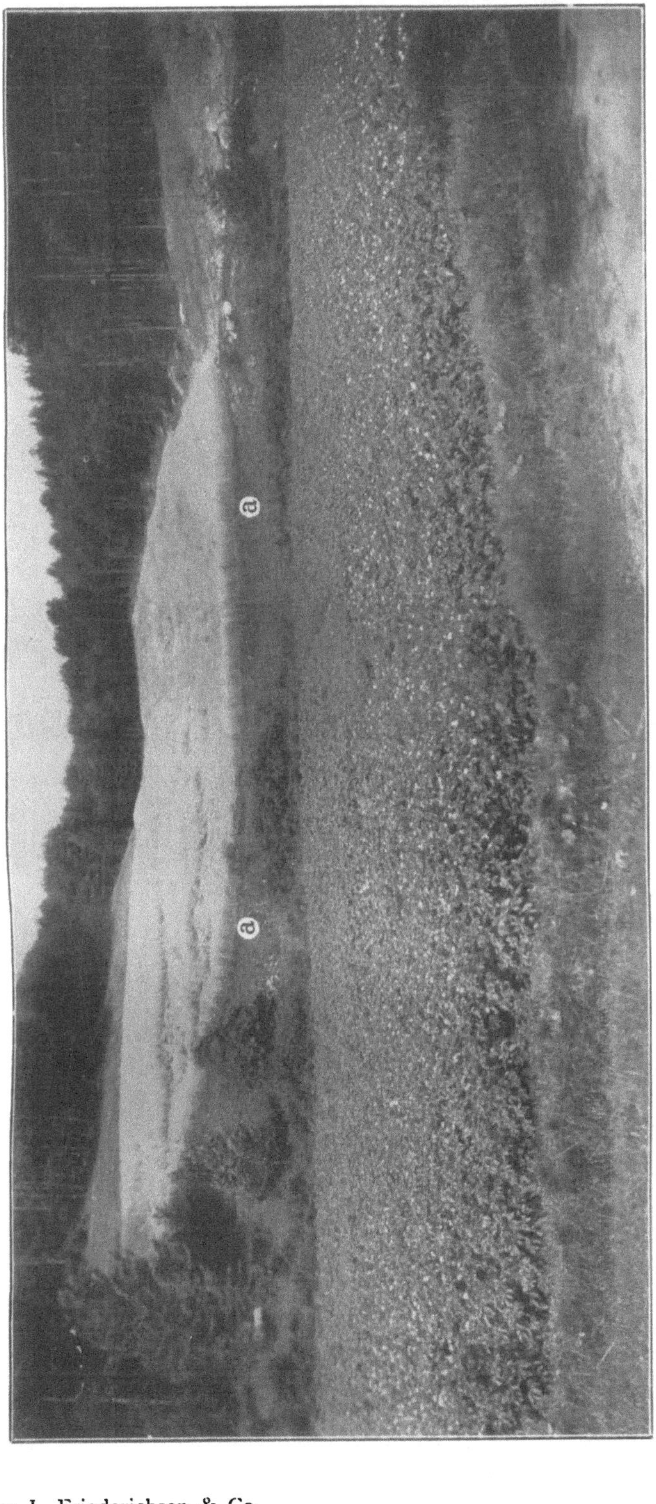

Phot. v. C. Rathjens.

XVII. Nebental 3 der Westseite des Hirtentals von diesem aus gesehen.

a Künstliche Stufe (2,5 m).

Hamburg: L. Friederichsen & Co.

Die Böschungssohle des Hirtentals geht in die Böschung des Kirchremdaer Tals über.

Auf der Ostseite des Talausganges besteht das Gehänge aus gebogenen Schichten des Oberen Wellenkalkes, des Mittleren und Oberen Muschelkalkes. Eine Einsenkung in Mittleren Muschelkalk, in der Felder liegen, ist gut zu beobachten. Ferner tritt die Erscheinung deutlich hervor, daß das Gehänge des großen Plateaus im O und W der Mündung des Hirtentals augenscheinlich ursprünglich eine glatte Fläche war, bevor sich das Tal einschnitt, trotz des sehr verschiedenen Baues.

Die Nebentäler der Ostseite. Bei der Zahl 4 liegen 3 Täler. Das nördlichste ist eine Gehängemulde im Wellenkalk. Das mittlere beginnt auf der Hochfläche als breite, kahle, flache Mulde, die mit Schutt erfüllt ist. Dieser bildet beim Übergang ins Haupttal einen Schuttfächer, der in die Übergangsböschung des Haupttals übergeht. Das südlichste ist eine steil ansteigende Mulde, die wegen dichter Bewachsung unübersichtlich ist.

Tal 5 hat einen beachtenswerten Bau. Es ist eine Gehängemulde in der Wellenkalkwand. Auf dem Boden der breiten Mulde liegen anscheinend Schuttmassen, und ist eine Stufe ausgebildet, die den Oolithbänken entspricht. Bei der Zahl 6 liegen schmale frische Erosionskerben in der Wellenkalkwand.

Nebentäler der Westseite. Tal 1 beginnt auf der Hochfläche im Oberen Wellenkalk als flache Mulde. Gerade da, wo der Terebratulakalk die Mulde kreuzt, verläuft ein Querweg, und dieser hat eine Stufe erzeugt. Auch im Unteren Wellenkalk bleibt die Mulde noch flach. An der Vereinigungsstelle mit Tal a ist eine mit Streu bedeckte Erosionsrinne eingeschnitten, deren unteres Ende mit einem Steinwall verbaut ist.

Tal a ist eine total bewachsene flache Mulde.

In Tal 2 ist der Beginn wegen dichter Bewachsung nicht zu erkennen. Anscheinend ist es eine flache Mulde, weiter unterhalb aber eine Gehängemulde, deren Boden in die Übergangsböschung des Haupttals übergeht. Da, wo die Wellenkalkwand beginnt, ist ein deutlicher Gefällsknick vorhanden, der anscheinend mit den Oolithbänken zusammenhängt.

Tal 3. Auf der Hochfläche bildet der Terebratulakalk einen scharfen Rand. Unterhalb dieses Randes entwickelt sich eine Mulde vom Typus einer Gehängesohlenmulde. Die mit steinigem Kalktonboden erfüllte und mit Feldern bedeckte. flache eingemuldete Sohle endet mit einer 2,5 m hohen, steilen Stufe plötzlich an der Einmündung in das Haupttal. Eine Erosionsrinne ist nicht vorhanden. In der Stufe verrät Mauerwerk die künstliche Entstehung.

β) Das Tännichtal.

Das Tännichtal ist ein richtiges Gehängesohlental mit starkem Gefälle, aber gut entwickelter Schuttsohle. Es beginnt im Oberen Wellenkalk mit flacher Mulde, aber mit dem Beginn des einen scharfen Rand bildenden Terebratulakalks entwickelt sich ein Gehängesohlental, dessen Sohle anfangs aus feinem Ton besteht — 1 m ist aufgeschlossen. Dann aber kommen aus den Seitentälern Schuttmassen heraus, die aus sehr steinigem Kalkton bestehen und die Sohle bilden. Oberhalb der Einmündung von Tal 3 sind 3 m Kalkschutt aufgeschlossen und ist doch noch nicht das anstehende Gestein erreicht. Auf den Wellenkalkgehängen dagegen ist die Bodendecke höchstens 30—40 cm mächtig. Die seitlichen Schuttböschungen treten manchmal so dicht aneinander, daß nur für den Weg Platz bleibt. Eine Erosionsrinne ist nur lokal etnwickelt, der Weggraben führt gewöhulich das Wasser ab. Die Sohle geht gleichsohlig in die Übergangsböschung der Kirchremdaer Mulde über.

Die östlichen Nebentäler. Tal 1 beginnt als flache Mulde auf dem Plateau im Oberen Wellenkalk. Im Unteren Wellenkalk entwickelt sich dagegen eine Gehängesohlenmulde, deren 50 m breite, mit Nadelstreu bedeckte Schuttsohle schnell abfällt. Ein künstlicher Graben entwässert sie.

Tal 2 ist eine Gehängesohlenmulde mit schöner, breiter, steiler Schuttsohle.

Tal 3 ist eine zweizipflige Gehängesohlenmulde im Unteren Wellenkalk. In dem nördlichen Zipfel verursachen die Oolithbänke einen deutlichen Gefällsknick. Die Schuttsohle ist gut entwickelt; der Schutt ist bis 1 m aufgeschlossen. Hauptsächlich ist es abgespülter, gelbbrauner, feiner Tonboden, wenigstens oben.

Tal 4 ist eine steile Gehängesohlenmulde mit einer bis $1^1/_2$ m aufgeschlossenen, meist aus feinem, gelbbraunen Ton bestehenden Sohle. Gegen den Ausgang zu ist der Ton steiniger.

Tal 5 ist in vieler Hinsicht interessant. Einmal beginnt es unterhalb des Terebratulakalks im Wellenkalk als eine auffallende, breite, glatte, mit Feldern bedeckte Zirkusmulde, in der ein gerader, künstlicher Graben gezogen ist und in der ein Steinwall eine Stufe erzeugt hat. Unterhalb dieser Stufe nimmt das Tal die Form einer

Gehängesohlenmulde an, deren Sohle anfangs 120 m breit ist, die sich aber nach dem Ausgang zu verschmälert. Eine total bewachsene Erosionskerbe ist 3—4 m tief in Kalkschutt eingeschnitten. Vor der Umbiegungsstelle des Tals nach O ist die Sohle nur noch 30 m breit und zeigt den in Abb. 42 wiedergegebenen Querschnitt. Daraus geht hervor, daß Tal 5 eine breite Mulde im Kalk bildet, nicht aber eine tiefe, mit Schutt erfüllte Erosionsschlucht ist. Tal 5 ist gleichsohlig mit dem Tännicher Tal; allein seine Sohle hat ein stärkeres Gefälle und deshalb ist nur sie von einer Erosionsrinne zerschnitten, nicht das Haupttal. Etwa in der Mitte des Tales 5 mündet von W her eine kurze Gehängemulde mit Schuttsohle.

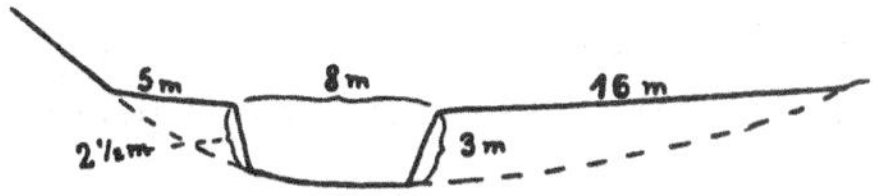

Abb. 42. Querschnitt durch die Sohle des Tals 5, Nebental des Tännichtals.

γ) Das Tal Y

entwickelt sich aus 3 großen Muldentrichtern, die meist bewaldet sind. Die nördlichste wird durch künstliche Querstufen gegliedert. Dann beginnt ein Graben, der die gemeinsame Gehängemulde durchzieht und in die Kirchremdaer Mulde hinabführt. Der die Mulde kreuzende Weg hat eine 1 1/2 m hohe, künstliche Querstufe erzeugt.

e) Die Nebentäler südlich des Remdaer Tals.

α) Das Ehrensteiner Tal (Abb. 43, 44) beginnt als flache Mulde im Mittleren Muschelkalk auf dem Schönen Feld in tief schokoladenbraunem Tonboden. Ein künstlicher Graben durchzieht

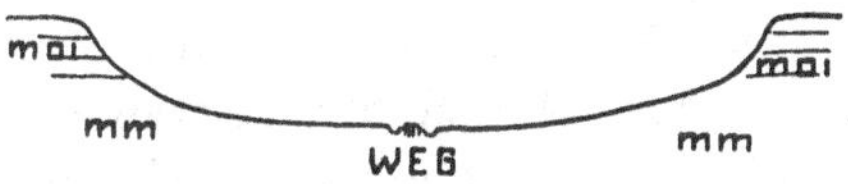

Abb. 43. Querschnitt durch das Ehrensteiner Tal.

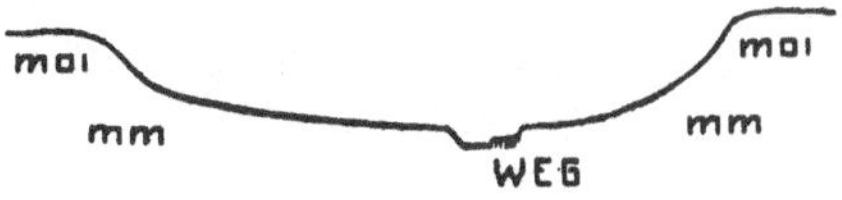

Abb. 44. Querschnitt durch das untere Ehrensteiner Tal mit Längsstufen.

ihre Mitte. Nach der Einmündung der breiten flachen Gehängemulde 1 ist das Tal eine breite Mulde im Mittleren Muschelkalk, während die Trochitenkalke eine steile Stufe bilden. Der Boden der Mulde ist steiniger Kalkton und der Weg verläuft in dem tiefsten Teil der Mulde, begleitet von zwei Gräben. Plötzlich beginnt eine bewachsene

Erosionsrinne, die z. Tl. mit Steinen zugeschüttet und 5 m tief ist. In dem Hornsteinkalk sind auf der rechten Seite oben am Gehänge zwei Nischen eingesenkt, die zum Schutz gegen weitere Erosion mit einem mächtigen Halbmond von Steinen eingefaßt sind. Sie enden auf der Böschung des Mittleren Muschelkalkes blind im Gegensatz zu einer bald darauf folgenden total bewachsenen Schlucht, die auch von rechts kommt.

Am Herbesbühl zieht ein auffallender Wall von Wellenkalk quer durch das Tal und liegt ihm gegenüber eine flache Gehängemulde auf dem Westhang. Nunmehr schneidet sich in den Muldenboden eine Sohle ein, die bei der Einmündung des Tals 8 4—5 m Höhe besitzt. Die Gehängemulde 3 ist auf diese Terrasse, also den alten Muldenboden, eingestellt. Weiter abwärts wird die Terrasse sogar ca. 8 m hoch. Sie endet auf der rechten Seite vor Ehrenstein auf dem Steilhang, auf dem die Burg steht, links aber geht sie in die Gehängeböschung des Galgenbergs über. Auf der Westseite gibt es nur unbedeutende Gehängetäler, so namentlich auf dem Galgenberg SW von dem Dorf Ehrenstein.

β) Der Sundremdaer Kessel. In kleinerem Maßstab bildet dieser Kessel ein Gegenstück zu der Kirchremdaer Mulde. Während die Nordseite im Bereich des Schollenzuges eine einheitliche Böschung bildet, fällt die sich langsam senkende Fläche des Schönen Feldes mit einer von dem Trochitenkalk gebildeten Stufe ab. Der Kesselboden hat kaum 800 m Länge und 4—500 m Breite. Aus ihm führt ein Durchbruchstal — das Sundremdaer Tal — zum Remdaer Tal. Auf dem Gehänge des Sundremdaer Kessels liegen nun zahlreiche Gehängetäler.

Tal 1 — das Korschwitzer Tal — beginnt im Trochitenkalk mit einer flachen Mulde, in deren Rand eine Erosionskerbe eingeschnitten ist, die auf ca. 80 m hin mit Steinen zugeschüttet ist. Die Mulde verwandelt sich weiterhin in ein Sohlental mit schöner Böschungssohle, in die eine bewachsene Erosionsrinne eingeschnitten ist. Stellenweise kann man erkennen, daß diese einst ein Weg gewesen ist; stehen doch die Obstbäume noch an den Rändern entlang. Den Querschnitt des Tales 1 oberhalb Sundremda zeigt Abb. 45.

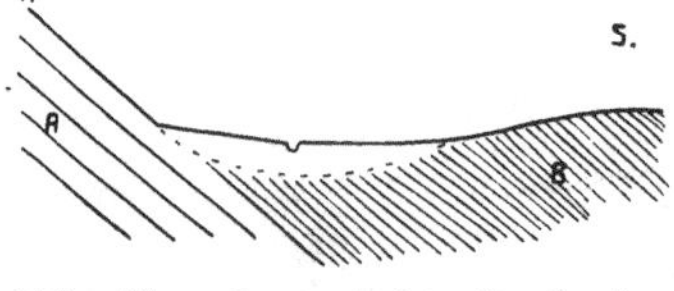

Abb. 45. Querschnitt durch das Korschwitzer Tal oberhalb Sundremda.
A Oberer Muschelkalk; B Keuper.

Von den Seitentälern hat a einen charakteristischen Bau. Den oberen Rand bildet der Hornsteinkalk, die flacheren Gehänge der Mittlere Muschelkalk, der mit steinigem Kalktonboden bedeckt ist. Auf dem Muldenboden liegt mehr feiner Ton. Neben dem Weg leitet ein künstlicher, überhöhter Graben das Wasser ab. In den Rand der Hochfläche, die man allmählich ansteigend erreicht, ist eine Erosionsrinne eingeschnitten, die aber mit Steinen zugeschüttet ist. Von SW her kommt eine Gehängemulde im Hornsteinkalk. Ihr Boden ist auf die Übergangsböschung des Haupttals eingestellt. Eine bewachsene Erosionsrinne ist eingeschnitten, am oberen Ende aber auf ca. 100 m Entfernung mit Steinen ausgefüllt. Sie hat sich nach rückwärts bis in die Hochfläche eingeschnitten.

Tal b ist eine einfache Gehängemulde.

Tal c beginnt als flache Mulde zwischen Wellenkalk und Hornsteinkalken. Sie verwandelt sich aber infolge von Aufschüttung in eine Gehängesohlenmulde. Plötzlich beginnt eine Erosionsrinne, die sich tief einschneidet und zwar zwischen Wellenkalk und Schuttsohle. Letztere verschwindet schließlich und der Boden der Erosionsrinne endet gleichsohlig im Tal 1. Vor der Einmündung wird das Tal durch Kalkfelsen eingeengt.

Tal d ist eine hängende, d. h. auf die Übergangsböschung des Tals 1 eingestellte, breite, flache Mulde. Ein sie querender Weg hat eine Stufe erzeugt. Unterhalb desselben befindet sich eine bewachsene, tiefe Erosionsrinne, oberhalb sind Spuren einer solchen im Acker noch erkennbar.

Tal 2 ist eine im Mittleren Muschelkalk gelegene Gehängemulde. Das obere abgerundete Ende wird durch einen Steinwall abgeschlossen, der eine $3^1/_2$ m hohe Stufe erzeugt hat. Weiter abwärts sind Reste einer überpflügten und zugeschütteten Erosionskerbe sichtbar. Der steinige Kalktonboden verliert am Ausgang des Tals seine steinige Beschaffenheit, mindestens wird er steinärmer.

Das Stephanstal (Tal 3) ist ein ausgesprochenes Muldental im Mittleren Muschelkalk, dessen obere Ränder aus Hornsteinkalken bestehen. Diese bilden einen steilen Kranz und gemeinsam mit Mittlerem Muschelkalk einen prachtvollen Endzirkus. Der plötzliche Übergang von der intakten Hochfläche in den Zirkus ist sehr auffallend und durch den Ackerbau und aufgeschnittene Steinwälle noch erhöht worden. Auf der O-Seite des Tals ist auf der Böschung des Mittleren Muschelkalks z. Tl. noch eine flache Stufe entwickelt. Sonst ist der Querschnitt durchaus muldenförmig.

Auf der Böschung des Mittleren Muschelkalks liegt steiniger Kalkton, in der Tiefe mehr feiner Ton. Eine Erosionsrinne fehlt, der Weggraben leitet das Wasser ab. Bemerkenswert ist die Terrassierung des Endzirkus und der Böschungen des Mittleren Muschelkalks.

Tal 4 liegt im Mittleren Muschelkalk, wird aber am oberen und unteren Rand von Trochitenkalk begrenzt (Abb. 46.) Es beginnt mit einer schönen Rundmulde, in der Kulturstufen liegen. Auf der Ostseite ist nun eine 20 m breite und 5 m hohe Längsstufe aus Feldsteinen aufgeschüttet, auf der der Weg läuft. Die Mulde endet auf der Trochitenkalkstufe und zwar mit einem künstlichen Querdamm, der eine Stufe erzeugt hat.

Tal 5 ist eine Mulde, in der der sie durchquerende Weg eine Stufe gebildet hat. Unterhalb des Weges ist ein frischer Steinwall aufgeschüttet, der noch keine Stufe erzeugt hat. Die flache, grasige Mulde senkt sich dann zum Sundremdaer Kessel hinab. Eine Erosionsrinne ist total mit Steinen zugeschüttet worden.

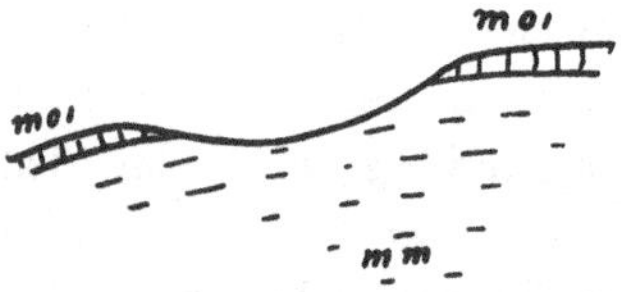

Abb. 46. Längsschnitt durch Tal 4 südlich von Sundremda. mo1 Hornsteinkalk; mm mittlerer Muschelkalk.

Tal 6 beginnt als flache Mulde auf der Grenze von Sandstein und Röt. Demgemäß liegt auf der Nordseite sandiger, auf der Südseite toniger Boden. Ein quer durch die Mulde gezogener Weg hat eine fast 2 m hohe Stufe erzeugt. Ganz bewachsene, künstliche Gräben durchziehen die Mulde, die zum Sundremdaer Kessel hinabführen.

Das Nebental a ist vom Beginn bis zum Schluß eine flache Mulde. Sie wird von zahlreichen Steinwällen durchzogen, die bis zu 3 m hohe Stufen erzeugt haben. Eine total mit Busch bewachsene, 1—2 m tiefe Erosionsrinne ist in der unteren Hälfte des Tals eingeschnitten und z. Tl. an der westlichen Seite am Feldrand abgemauert.

Tal 6 ist eine Gehängesohlenmulde mit bewachsener Erosionsrinne und rundem Abschluß aus Trochitenkalk. Nahe dem Ausgang kommt aus N ein aus drei, fingerförmig zusammenlaufenden, bewachsenen Kerben entstehendes kurzes Seitentälchen herein.

Tal c beginnt auf der steinigen Hochfläche als flache Mulde

Ein frisch geschütteter Steinwall (Abb. 47) hat zwar noch keine Stufe erzeugt, allein oberhalb des Walls liegt der Boden wohl $^1/_2$ m höher als unterhalb. Oberhalb ist er ein feiner steinarmer Ton von mindestens 20 cm Mächtigkeit, unterhalb ist er dagegen sehr steinig. Oberhalb geht die flache Mulde bald in ein Feld über, weiter unterhalb aber entwickelt sich ein Muldental mit total bewachsener Erosionsrinne.

Abb. 47. Steinwall im Tal 4 im SO von Sundremda.
A Ton; B Steinwall; C Steingeröll.

Bei d liegen nördlich des Tales 6 mehrere flache Gehängemulden im Sandstein.

Die gesamten Täler a—d vereinigen sich zu einem Muldental, das gleichsohlig in den Sundremdaer Kessel übergeht; eine 4—5 m breite grasige, aus dem Tal c kommende Erosionsrinne ist eingeschnitten, allein heutzutage dient der Weggraben als Abzugskanal.

γ. Das Sundremdaer Durchbruchstal.

Der Boden des Kessels geht mit gleichmäßig geneigter Fläche in das Durchbruchstal über. Die Gehänge fallen ziemlich steil ab und zwar fehlt auf der Ostseite jede Übergangsböschung, während sie auf der Westseite gut entwickelt ist. Nach dem Passieren des Linzig- und Lohberges öffnet sich das Tal, und zwar ist es ein breites Muldental. Der Südhang steigt ganz allmählich an, den Nordhang bildet der flache Rücken, auf dem Stadtremda liegt. Der Boden ist der Kalktuff mit einer Decke von Aueton. Dieser Talboden geht nach O hin in die Sandsteinstufe über, die den Talgraben des Remdaer Tals einfaßt. Der Übergang in die Sohle des Remdaer Tals ist aber nicht mehr deutlich zu beobachten, weil ausgedehnte Gruben angelegt worden sind. Soviel ist jedenfalls klar, daß sich von dem Remdaer Tal aus eine Schlucht eingeschnitten hat. Diese ist ca. 10—12 m tief, nicht viel breiter und $^3/_4$ km lang. Ursprünglich endete die Schlucht plötzlich, aber jetzt ist eine Verbindungsschlucht mit dem Mühlgraben geschaffen worden, der als Überlauf dient.

In das Durchbruchstal münden zwei Gehängetäler.

Tal 8 ist eine typische Mulde, die auf der Grenze von Sandstein und Muschelkalk liegt. Einige Querstufen sind durch Steinwälle erzeugt worden, auch ein total bewachsener Abzugsgraben ist eingeschnitten. Die Bodenverhältnisse dieses Tals sind bereits besprochen worden. Die Mulde geht gleichsohlig in das Haupttal über.

Tal 9, auf der Ostseite des Sundremdaer Tals gelegen, ist ebenfalls auf der Grenze von Sandstein und Muschelkalk eingeschnitten. Der Südhang wird durch den Kalk gebildet und geradlinig, der Nordhang dagegen macht einen Bogen, so daß eine schiefe Mulde entsteht. Der diese querende Weg hat eine ca. 7 m hohe Stufe hervorgerufen. Am Ausgang hängt der Muldenboden ca. 5 m über dem Rinnetal. Es mögen aber beim Bau des Mühlengrabens die ursprünglichen Verhältnisse stark abgeändert worden sein, z. B. durch Abtragen des östlichen Gehänges des Haupttals. Südlich von Tal 7 liegt eine durch den Wegbau umgestaltete Gehängemulde.

f. Die Täler des Sandsteingebiets. Die im Mittleren Buntsandstein befindlichen Seitentäler des Remdaer Tals haben einen recht einheitlichen Charakter. Es sind Sohlentäler meist mit Böschungssohle und Übergangsböschung und schmaler Abflußrinne.

α) Das Wiesental. Dieses bei Eschdorf mündende Tal ist ziemlich verzweigt. Es beginnt mit rundem, recht steilwandigem Endzirkus, der von Sandsteinrücken begrenzt wird. Der Boden ist flach geneigt und verwandelt sich bald in ein Sohlental mit deutlicher Übergangsböschung und Böschungssohle. Erstere ist bewaldet, letztere mit Wiesen bestanden. An der Umbiegungsstelle nach N vereinigt es sich mit dem Tal 1, einer flachen, rund endenden Gehängemulde im Sandstein, die die geradlinige Fortsetzung des Haupttals bildet.

Das Haupttal geht nun als schönes Sohlental nach N. Eine Erosionsrinne verbeitert sich vor der Einmündung von Tal 5 so stark, daß ein Hochboden entsteht, der aber bald endet. Böschungssohle und Übergangsböschung sind gut entwickelt und in letzterer wiederholt bis 2 m Sand mit Gesteinsstücken aufgeschlossen. Auf den Böschungssohlen liegt dagegen feiner, gelbbrauner Ton. Auf der Wiese hat man künstliche Gräben z. Tl. mit fließendem Wasser gezogen.

Einige hundert Meter vor der Einmündung des Pflanzentals beginnt plötzlich eine 2 m tiefe, bewachsene Erosionsrinne (E^2), die sich schnell zu einer Wiesensohle verbreitert, während die ursprüngliche Sohle Terrassen bildet (Abb. 48). Allein beide Sohlen vereinigen sich wieder, dagegen schneidet sich eine neue, total bewachsene Erosionsrinne (E^1) ca. 5 m tief ein und läßt unter Verbreiterung eine Sohle (S^2) entstehen, die sich mit einem Gefällsknick zur Sohle des Rinnetals hinabsenkt. Die ältere Sohle bildet dagegen Terrassen, die

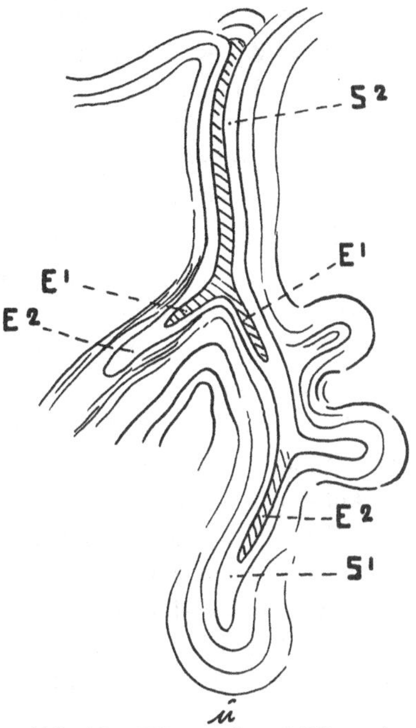

Abb. 48. Wiesental und Pflanztal. S^1 obere Sohle; S^2 untere Sohle; E^1 untere Erosionsrinne; E^2 obere Erosionsrinne.

in die Übergangsböschung des Rinnetals übergehen. Auf letzterer liegen z. Tl. Stücke von Sandstein, Kalk und Quarz. Die Schlucht ist, wie man aus ihrer Verbindung mit einem Weg deutlich erkennen kann, ursprünglich ein Hohlweg. An der Hochsohle sind an einer Stelle 4—5 m Sandsteinschutt aufgeschlossen.

Die Nebentäler der linken Seite. Tal 2 beginnt auf dem Kalkplateau des Schönen Feldes als breite flache Mulde, in der eine Erosionsrinne auf ca. 120 m Entfernung mit Steinen zugeschüttet ist. Zwischen dem Vogel- und Kunitzberg ist in dem Unteren Muschelkalk ein Sohlental mit bewachsener Erosionsschlucht ausgebildet. Im Röt und Sandstein nimmt das Tal Muldenform wieder an. Die Erosionsrinne ist in einen künstlichen überhöhten Graben umgewandelt worden. Vor dem Weg ist ein Steinwall quer durch das Tal gezogen und am Weg ist eine 1 m hohe Stufe entstanden, dann senkt sich das Muldental zum Haupttal hinab.

Tal 3 beginnt als flache Gehängemulde, die auf der Grenze von Sandstein und Röt liegt und daher auf der Nordseite Sand-, auf der Südseite Ton-, in der Mitte aber Lehmboden besitzt. Auch nach der Vereinigung mit der von S kommenden, breiten Wiesenmulde ist der Querschnitt mehr der eines Mulden- als eines Sohlentals, da die Böschungssohle ganz allmählich in die Übergangsböschung und diese in das Gesteinsgehänge übergeht. Dann aber entwickelt sich ein richtiges Sohlental und dieses besitzt auf dem Nordhang eine Längsterrasse von 2 m Höhe; da auch sonst Kulturterrassen auf dem Nordhang liegen, ist die Terrasse wohl künstlich. Eine Erosionsrinne ist streckenweise bewachsen und zugeschüttet, z. Tl. aber durch einen künstlichen Graben ersetzt worden.

Tal 4 ist eine Gehängemulde, deren Boden ca. 19 m über der Sohle des Haupttals liegt. Auf der Südseite ist die Schuttböschung 2 m mächtig aufgeschlossen.

Tal 7 ist eine flache Gehängenische mit schmalem Ausgang und Schuttfächer, der in der 10 m tiefen Kerbschlucht aufgeschüttet ist.

Das Pflanztal (Tal 6) (Abb. 48) ist an seiner Mündung genau so gestaltet wie das Haupttal. Die bewaldete Erosionsrinne, bezw. die Sohlen, gehen in die entsprechenden Gebilde des Haupttals über. Die ca. 8 m tiefe Erosionsschlucht endet plötzlich unddie Terrassen E^2 schließen sich zu der einheitlichen Sohle S^2 zusammen. Weiter aufwärts beginnen neue Längsstufen. Während sich die Sohle S^2 in eine bewachsene Erosionsschlucht E^2 verwandelt, treten die Längsstufen zu dem einheitlichen Talboden S^1 zusammen. In diesem sind Reste einer Kerbe erkennbar. Schließlich entwickelt sich eine runde Zirkusmulde, die dicht bewaldet und anscheinend durch einige Gehängetäler gegliedert ist. Vom W her kommen zwei Gehängemulden, die total bewaldet und unübersichtlich sind.

Tal 5 ist eine flache, aber steil ansteigende Gehängemulde, deren toniger Boden ca. 3 m über der Sohle des Haupttals liegt. Die Stufe ist vielleicht künstlich durch den Weg gebildet worden.

β) Das Wiesenborntal beginnt mit einem runden Muldenzirkus, der ziemlich steil abfällt, aber doch einen gerundeten Kamm besitzt. Dasselbe gilt für das Tal 1. Nach der Vereinigung beider entwickelt sich eine kaum 10 m breite, grasige Böschungssohle, die von steilen Gehängen eingefaßt ist und einer mit Schutt erfüllten Kerbe gleicht. Dann entwickelt sich eine Übergangsböschung, an der an einer Stelle bis 1 m mächtiger Sandsteinschutt aufgeschlossen ist.

Bis zur Vereinigung mit Tal 2 bleibt die Wiesensohle schmal — ca. 20 m. Nachher wird das Tal breiter und offener. An den Gehängen sind Gesteins- und Übergangsböschung wohl entwickelt. Die Böschungssohlen sind tonig. An dem die Sohle kreuzenden Weg ist eine Stufe entwickelt und gleichzeitig beginnt der bis dahin wenig tiefe Wiesengraben sich einzuschneiden; aber er ist mit Gras und Büschen total bewachsen. Nach dem Passieren der Kalksteinzone tritt eine auffallende Verbreiterung der Übergangsböschung ein und wandelt sie sich in eine Längsstufe um, in die die Sohle eingesenkt ist. Die Übergangsböschung besteht hier aus sandigem Lößlehm. Gegen den Ausgang hin verbreitert sich die ebenfalls aus Lößlehm bestehende Sohle, die Stufen werden schmäler. Gleichzeitig geht die Erosionsrinne in einen Hohlweg über, der sich auf der nördlichen Übergangsböschung befindet. An den Wänden ist sandiger Lößlehm ausgeschlossen und unter diesem eckiger bis gerundeter Kalk-Sandstein-Schutt. Der sandige Lößlehm gleicht völlig dem der Terrasse westlich von Teichröda, in der Pupa muscorum vorkommt. Die tiefsten Teile der Sohle liegen südlich von der Schlucht und sind nicht zerschnitten. Der Einfluß des Menschen kommt hier klar zum Vorschein; denn die Erosionsrinne war einst ein Weg (Abb. 49, 50).

Abb. 49. Querschnitt durch das untere Wiesenborntal.
A Terrasse aus Lößlehm.

Abb. 50. Querschnitt durch den Ausgang des Wiesenborntals.
A Lößsand; B Kalk-Sandsteinschutt.

Das Plattental (Tal 2) beginnt mit einer schönen Zirkusmulde, die sich mit dem gleich gestalteten Tal a vereinigt. Von da ab ist ein Sohlental — stellenweise mit 6—8 m tiefer, total bewachsener Kerbe — entwickelt. Wiesen- und Plattental vereinigen sich gleichsohlig. Tal 2 a und ebenso Tal 3 sind bewaldete, unübersichtliche Gehängemulden.

Das Heutal (Tal 4) ist eine Gehängemulde, die auf die Übergangsböschung, bezw. die Längsstufe des Wiesenborntals, eingestellt ist, aber an ihrem Ausgang von einer Kerbschlucht zerschnitten wird. Diese hat man mit Steinen zugeschüttet und das Wasser in einen Graben abgeleitet. Die Kerbe endet ganz plötzlich mit einer Nische; oberhalb folgt noch eine Strecke weit eine flache, grasige Rinne.

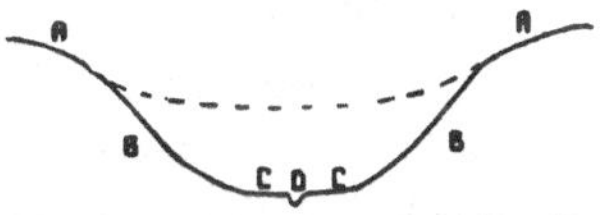

Abb. 51. Schematisches Profil durch ein Sandsteintal.
A A Hypoth. pliozäne Landfläche; B Steileres Gehänge; C Böschungssohle; D Abflußrinne.

Blickt man von der Höhe der Zwischentalrücken, z. B. zwischen Musensitz und Plattengrund, über das Bergland, so fällt es auf, daß sich die Talgehänge anfangs langsam, dann schnell senken, so daß man einen ähnlichen Eindruck wie bei einem Trogtal erhält, daß nämlich Mulden durch spätere Erosion vertieft worden sind (Abb. 51). Hierauf kommen wir bei Besprechung der hypothetischen pliocänen Oberfläche noch einmal zurück.

γ. Das Geitersdorfer Tal. Dieses Tal beginnt als verhältnismäßig schmale Rundmulde, die sich schnell als Sohlental einschneidet und mit dem gleichartigen Tal 1 gleichsohlig vereint. An der Vereinigungsstelle ist der Weg 2½ m tief im Sandsteinschutt eingeschnitten. Böschungssohle und Übergangsböschung sind gut entwickelt. Vor der Einmündung des Tals 2 beginnt plötzlich eine tief eingeschnittene Erosionsrinne. Vor Geitersdorf ist der Querschnitt so, wie ihn Abb. 52 zeigt. Im N bildet der Untere Muschelkalk mit schöner Übergangsböschung das Gehänge über der Böschungssohle, auf der Südseite aber ist eine Sandsteinstufe entwickelt. Später wird im Röt die Kerbschlucht 4—5 m tief und oben 20 m, unten 5—10 m breit. Allein im Dorf verliert sie sich ganz und gar. Unterhalb von Geitersdorf ist der Bach kaum eingeschnitten, vertieft sich dann aber aufs neue und läßt ein breites Wiesental entstehen, in das ein neuer Graben eingeschnitten ist. Die alte Sohle bildet Längsstufen, die auf die Vorstufe des Remdaer Tals eingestellt sind. Die Seitentäler des Geitersdorfer Tals sind durchweg Gehängemulden.

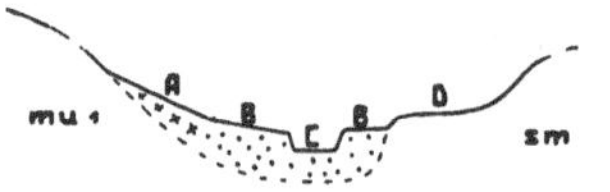

Abb. 52. Profil durch das Tal W von Geitersdorf.
sm Mittlerer Buntsandstein; mu 1 Unterer Wellenkalk; A Schuttböschung; B Böschungssohle; C Abflußrinne; D Terrasse.

δ. Das Hermannstal.

Dieses Tal beginnt an der Diebeskammer mit einer schönen Rundmulde, die sich schnell einschneidet und in ein Sohlental mit Wiesensohle und bewaldeter Übergangsböschung verwandelt. Zwischen der Windlücke und Tal 2 fanden sich am Weg einzelne Stücke von Grauwackenschotter und zwar nur an einer Stelle. Gegen den Ausgang hin wird das Sohlental breit, und auch die Übergangsböschung bildet breite Längsstufen. Im Querschnitt würde das Tal eine Mulde sein, wenn nicht eben eine Sohle eingeschnitten wäre. Der Muldenboden besteht aus Lößlehm, der 4 m hoch aufgeschlossen ist. Die in den Lößboden eingesenkte Sohle ist gleichsohlig mit der des Remdaer Tals, der Muldenboden aber geht in die Übergangsböschung des Remdaer Tals über. Zu erwähnen ist noch im Unterlauf die Anlage künstlicher Teiche, das Auftreten zahlreicher bis handgroßer Rollstücke aus Thüringer-Wald-Gesteinen, die Bildung einer 1 m hohen Stufe an dem nach Mörla führenden Weg, sowie das Einschneiden einer bewachsenen Kerbe am Talausgang in die Sohle.

Das Windlücketal (1) beginnt als steile Zirkusmulde, die sich schnell in ein mit Erlenbrüchen erfülltes schmales Sohlental verwandelt. Die Sohle ist nur 10—20 m breit; Übergangsböschungen sind nur lokal erkennbar. Die übrigen Gehängetäler sind durchweg Mulden, die aber an der Mündung Sohlentalform besitzen.

ε. Die östlichen Sandsteintäler unterhalb Teichröda.

An den steilen Sandsteingehängen finden sich mehrere größere Täler neben kleineren Gehängetälern.

Tal 1 beginnt als schöner, steiler Trichterzirkus, verwandelt sich aber in ein Sohlental, das auf die Übergangsböschung des Remdaer Tals eingestellt ist. Eine total bewachsene Erosionskerbe zerschneidet die Sohle am Ausgang.

Tal 2 ist ein Sohlental mit Übergangsböschung und Böschungssohle. In letztere sind einige künstliche Teiche gegraben. Es ist auf die Übergangsböschung des Remdaer Tals eingestellt, die hier schuttkegelartig vorspringt. Die Seitentäler von Tal 2 sind teils kurze Gehängemulden, teils Sohlentäler (a und b), die als Mulden beginnen. Die Abflußrinne ist ein Wiesengraben, an der Mündung eine total bewachsene Kerbe.

Tal 3 ist ein auf die Übergangsböschung des Remdaer Tals eingestelltes Sohlental, in das an dem Talausgang eine ganz bewachsene Erosionsrinne eingeschnitten ist.

3. Das Mörlatal.

Das Mörlatal beginnt als flache Mulde, in der reichlich Schuttmassen angehäuft sind — am Weg ca. $1^1/_2$ m Sandsteinschutt in Sand. Von dem Wasserwerk oberhalb der Gehängemulde Tal 1 ab ist ein Sohlental in die ursprüngliche Mulde eingesenkt. Namentlich an der Einmündung des Tals 2 ist die große, alte Mulde und die beiden jüngeren Muldentäler deutlich, in die obendrein noch je ein Erosionsgraben eingeschnitten ist. Unterhalb des Dorfes Mörla ist sowohl der alte Muldenboden als auch das jüngere Sohlental deutlich. Die obere Stufe besteht aus Zechstein, der von einer 2 m mächtigen Masse von Sandsteinschutt bedeckt wird, wie der Aufschluß an einem Steinbruch zeigt. Während die beiden Hochböden anscheinend blind an dem Rand des Saaletales enden und vielleicht einstmals in den oberen Rand der Volkstedter Terrasse übergingen — die Gärten und der Häuserbau hindern leider die Untersuchung —, schneidet die Erosionsrinne in den Zechstein einen tiefen Kanon, den Mörlagraben, ein, der zum Saaletal hinabgeht, aber in der Höhe des unteren Randes der Volkstedter Terrasse endet. Innerhalb des Mörlagrabens sind noch interessante Ablagerungen zu beobachten. (Abb. 53.) Es ist nämlich eine Längsterrasse entwickelt, die 5—6 m Höhe über dem Talboden erreicht. Die Terrasse besteht aus einem groben Schutt aus eckigen

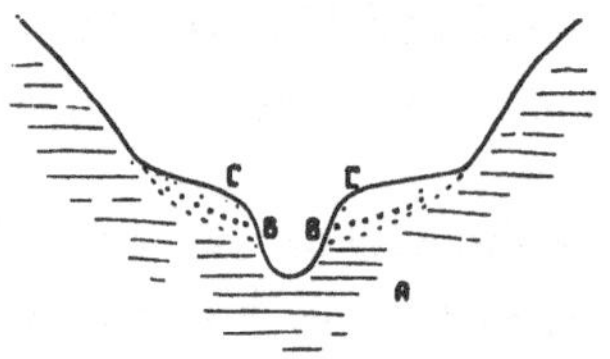

Abb. 53. Schematisches Profil durch den Mörlagraben.
A Zechstein; B Kalk-Sandsteinschutt; C Lößlehmterrasse.

bis kantengerundeten Stücken von Zechsteinkalk, die bis über Kopfgröße erreichen und abgerundeten Sandsteinstücken von gleicher Größe. Diese groben Schuttmassen liegen in einem Gemisch von zerriebenem Sandstein und von Kalkton und zwar ganz unregelmäßig, ohne Schichtung. Nur ein Anschmiegen der Platten an das Gehänge und eine Diagonalstellung fällt auf, d. h. die Platten fallen gegen den Abhang ein. Über dem Kalk-Sandsteinschutt liegt sandiger, ungeschichteter, gelber Lößlehm, dessen senkrechte Wände beim Austrocknen abschilfern, und in dem zerstreute Kalkblöcke vorkommen. Die Erosionsrinne ist noch einige Meter in den Zechstein eingeschnitten.

Die Täler 1—3 sind Gehängemulden.

Tal 4 beginnt als Mulde, in der sich schnell eine Schuttsohle entwickelt. Nach Einmündung der von W kommenden flachen Wiesenmulde nimmt das Tal mehr die Form eines Sohlentals an, dessen Sohle ca. 25 m breit und in die eine Erosionsrinne eingeschnitten ist. Ein Hohlweg zwischen 4 m hohen Lößlehmwänden führt schließlich zum Mörlatal hinab.

4. Das Zeigerheimer Tal.

Das Zeigerheimer Tal beginnt als Mulde auf der Zeigerheimer Hochfläche, dann schneidet es sich aber bald als Sohlental ein, so daß der alte Muldenboden Längsstufen bildet. In die Sohle ist streckenweise eine bewachsene Erosionsrinne eingesenkt. Das Tal ist — außerhalb unseres Meßtischblattes — auf die Volkstedter Terrasse eingestellt und eine eingeschnittene Talsohle führt hinab ins Saaletal.

Die Täler 1—2—3 westlich von Zeigerheim sind typische Gehängesohlenmulden, die auf die Kalkschuttböschung zwischen Wellenkalk und Röt eingestellt sind.

5. Das Schaaltal.

Das mit breiter Mündung in das Saaletal übergehende Schaaltal hat eine ausgesprochene Talung. Auf der Südseite verläuft sie zunächst ziemlich geradelinig von der Justinshöhe zum Heidenberg, weicht dann aber nach SW über Schwarzenshof zum Kaiserstuhl zurück, um dann wieder auf dem Steinberg nach N vorzuspringen.

Dann geht's auf der Flucht der Wellenkalkplateaus zum Dissau, Ibenberg und dann zum Beginn des Ilmtals.

Ähnlich wie auf der Südseite folgt die Nordgrenze zuerst dem Sandsteinkamm zwischen dem Schaaltal und Mörlatal, springt dann aber auf das Kalkplateau bei Schaala über — Pörzberg — und geht nun am Rand der Wellenkalkplatte entlang. Bemerkenswert ist die Verbreiterung der Talung im Bereich des Röts und die Auflösung des geschlossenen Gehänges in Berge im Bereich der aufgerichteten Schollen.

Ein Talgraben ist in der Form ausgebildet, daß ausgesprochene Übergangsböschungen das Tal einfassen, die nur streckenweise — so zwischen Keilhau und Eichfeld — wie Vorstufen vorspringen.

Betrachten wir nun die Entwicklung des Talgrabens, indem wir vom Ilmtal ausgehen.

a) Das Ilmtal beginnt als flache Mulde auf dem aus Oberen Wellenkalk bestehenden Plateau. Mit dem Erreichen des Terebratulakalks verwandelt es sich in ein Gehängesohlental, das recht breit wird. Eine bewachsene Erosionsrinne ist bald vorhanden, bald künstlich zugeschüttet und überackert.

Von den Gehängetälern ist Tal 1 eine Gehängemulde.

Tal 2 ist eine Gehängesohlenmulde mit 30 m breiter Schuttsohle und 2 m tiefer, 5 m breiter total bewachsener Erosionsrinne. An den Gehängen steht der Wellenkalk an. Es ist auf die Übergangsböschung des Ilmtals eingestellt.

Tal 3 ist ebenfalls ein Gehängesohlental, in das ein Hohlweg eingeschnitten ist, der mindestens 2 m Kalkschutt aufschließt, und das auf die Übergangsböschung des Haupttals eingestellt ist. Dasselbe gilt von

Tal 4, einer Gehängemulde mit anscheinend erheblicher Schutttansammlung, die aus kleinen Gehängesohlenmulden auf dem Wellenkalkhang entsteht.

b) Das Schaaltal zwischen Keilhau und Eichfeld. Bei Keilhau vereinigen sich Ilm- und Nussautal zu einem Kessel und von hier ab zieht ein breites Tal abwärts. An dem Fuß der Wellenkalkgehänge sind mächtige Kalkschutthalden entwickelt, dann folgt die Rötböschung, aber von mächtigen Massen von steinigem schmutzig gelbbraunem Kalkton bedeckt. Nirgends kommt das Röt auf der Nordseite des Tals zum Vorschein. In diesen Schutt ist ein Sohlental eingesenkt. An einer Stelle ist der Schutt aufgeschlossen, und zwar sind es mindestens $3^1/_2$ m schmutzig gelbbrauner Kalkton mit nußgroßen Kalkbrocken, gefärbten Helixschalen und Ziegelstücken. Der Bach hatte früher die Gehänge des Talgrabens unterwühlt, jetzt ist die Böschung mit Gras bedeckt. Dieses Sohlental hört aber bereits vor Eichfeld auf; der Querschnitt wird wieder muldenförmig und ist es namentlich in dem Kessel von Eichfeld, der durch das Zurückweichen des Kalkplateaus nach S entsteht. Der Querschnitt ist durchaus muldenförmig, und ist auch die Beschaffenheit des Bodens recht charakteristisch. Auf dem Wellenkalkhang und der Übergangsböschung ist der Boden sehr steinig, grober Schutt; auf der Rötböschung sind es nußgroße Stücke und in der Tiefe des Tales nur noch feiner gelbbrauner Ton. Der Bach ist ca. $2^1/_2$ m eingeschnitten, und zwar liegt ein $^3/_4$—1 m tiefer Graben in einem mehrere Meter breiten Sohlental. (Abb. 54.) An der Pörzmühle ändert das Tal seinen Charakter.

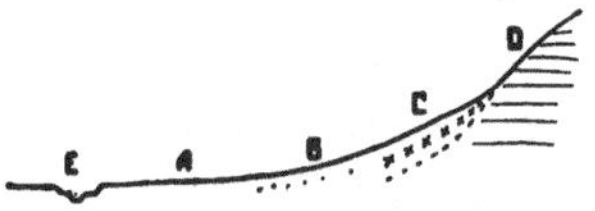

Abb. 54. Bodenverhältnisse auf den Gehängen der Nordseite des Schaaltals, östlich von Eichfeld. A Feiner Ton; B Mäßig steiniger Kalkton; C Steiniger Kalkton; D Wellenkalkhang; E Bachbett mit Terrasse.

Die Gehängetäler dieses Abschnitts sind im allgemeinen unbedeutende, z. Tl. mit Kalkschutt erfüllte Schluchten, namentlich an dem Gehänge des Kirschberges. Allein das erste, NO von Keilhau gelegene Tal ist eine sehr charakteristische Zirkusnische. Alle sind auf die aus Kalkschutt bestehende Übergangsböschung des Schaaltals eingestellt.

c) Das Durchbruchstal bei Schaala. An der Pörzmühle ungefähr tritt die Wellenkalkwand an die Straße heran, von ihr nur durch die Übergangsböschung getrennt. Diese geht zu einer Böschungssohle aus Kalktuff hinab. Das Tal wird schmal, die Sohle senkt sich in dem Dorfe schnell abwärts. Allein der Bach, der bei Eichfeld kaum ein Bett besitzt, schneidet in dem Tuff einen 5—6 m tiefen Kanon ein, der am Ostrande des Dorfes Schaala bereits wieder flach geworden, d. h. keine 2 m tief ist. Durch die Kalktuffgruben am Westrand des Dorfes ist die Sohle und der alte Cañon zum größten Teil zerstört worden. Auch verdeckt das Dorf leider das Erkennen der Formen des sich schnell senkenden Kalktuffbodens. Diese Senkung vollzieht sich so schnell, daß das vom Schwarzenshof herabkommeude Tal noch annähernd auf die Kalktuffsohle eingestellt ist, während Tal 7 schon hoch über jener hängt. Eine Übergangsböschung aus gelbbraunem, 2—3 m mächtigem, nußgroßem Kalkschutt vermittelt die Verbindung zwischen Kalktuffsohle und Wellenkalkwand.

Phot. v. S. Passarge.

XVIII. Blick von der Südseite über das Engtal oberhalb Schaala.

a = Kalktuffwand — b = Oberfläche des Kalktuffs — c = auf die Kalktuffterrasse eingestellter Talboden — d = Übergangsböschung des Wellenkalks — e = Wellenkalk — f = Gehängemulden-Trichter.

Hamburg: L. Friederichsen & Co.

Gehängetäler sind am Pörzberg zahlreich, aber nur unbedeutende, mit Kalkschutt z. Tl. erfüllte Schluchten. Die östlich der Pörzmühle befindliche Schlucht ist ein durch einen Hohlweg erschlossener Trichterzirkus, den aber Kerben zerschneiden. Ähnliche, aber kleinere Trichter sind in die Wellenkalkwand weiter östlich eingesenkt und alle sind auf die Übergangsböschung eingestellt. Auf der Südseite ist das Schwarzenshoftal anfangs eine flache Wiesenmulde im Röt, in deren Boden sich aber ein Sohlental einschneidet, so daß Längsstufen entstehen. Dieses Sohlental nimmt schließlich im Muschelkalk den ganzen Raum ein und ist annähernd auf die Kalktuffsohle des Schaaltals eingestellt; seine Sohle liegt aber doch etwas höher, etwa in der Höhe des Randes der Übergangsböschung. Der Kalktuff hat alluviales Alter. Das beweist das Auftreten von Helix arbustorum, H. obvoluta H. strigella, H. bidens, H. incarnata. Succinea Pfeiferi, Buliminus montanus (?), Patula rotundata, Limnaeus ovata Hyalina nitens, Planorbis rotundata, Clausilia biplicata, Cl. laminata, Cochliocopa lubrica. Obwohl auch Helix hispida vorkommt, so kann dennoch an dem alluvialen Alter nicht gezweifelt werden.

d) Zwischen Schaala- und dem Saaletal. Das Tal wird im Sandstein viel breiter und hat im wesentlichen muldenförmigen Querschnitt. Immerhin läßt sich die Übergangsböschung von der sehr breiten Böschungssohle trennen und deshalb ist das Tal als Sohlental eingetragen. Auf der Südseite ist nur eine große Übergangsböschung entwickelt, die, z. Tl. mindestens, aus Lößlehm besteht. Auf der Nordseite dagegen ist ein stufenförmiger Aufbau zu beobachten. Auf der teils aus Sandstein, teils aus Lößlehm über Sandstein bestehenden Vorstufe liegen vereinzelte Gerölle von Thüringer-Wald-Gesteinen, wie auch auf dem Talboden von Schaala bis zur Saale hin. Am Fuß der Vorstufe ist nochmals eine nach Osten immer breiter werdende Übergangsböschung entwickelt.

Bemerkenswert sind vor allem die Verhältnisse am Gehängetal 4. Westlich und östlich der Einmündung dieses Tals fallen neben Sandsteinen auf der breiten Übergangsböschung Massen von Muschelkalkstücken auf. Sie sind bis handgroß, eckig oder kantengerundet. Nach Osten hin nehmen sie ab, die Saaleschotter dagegen zu. Die gleichen Kalkstücke finden sich an der Mündung des Tals 6 (Südseite) nördlich der Fichtennadelölfabrik auf dem alten hängenden Talboden des Tales 6. Der Lößlehm an der Fabrik enthält reichlich Helix hispida Pupa muscorum — beide diluvial — und die rezente Schnecke Helix ericetorum. Demnach ist es entweder umgelagerter Lößlehm oder die obersten Schichten führen zur Alluvialzeit über.

Die Übergangsböschungen des unteren Schaaltals entsprechen ihrer Höhe nach der Volkstedter Terrasse. Die Höhe des Ostrandes derselben wird übrigens annähernd bereits halbwegs zwischen Schaala und der Saale erreicht. Das untere Schaaltal hat also eine Mittellage zwischen der Saalau und der Volkstedter Terrasse. Trotzdem hängt es wohl immer noch über der Saalau, da sich der Schaalbach bei der Annäherung an die Saale einen ca. 6—8 m tiefen Cañon gegraben hat, und der Talboden südlich des Baches an der Schokoladenfabrik noch höher ansteigt (12—15 m über das Saaletal).

Während Gehängetäler auf der Südseite fehlen, sind auf der Nordseite einige interessante, für das Sandsteingebiet charakteristische Formen entwickelt.

Tal 1 ist ein runder Muldenzirkus, der durch zahlreiche Kulturstufen umgewandelt worden ist. Der Boden hängt, und zwar ist er höher als die Schaalaer Kalktuffstufe bezw. die Terrasse b im Tal 5 bei Schaala, aber niedriger als Terrasse a. Ein tiefer Hohlweg führt ins Schaaltal hinab.

Tal 2 beginnt als Zirkusmulde und verwandelt sich schnell in ein Sohlental, dessen Sohle über dem Schaaltal hängt. Eine bewaldete Erosionsrinne ist eingeschnitten, die in einen Hohlweg übergeht, der den Talboden mit dem Schaaltal verbindet. Die von O kommenden Täler sind Zirkusmulden mit bewaldeten, bis in den Sandstein eingeschnittenen Kerben.

Tal 3 ist eine sehr hübsche, hängende Gehängemulde, zu der ein Hohlweg hinaufführt. Kulturterrassen haben sie verändert und den oberen Rand bildet Lößlehm.

Abb. 55. Querschnitt durch Tal 4, Nordseite des Unteren Schaaltals.
sm Buntsandstein; A Lößlehm; B Sandsteinschutt; C Buntsandstein; D Kalk- und Sandsteinschutt.

Tal 4 beginnt als flache Mulde zwischen Buntsandstein im N und Lößlehm im S. (Abb. 55.) Der Muldenboden endet blind, hoch oben am Gehänge des Schaaltals. Aber in den Muldenboden ist eine tiefe Schlucht eingeschnitten. Auf der Südseite hat der Weg einige lehrreiche Aufschlüsse geschaffen. Danach liegt unter der humosen Ackererde zunächst im Osten 2—3 m, westlicher aber ca. 5 m mächtiger Lößlehm mit diluvialen Schnecken — Pupa muscorum und Succinea oblonga — dann folgt nach abwärts $1/2$—$3/4$ m Schutt aus eckigem Sandstein und Zechsteinkalk in gelbbraunem Lehm bis Sand, dann gelbbrauner Gehängesand mit angedeuteter Schichtung und ganz vereinzelten, kleinen, eckigen Stücken aus Sandstein Er ist nur 1 m aufgeschlossen infolge der Entwicklung einer Schutthalde, die bis zum Weg herabführt. Am Ausgang der Schlucht steht unter einem gleichartigen Gehängesand der Sandstein an. Der Lößlehm bildet eine Terrasse, auf der vereinzelte Schotterstücke von Thüringer Wald-Gesteinen liegen. Die tiefe Schlucht endet auf der Übergangsböschung des Schaaltals gerade in der Gegend, wo massenhaft Muschelkalkstücke neben Sandsteinen vorkommen.

e. Die nördlichen Nebentäler des Schaaltals.

Tal 1 — Nussau-Tal — beginnt im Bereich des Mittleren Muschelkalks als flache, breite Mulde, ist aber im Schaumkalk eine enge Schlucht. Darauf ist im Oberen Wellenkalk ein neuer Sammeltrichter, aus flachen Mulden bestehend, zu finden, die sich zu einer flachen Mulde zusammenschließen, in der bald ein Graben beginnt. Dieser endet jedoch bald, und nun ist das Tal eine einfache, intakte Mulde. Plötzlich aber beginnt eine total bewachsene Erosionsschlucht, die durch die Schuttsohle bis in das Gestein eingeschnitten ist. Mit dem Erreichen des Terebratulakalks hat sich das Tal in ein Sohlental verwandelt, in dem bald eine Übergangsböschung entwickelt ist, bald auch fehlt. Diese 4—5 m tiefe Erosionsrinne wird bei der Annäherung an das Haupttal flach und verläuft schließlich ganz. Etwa 800 m oberhalb Keilhau ist ein Steinwall aufgeschüttet worden, der als Weg dient und zeigt, daß das Hochwasser heutzutage nicht mehr zu befürchten ist. Noch weiter oberhalb sind durch die Anlage von Steinwällen und Hecken Längsstufen entstanden. Schließlich geht Tal 1 gleichsohlig in den Keilhauer Kessel über.

Die Gehängetäler des Nussautals. Auf der Nordseite sind nur kurze Gehängemulden entwickelt, d. h. Schluchten mit Schuttsohlen. Dagegen sind sie auf der rechten Seite mehr ausgebildet.

Tal a beginnt auf der Hochfläche, umgeben von Terebratulakalk, als breite, flache, wegen des Waldes unübersichtliche Gehängemulde, die sich in eine Gehängesohlenmulde mit breiter Schuttsohle verwandelt. Diese Sohle ist auf die Übergangsböschung des Nussautals eingestellt; aber ein 3—4 m tiefer Hohlweg zerschneidet sie am Talausgang und auch die Übergangsböschung und führt zur Chaussee des Nussautals hinab. Dieser Hohlweg — die Trettelhohle — entstand im Jahre 1678 im Anschluß an einen Wolkenbruch.

Tal b beginnt mit flacher Mulde auf der Hochfläche im oberen Wellenkalk, verwandelt sich aber im Unteren Wellenkalk in eine

Gehängesohlenmulde. Sie vereinigt sich mit einem von rechts kommenden Tal, das die gleiche Beschaffenheit hat und eine unterdrückte Erosionsrinne besitzt.

Tal c ist eine schmale Gehängesohlenmulde, die langsam ansteigt und eine nicht sehr tiefe bewachsene Erosionsrinne besitzt.

Tal d ist eine hängende Mulde, allein das Hängen wird durch eine Hecke erzeugt, die sich schräg über das Tal zieht und die Bildung einer ca. 1 m hohen Stufe verursacht hat.

Tal e beginnt als ganz flache Mulde, wird aber dann eine Gehängesohlenmulde mit breiter Schuttsohle und bewachsener Erosionsrinne, die ganz plötzlich beginnt.

Tal 2 — das Groschwitzer Tal – beginnt als prachtvolle Mulde auf der Hochfläche des Schönen Feldes, in die eine bewachsene Erosionsrinne wenigstens streckenweise eingeschnitten ist. An der Umbiegungsstelle nach S erweitert sich das Tal zu einem Kessel, dessen Boden mit steinigem gelbbraunen Ton bedeckt ist. Weder das Alluvium noch das Diluvium der geologischen Karte sind äußerlich zu erkennen. In diesen Kessel münden auch die sich vereinigenden Mulden. Mit dem Eintritt in den Unteren Muschelkalk wird das Tal enger, aber die Form ist im wesentlichen doch muldenförmig, da Übergangsböschung und Böschungssohle allmählich ineinander übergehen. Nach der Umbiegung nach O tritt jedoch der Sohlencharakter mehr hervor. Eine dicht bewachsene Erosionsrinne ist eingeschnitten, die anscheinend ganz im Schutt steckt. Kulturterrassen haben die Böschungssohlen z. T. umgestaltet. Östlich von Tal c ist auf der Nordseite durch den Weg die Übergangsböschung angeschnitten worden. Der Aufschluß ist sehr interessant (Abb. 56).

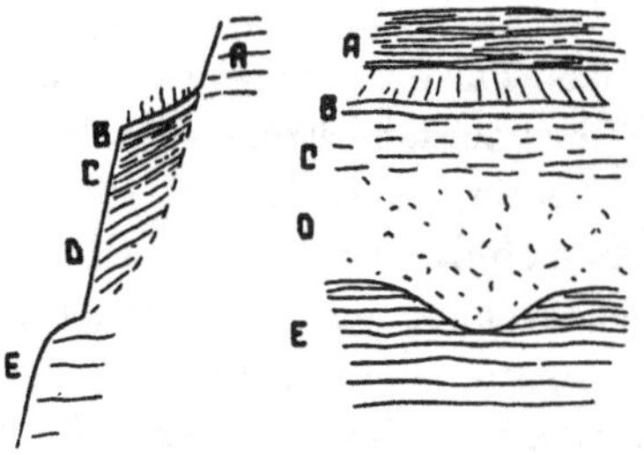

Abb. 56. Diluvialer weißer Kalkschutt auf dem Nordhang des Groschwitzer Tals, östlich von Tal c.
A Wellenkalkwand; B Humose Erde mit Kalkschutt; C Schmutzig gelbbrauner Kalkschutt, geht allmählich über in D Weißen Kalkschutt mit Schalen von Succinea oblonga; E Wellenkalk.

B) ist die Oberfläche der Übergangsböschung unterhalb der Wellenkalkwand A, aus humosem steinigem Kalkton bestehend.

C) ist ein gelbbrauner, steiniger Kalkschutt, der ohne scharfe Grenze in weißlich - gelblichen, an Kalkmergel reichen Kalkschutt übergeht. Die Kalkmergel enthalten z. T. diluviale Schnecken, nämlich Succinea oblonga.

D) greift an einer Stelle zapfenförmig in den Wellenkalk E ein, d. h. ein ehemaliger Wasserriß ist wohl mit Schutt erfüllt worden.

Die Kalkplatten in c und d sind wie bei einer typischen Schuttböschung parallel zur Oberfläche der Böschung eingestellt, also von der Wand oben herabgefallen und auf dem Abhang liegen geblieben.

Die Sohle des Tals 2 ist auf die Übergangsböschung des Schaaltals eingestellt und geht die Erosionsrinne innerhalb des Schaaltals auf einem künstlich aufgeworfenen Damm zu dem Schaalbach hinab. Auf der rechten Seite liegen auf den Wellenkalkgehängen folgende Täler:

Tal d ist eine steile Gehängesohlenmulde, die am Ausgang durch eine ca. 2—3 m hohe Kulturterrasse abgesperrt wird.

Tal e ist eine typische Gehängesohlenmulde, in der streckenweise eine bewachsene Erosionsrinne eingeschnitten ist. Im Hohlweg ist auf der Sohle bis 2 m Kalkschutt aufgeschlossen.

Täler f und g sind Gehängesohlenmulden, die auf die Übergangsböschung des Haupttals eingestellt sind. Tal g hat eine bewachsene Erosionsschlucht.

Auf der linken Seite liegen folgende Täler:

Tal b — das Lichstedter Tal — beginnt als flache Mulde im Sandstein, erweitert sich bei Lichstedt aber zu einem Kessel, der von Tal a nur durch einen flachen Rücken getrennt ist und in den von O zwei flache Mulden einmünden. Der Wellenkalk wird mit engem, steilem Sohlental durchbrochen, in das eine tiefe, bewachsene Erosionsschlucht eingeschnitten ist.

Tal c ist ein schöner Trichterzirkus. Der Trochitenkalk bildet oben am Plateaurand eine steile Böschung. Zwischen dieser und dem Schaumkalk ist dann in das flachere Gehänge des Mittleren Muschelkalkes ein schalenförmiger Trichterzirkus eingesenkt, dessen Gehänge radial auf den steilen, schluchtenartigen Ausgang hinabgehen, der mit einer Schlucht den Wellenkalk durchquerend zum Boden des Groschwitzer Tals hinabsteigt. Eine Erosionsschlucht ist in den Boden eingeschnitten.

Tal 3 — das Eichfelder Tal — beginnt im Sandstein als flache, zweizipflige Mulde, die in eine breite, grasige Rinne eingeschnitten ist. Nach der Einmündung der Gehängemulde a wird das Tal ein ganz enges Sohlental mit nur 10—15 m breiter Sohle, erweitert sich aber nach Einmündung der Mulde b zu einem breiteren Sohlental, in das von beiden Seiten mehrere Gehängemulden münden. Eine bewachsene Erosionsrinne ist streckenweise eingeschnitten. Im Wellenkalk wird das Sohlental wieder eng, d. h. die Sohle ist 20—40 m breit und eine tiefe bewaldete Kerbe ist durch den Schutt bis in das Gestein eingeschnitten. Während die Sohle in die Übergangsböschung des Schaaltals übergeht, senkt sich die Erosionsschlucht zum Dorf Eichfeld hinab. Der Schutt ist an dem Ende des Tals 3 ca. 3—3 1/2 m, der Muschelkalk aber noch 2 1/2—3 m von der Schlucht zerschnitten.

Von besonderem Interesse ist der Kalk-Sandsteinschutt an der Talmündung (Abb. 57). Der in der Schlucht nahe dem Dorfrand anstehende Schutt besteht nämlich aus eckigen oder kantengerundeten, bis kopfgroßen Kalkplatten und kleineren, abgerundeten Sandsteinstücken in rötlichem, sandigem Lehm. Seine Mächtigkeit kann man nach den wenig guten Aufschlüssen auf ca. 2 1/2 m schätzen. Darüber liegt schmutzig brauner Kalkschutt von Nußgröße in Kalkton, der sich über dem Kalk-Sandsteinschutt hinweg den Abhang hinabzieht. Weiter aufwärts beginnt der Wellenkalk die Basis der Schlucht zu bilden. Gesteinsstufen sind am Boden des Wasserrisses entwickelt, aber über diesen liegt der rotbraune Kalk-Sandsteinschutt und darüber der schmutzig braune Kalkschutt.

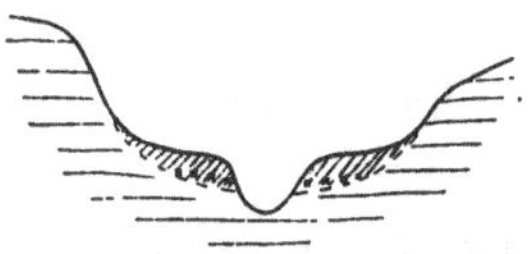

Abb. 57. Querschnitt durch Tal 3, N von Eichfeld. Die Kreuze stellen den Kalk-Sandsteinschutt, die Schraffen den schmutzig gelbbraunen Kalkschutt vor.

Tal c ist eine kleine, auf die Sohle von 3 eingestellte Gehängemulde.

Die Schimme — Tal 4 — beginnt auf der Sandsteinhochfläche mit einem ganzen Stern von flachen Mulden. In der westlichen Mulde ist ein Hohlweg tief eingeschnitten. In dem durch die Vereinigung der Mulden entstandenen Kessel ist eine neue Mulde eingesenkt, so daß ein Hochboden entsteht. Dieser Hochboden geht nun weiter abwärts in die Sohle des engen Tals über, das in dem Muschelkalk eingegraben ist, die oben genannte Mulde dagegen führt zu einer plötzlich beginnenden tiefen, dicht bewaldeten Erosionsschlucht hinab, die durch den Schutt der Sohle hindurch in den Wellenkalk eingeschnitten ist. Die Sohle des Tals geht in die Übergangsböschung des Schaaltals über. Über dem Wellenkalk liegt genau so, wie im Tale 3 Kalk- und Sandsteinschutt in rotbraunem sandigem Lehm und darüber der schmutzig braune Kalkschutt. An einem Keller ist ein guter Aufschluß vorhanden.

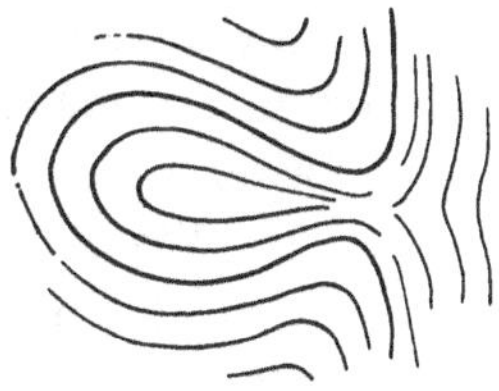

Abb. 58. Schematische Darstellung des Gehängetals auf der Westseite des Schimmetals bei Eichfeld.

Die Seitentäler sind durchweg steile Gehängesohlenmulden von 80—100 m Breite, die mit rundem Zirkus beginnen und auf den oberen Rand der Sohle des Schimmetals eingestellt sind (Abb. 58). Eine Kulturstufe am Ausgang verursacht in a und b ein scheinbares „Hängen". Der schmutzig braune Schutt der Mulden ist 1—2 m mächtig.

Tal 5 beginnt als eine Gehängemulde zwischen Muschelkalk und Sandstein. Der Boden ist daher ein Gemisch von Sand und steinigem Kalkton. Eine Kulturterrasse von 2—2$^1/_2$ m Höhe durchzieht quer die Mulde. Von Tal b ab schneidet sich eine bewachsene Erosionsrinne ein, die sich aber zu einem Sohlental erweitert, während der ursprüngliche Boden Längsstufen bildet. Aber etwa 300 m vor dem Talausgang schneidet sich eine neue bewaldete Erosionsschlucht bis in den Sandstein ein und verwandelt die Sohle in Längsterrassen. Demgemäß sind am Talausgang zwei Längsstufen entwickelt. Die oberste besteht — wenigstens auf der Westseite — aus Kalkschutt, die untere aus Schutt und Sandstein; die Schlucht ist bis in das Gestein eingeschnitten. Die Verhältnisse entsprechen genau denen in dem Tal südlich Schaala, auch die Meereshöhe der Terrassen stimmt. Von den Gehängetälern ist Tal a eine hübsche Gehängemulde im Sandstein, deren Endzirkus von zwei bewachsenen Erosionsschluchten zerschnitten wird, die vereinigt zum Haupttal hinabgehen.

Tal b ist eine Gehängemulde im Sandstein, an deren Westhang aber eine Zechsteinmasse durch einen Steinbruch aufgeschlossen ist. Die Schichten fallen mit ca. 25° nach SW ein. Eine bewaldete Erosionsrinne führt ins Haupttal hinab.

Tal c ist eine steile, bewaldete Gehängemulde, deren Endzirkus mit scharfem Rand und steil auf der Sandsteinhochfläche beginnt.

Tal d ist eine gleiche Gehängemulde, aber bis zum oberen Rand hin von einer tiefen, bewaldeten Erosionsschlucht zerschnitten.

f) Die südlichen Nebentäler des Schaaltals.

Tal 1 entwickelt sich aus mehreren typischen Gehängesohlenmulden, die außer dem eingeschnittenen Hohlweg keinerlei Erosionsrinnen aufweisen. In der Übergangszone vom Muschelkalk zum Röt ist der abgerutschte Kalkschutt über grauen Letten aufgeschlossen.

Im Röt nimmt das Tal Muldenform an. In der Mulde beginnt ganz plötzlich in Zirkusform eine lokal bewachsene Erosionsrinne mit fließendem Wasser in dunkelbrauner Erde — Röt —, während auf dem Boden des Wasserrisses Kalkschutt liegt.

Tal 2 ist eine typische Gehängesohlenmulde, auf deren Boden durch den Weg am oberen Ende $1^1/_2$ m, etwas unterhalb $2^1/_2$ m Kalkschutt aufgeschlossen sind. Sie endet auf der Kalkschuttböschung an der Rötgrenze. Allein in das Röt sind dann Schluchten eingeschnitten, und aus diesen entwickelt sich eine flache, nach Eichfeld herabführende Mulde.

Tal 3 ist eine schöne Gehängesohlenmulde, in dessen Schuttsohle der Weg oft bis $1^1/_2$ m eingeschnitten ist. Im Röt wird das Tal muldenförmig und ist in dasselbe eine total bewachsene Erosionsrinne eingeschnitten, die augenscheinlich einst ein Weg war. Diese verliert sich in einer breiten Mulde, in die eine vom Schwarzenshof und eine aus Süden kommende Mulde münden. Die letztere nimmt ihren Ursprung in einer Rötgrube. Infolgedessen ist der Boden der Mulde ein feiner, roter Ton. Die gemeinsame Mulde geht als breiter, grasiger Abhang zum Schaaltal hinab. Allein in diesen Abhang ist eine 2—3 m tiefe, 5—6 m breite Erosionsrinne eingeschnitten. Quellen sind auf den grasigen Hängen der Mulden reichlich. Besonders auffallend aber sind im Bereich der sich vereinigenden drei Mulden faustgroße Sandsteinstücke auf dem Feld. Auch einzelne Stücke von Saaleschotter kommen vor. Bei a liegt ein System flacher, grasiger Mulden mit Resten von Erosionsrinnen. Das Tal durchbricht bereits den Muschelkalkschollenzug und geht gleichsohlig in das Schaaltal über.

Tal 4 ist ziemlich kompliziert. Es beginnt auf der Hochfläche als spitze Gehängesohlenmulde und der Weg ist bis 1 m tief in weißen Kalkschutt und Kalkerde eingeschnitten. Dann öffnet sich das Tal und geht in einen in das Röt eingesenkten Kessel über. Auf der Südseite desselben liegen Rötschluchten bei a, während b eine Mulde ist. Aus diesem Kessel entwickelt sich in den Muschelkalkschollen ein neues Tal und zwar setzt sich der Boden des Kessels in Form von zwei Längsstufen im Tal abwärts, die — abgesehen von einigen Felsvorsprüngen — aus Kalkschutt bestehen. Zwischen diesen Hochböden liegt ein Sohlental, dessen Boden Kalktuff ist. In den Kalktuff ist eine nahe dem Kesselboden ganz plötzlich beginnende Erosionsschlucht eingeschnitten, die jetzt total bewaldet ist. Während die Erosionsschlucht zum Schaaltal hinabzieht, ist die Sohle auf die

Schaalaer Kalktufffläche eingestellt, der Hochboden aber hängt frei. Die Verhältnisse am Ausgang des Tals zeigt Abb. 59.

Tal 5 ist eine Gehängemulde mit breitem Schuttboden, in dessen unteren Teil eine jüngere Mulde eingesenkt ist. Der obere Schuttboden ist auf die Kalktuffterrasse des Schaaltals eingestellt, die zweite führt zur Übergangsböschung des Schaaltals hinab.

Tal a (Abb. 60) ist eine prachtvolle Gehängenische mit rundem Endzirkus, steilen, wenn auch niedrigen Kalkrändern und verengertem Ausgang, der auf die Übergangsböschung des Haupttals eingestellt ist. Das Tal 5 biegt nach SW um und endet mit zwei

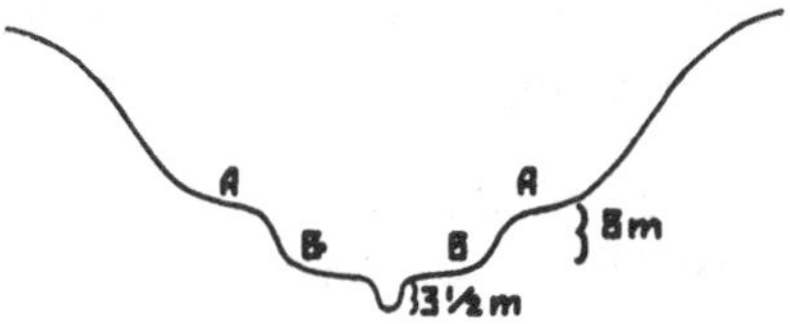

Abb. 59. Querschnitt durch Tal 4 südlich von Schaala.
A Obere Terrasse; B Untere Terrasse.

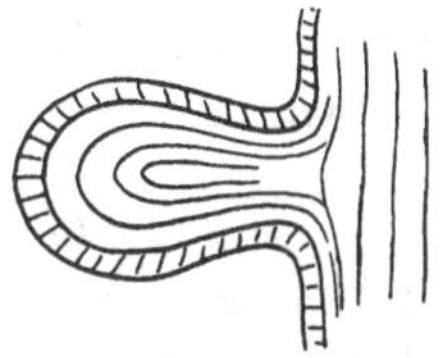

Abb. 60. Schematische Darstellung der Gehängenische 5 a, südöstlich von Schaala; Trichterfc rm und Einstellung auf die Übergangsböschung des Haupttals.

muldenförmigen Zipfeln an dem Gehänge des Wachtelberges, während von der Rumpffläche des Heidenberges eine flache Mulde herabkommt.

Tal 6. Auf der Rumpffläche von Zeigerheim, auf der Saaleschotter liegen, beginnt eine flache Mulde mit künstlichem Graben. Zwischen den Kalkschollen ist die Form mehr die eines Sohlentals und kommen steile Gehängemulden von den Seiten herab. Eine derselben ist in eine Rötscholle eingeschnitten. Plötzlich biegt das Tal nach N um und verwandelt sich gleichzeitig in eine tiefe Kerbschlucht, die in den Sandstein eingeschnitten ist, der an einer Stelle eine Stufe bildet. Von W kommt das muldenförmige Tal a herab, in das eine bewachsene Erosionsrinne eingeschnitten ist. Auch im Haupttal ist die Kerbe meist total bewachsen. Das Kerbtal senkt sich zum Schaaltal hinab, hängt aber doch etwas. Auf der Westseite bildet Lößlehm eine Stufe, die mit der Übergangsböschung des Schaaltals verschmolzen ist und auf der Muschelkalkstücke eine Ablagerung von Kalk-Sandsteinschutt im Untergrund anzeigen.

6. Das Schwarzatal.

Das in die Saale mündende Schwarzatal erhält von links das Rinnetal, in dem die Bahn nach Paulinenzella entlangläuft, in das

Rinnetal mündet bei Leutnitz das Tellbachtal. Leutnitz liegt aber unmittelbar am Nordrand des Blattes Blankenburg.

a) Das Tellbachtal.

Die Talung des Tellbachtals wird durch die Sandsteinberge begrenzt, die das Tal einfassen; es handelt sich also um recht einfache Verhältnisse. Eine Lücke entsteht nur an der Einmündung des Thälendorfer Tals. In dieser Talung befindet sich ein breites Sohlental, das im allgemeinen aus einer schmalen Übergangsböschung und aus einer breiten Böschungssohle besteht. Sie ist einmal nahe Tal 7 aufgeschlossen und besteht dort aus einer 3 m mächtigen Masse von steinigem Sand. Ein Wiesenbach schlängelt sich durch die Wiesensohle und hat stellenweise am Nordufer die Übergangsböschung erodiert.

α) Die Gehängetäler der Südseite.

Tal 1 ist eine bewaldete, unübersichtliche Gehängemulde.

Tal 2 beginnt als flache Mulde, in die sich am Ausgang eine 4—5 m tiefe bewaldete Schlucht einschneidet. Der Muldenboden ist auf die Übergangsböschung des Haupttals eingestellt.

Tal 3 ist eine einfache Gehängemulde.

Tal 4 — Pechhüttental — beginnt als breite, runde Zirkusmulde. Am Ausgang ist der Muldenboden auf die Übergangsböschung des Haupttals eingestellt, während eine tiefe bewachsene Kerbschlucht direkt zur Talsohle hinabführt.

Tal 5 ist ein Muldental mit breitem, runden Endzirkus. Am Ausgang und in dem Endzirkus ist eine bewachsene Kerbe eingeschnitten. Der Muldenboden ist auf die Übergangsböschung des Haupttals eingestellt.

Tal 6 ist ein hübsches Sohlental mit Übergangsböschung und Böschungssohle, dessen Beginn auf Blatt Stadtilm liegt. Es geht gleichsohlig in das Tellbachtal über und hat in dem mittleren Teil eine total bewachsene Erosionsrinne. Das Gehängetal a ist eine prächtige Zirkusmulde mit Kulturterrassen und gleichsohlig mit Tal 6.

Tal b ist eine anfangs steil hinabgehende Gehängemulde mit Resten einer unterdrückten bewachsenen Erosionsrinne. Sie vereinigt sich gleichsohlig mit Tal 6.

Tal 7 ist eine einfache Gehängemulde.

β) Die Gehängetäler der Nordseite.

Tal 1 beginnt als flache Gehängmulde, verwandelt sich dann aber in ein Sohlental, das plötzlich endet; nur eine Schlucht führt zum Tellbachtal hinab. Sie erhält aus N eine kleine im Röt liegende Gehängemulde.

Tal 2 beginnt als breite, runde Gehängemulde mit schönen Kulturterrassen. Wo der Weg die Mulde 6 erreicht, ist eine künstliche Querstufe vorhanden. Am Ausgang ist es ein Sohlental ohne Erosionsrinne, gleichsohlig mit dem Tellbachtal. Der Weg ist eingeschnitten.

Tal 3 weist an der Mündung in das Tellbachtal abnorme Verhältnisse auf, die durch den Bau der Chaussee und eines Dammes hervorgerufen worden sind. Es scheint ursprünglich in die Böschungssohle des Haupttals übergegangen zu sein. Eine bewaldete Erosionsrinne ist in die bewaldete Talsohle eingeschnitten. Das Sohlental verwandelt sich nach oben hin in eine Mulde mit einer Erosionsschlucht.

Die Täler östlich der „Wache“ sind Gehängemulden im Röt, die sich z. Tl. aus verwachsenen Rötschluchten entwickelt haben. Nur das westlichste Tal reicht bis in den Wellenkalk hinein und zwar als Gehängesohlenmulde mit total bewachsener Erosionsschlucht.

γ) Die Gehängetäler der Südseite des Gölitz-Plateaus.

Tal 4 ist eine hängende Mulde, die ein Hohlweg zerschneidet. Der Muldenboden ist auf die Übergangsböschung des Tellbachtals eingestellt und 9—10 m höher als der Tellbach.

Tal 5 beginnt auf dem Röt unter der Wellenkalkwand mit ganzen Systemen von Schluchten (a). Allein diese vereinigen sich auf der Sandsteinstufe zu einem breiten Sohlental, das schnell in eine Gehängemulde übergeht. Weiterhin wird diese Mulde sehr breit, obwohl die Sandsteinstufe gekreuzt wird. Der breite Wiesenboden hängt über der Sohle des Tellbachtals, d. h. er ist auf die Übergangsböschung eingestellt. Hellbrauner Lehm mit Sandsteinstücken bildet den Boden; auch ist eine bewachsene Erosionsrinne am Talausgang eingeschnitten. Aus Westen kommt Tal b. Dieses beginnt mit tiefen, jetzt ganz bewachsenen Rötschluchten, verwandelt sich dann aber in ein Sohlental, das in Tal 5 übergeht. Aus Osten kommt die ganz im Sandstein liegende Mulde c.

Tal 6 beginnt als flache Gehängemulde im Sandstein mit sandigem Boden. Plötzlich setzt eine ca. 10 m tiefe Erosionsschlucht mit rundem Endzirkus ein. Der Boden dieser Schlucht geht zu der Sohle des Tellbachtals hinab. Sie ist anscheinend ganz in Sandsteinschutt eingeschnitten, heutzutage aber schläft die Erosion wegen der vollständigen Bewachsung wohl vollständig. Das Tal a ist eine Gehängemulde, die mit einem großen, aber von der Erosion zerschnittenen Zirkus beginnt und deren Boden auf die Gehängeböschung des Haupttals eingestellt ist.

b) Das Thälendorfer Tal.

Das Thälendorfer Tal besitzt eine Talung, die innerhalb des Sandsteins von den das Tal einfassenden Höhen, ähnlich dem unteren Teicheler Tal gebildet wird. Dann geht die Grenze auf die Ränder des Muschelkalkplateaus über, ohne daß aber eine so starke Verbreiterung wie bei Teichel eintritt.

Ein Talgraben ist in ausgesprochener Form nur stellenweise entwickelt; meist ist nur eine deutliche Übergangsböschung vorhanden. Eine Abflußrinne beginnt erst wenig oberhalb Thälendorf. Verfolgen wir nun das Tal selbst. Es beginnt auf der Hochfläche im Oberen Wellenkalk als flache Mulde mit seichter, bewachsener Erosionsrinne, und auch Tal 1 ist eine flache Mulde. Schnell nimmt es die Form einer Gehängesohlenmulde an und die — anfangs zuweilen unterbrochene — Erosionsrinne schneidet sich 4 m tief ein. Sie ist total bewachsen und schließt 3 m groben Schutt auf dem Boden auf. Außerdem ist die Rinne aber ca. 1 m tief in das Gestein eingeschnitten. Der Schutt ist sehr steiniger Kalkton bis grober Kalkschutt, eckig und kantengerundet, aber nicht Flußgeröll. Auch ist keine Spur von Schichtung erkennbar. Vor der Einmündung des Haselgrundes geht die Erosionsrinne in einen Hohlweg über, der 5—6 m tief eingeschnitten ist und zwar augenscheinlich nur in den Schutt der Übergangsböschung.

Mit der Einmündung des Haselgrundes wird das Tal plötzlich sehr breit; Röt beginnt, ist aber von Kalkschutt bedeckt, bezw. mit ihm gemischt. Die Muldenform bleibt nach der Verbreiterung des Tals erhalten, allein der Muldenboden wird durch eine immer breiter werdende Senke zerschnitten, aus der sich noch vor der Vereinigung mit Tal 3 eine Sohle entwickelt. Die Erosionsrinne endet schnell nach ihrer Vereinigung mit der des Haselgrundes, allein vorübergehend schneidet sich nochmals eine bis 5 m tiefe, total bewachsene Rinne ein und zwar in Schutt. Während die Gehänge der großen Talmulde aus einem sehr steinigen Röt-Kalktonboden bestehen, besteht die eingeschnittene Sohle, die einem Talgraben entspricht, aus feinem braunem Ton. Die Sohle, die sich nach der Vereinigung mit der von Tal 3 erheblich verbreitert, schneidet sich namentlich im Sandstein tief ein und wird dann von recht steil abfallenden Böschungen nebst deren Übergangsböschung begrenzt. Die Verhältnisse erinnern

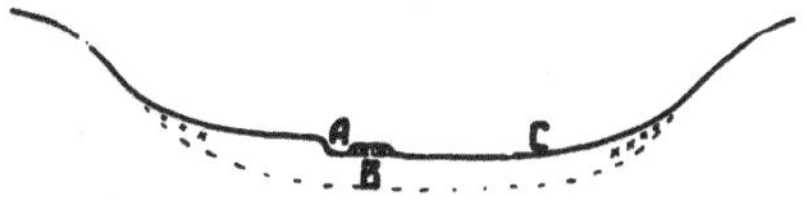

Abb. 61. Querschnitt durch das Thälendorfer Tal innerhalb des Sandsteins. A Künstlicher Bachgraben; B Chaussee; C Lage des ursprünglichen Baches.

lebhaft an die des Teicheler und Heilsberger Tals. Die Böschungssohlen sind breit und mit Gras bestanden, allein der Mensch hat in mancher Hinsicht eingegriffen. Das 3 m tief eingeschnittene Bachbett ist ein künstliches Bett und fließt an der Chaussee entlang auf dem Abhang der Böschungssohle. (Abb. 61.) Am Talausgang sind 2 künstliche Fischteiche angelegt worden.

α) Nebentäler von Westen.

Tal 1 ist eine flache Mulde, die zwischen Röt und Sandstein eingesenkt ist. Der Muldenboden hängt über der Sohle des Thälendorfer Tals, aber eine Erosionsrinne, die total bewachsen ist, führt zu der Sohle des Hauptttals hinab.

Die zwischen 1 und 2 gelegenen Täler sind flache Gehängemulden im Röt ohne Erosionsrinnen, die am oberen Rand des Talgrabens enden. Die westlichen sind Gehängetäler im Wellenkalk, total bewachsen, unübersichtlich und enden auf der Übergangsböschung.

Tal 2 beginnt mit 2 Zipfeln, die beide ausgezeichnete, runde Zirkustäler sind. Der Terebratulakalk steht an ihrem Rand an. Nunmehr folgt eine steil abfallende Böschung, dann eine flach geneigte Schuttsohle. Alles in allem ist es eine typische Gehängesohlenmulde, in der streckenweise Reste von Erosionsschluchten auftreten.

β) Die Täler der Nordseite.

Tal 1 — der Haselgrund — beginnt an dem Rand des Schaumkalkes auf der Hochfläche im Oberen Wellenkalk. In die breite, flache Anfangsmulde ist eine Spitzmulde eingeschnitten, deren Beginn mit Steinen zugeschüttet ist. Gleichgestaltet ist Tal a, wo sich ebenfalls Schutzbauten gegen die rückwärtsschreitende Erosion finden. Nach der Vereinigung beider Täler fehlt auf kurze Strecken hin die Schuttsohle, und ist nur eine Kerbschlucht entwickelt, die in das Gestein eingeschnitten, aber doch ganz mit Moos und Bäumen bedeckt ist. Dann aber beginnt wieder eine Schuttsohle, zuerst links, dann auch rechts, und so entsteht eine typische Gehängesohlenmulde. Weiter abwärts kann man erkennen, daß die jetzt total bewachsene Erosionsschlucht ursprünglich ein Weg war; später ist dann eine neue

Straße auf der Schuttsohle angelegt worden. Am Talausgang ist in die gut entwickelte Schuttsohle eine Schlucht eingeschnitten und zwar anscheinend bis ins Gestein, über dem 4—5 m Kalkschutt liegen. Der Haselgrund verbindet sich mit dem Haupttal gleichsohlig.

Tal 3 — Hirschtal — beginnt als flache Mulde im Mittleren Muschelkalk, aber mit dem Erreichen des Schaumkalkes schneidet sich eine Spitzmulde ein, aus der sich eine prachtvolle Gehängesohlenmulde entwickelt. In diese ist eine total bewachsene Erosionsrinne 4—5 m tief eingeschnitten und zwar 3 m in den Schutt, der aus eckigen, ungeschichteten Kalkstücken in Ton besteht, und 1—2 m in das Gestein. Die Erosionsrinne geht schließlich vor der Vereinigung mit Tal 4 in einen Weg über. Nach der Vereinigung mit Tal 4 wird das Tal sehr breit und besteht der Boden aus einem Gemisch von Kalkschutt und Röt. Die Vereinigung von Tal 3 mit dem Haupttal erfolgt gleichsohlig, d. h. die Übergangsböschungen gehen ineinander über.

An den Seiten des Hirschtals liegen auf der Westseite unübersichtliche, bewaldete, kurze Gehängemulden.

Auf der Nordseite beginnt Tal a als spitz auslaufende Schlucht mit verwachsener Kerbe und ist weiterhin ein kurzes Gehängesohlental

Tal b beginnt im Mittleren Muschelkalk als flache Mulde, in die sich nach dem Erreichen des Schaumkalks eine Gehängesohlenmulde mit steilen Rändern und 5—6 m tief eingeschnittener, bewachsener Schlucht entwickelt. Frische Schluchten sind mit Steinen zugeschüttet worden. Der Terebratulakalk verursacht einen Gefällsknick, und dort ist die Erosionsrinne durch die Schuttsohle in das Gestein tief eingeschnitten. Dann entwickelt sich eine Gehängesohlenmulde, deren 3—5 m tiefe, total bewaldete Erosionsrinne anscheinend ganz im Kalkschutt steckt. Tal b vereinigt sich mit seinem Haupttal gleichsohlig.

Tal c ist ein kurzes, steiles Gehängesohlental, das ziemlich spitz am Schaumkalk ausläuft und eine total bewachsene, 1—2 m tiefe Erosionsrinne besitzt.

Tal 4 — der Lange Grund — beginnt mit einem System flacher, total bewachsener Mulden, in die die total bewachsenen Erosionsrinnen eingeschnitten sind. Diese Mulden vereinigen sich aber im Bereich des Unteren Muschelkalks zu einem typischen Gehängesohlental, dessen bewachsene Erosionsrinne bis 5 m tief eingeschnitten ist und zwar z. T. am Rande zwischen anstehendem Kalk und Schuttsohle. Die Schuttmassen — eckiger, ungeschichteter Kalk — sind mindestens 3 m mächtig, z. T. wohl noch mehr, einmal anscheinend 5 m.

Von den Nebentälern ist b eine Gehängesohlenmulde, in deren Boden der Terebratulakalk einen Gefällsknick verursacht; der Boden ist Kalkschutt, d. h. eckige Kalkstücke liegen in braunem Ton.

Auf der linken Seite ist Tal c eine steile Gehängesohlenmulde mit steilen Kalkgehängen und flacher Kerbe in breiter Sohle. Die auffallend breite, wegen der Bewaldung unübersichtliche Mulde endet ziemlich spitz. Der obere Rand ist Schaumkalk. Der Terebratulakalk dagegen scheint am Talausgang einen Gefällsknick zu verursachen, geradeso wie bei Tal b.

Tal c gleicht in jeder Hinsicht Tal b, indes ist das Ende abgerundet.

Tal d ist ein zweizipfliges Tal, dessen Enden runde, vom Schaumkalk begrenzte Mulden sind. Vor der Vereinigung erzeugt der Terebratulakalk einen Gefällsknick. Das gemeinsame Stück ist eine steile Gehängesohlenmulde.

Tal 5 ist durch seine große Breite (ca. 1 km) bei kaum 1½ km Länge ausgezeichnet. Es beginnt auf dem Kalkplateau mit mehreren Gehängesohlenmulden, in denen z. T. bewachsene Erosionsrinnen entwickelt sind. Der gemeinsame Ausgang erweitert sich zu einer breiten Mulde, in der nur Spuren einer Erosionsrinne erhalten sind. Nahe dem Ausgang ist aber in die Mulde, deren Boden aus einem Gemisch von Röt- und Kalkschutt besteht, ein Sohlental eingesenkt. Es beginnt sich im Röt als Mulde einzuschneiden, nimmt im Sandstein aber Sohlentalform an und geht gleichsohlig ins Thälendorfer Tal über. In die Sohle ist schließlich noch eine bewaldete Erosionsrinne eingeschnitten. Auf der Nordseite liegen einige steile Gehängesohlenmulden mit Schuttsohle, die auf die Übergangsböschung von Tal 5 eingestellt sind und z. T. von bewaldeten Erosionskerben zerschnitten werden. Dagegen vereinigt sich die aus einigen Mulden entstehende Gehängesohlenmulde a gleichsohlig mit Tal 5.

Täler b und c sind flache Gehängemulden, die in die Ausgangsmulde hinabführen.

Tal 6 besitzt im Röt einen aus Mulden bestehenden Sammeltrichter; in den einzelnen Mulden liegen bewachsene Erosionsgräben. Auch in die gemeinsame Mulde ist eine Schlucht eingeschnitten, die sich zu einem Sohlental verbreitert und zu dem Thälendorfer Tal hinabführt.

c. Die Täler südlich des Gölitzplateaus.

An dem Südhang des Gölitzplateaus befinden sich mehrere zum Blankenburger Rinnetal gehende Täler, von denen aber nur der Anfang auf unser Blatt fällt. Sie entspringen entweder auf der Sandsteinvorstufe oder auf dem Wellenkalkhang.

Tal 1 ist in der Vorstufe eingeschnitten und wohl der schönste Zirkustrichter des Blattes. Kulturterrassen gliedern die steilen Gehänge. In dem aus der Mulde herausführenden kurzen Sohlental ist eine total bewachsene Erosionsrinne eingeschnitten.

Das Groß-Gölitzer Tal ist nur ein kurzes Nebental, allein man kann bei ihm doch Talung, Talgraben und Abflußrinne unterscheiden. Die Talung wird im N durch den Rand des Wellenkalkplateaus und im S durch die Höhen der Sandsteinstufe gebildet. Das Tal beginnt mit einer Gehängesohlenmulde, in der auf der westlichen Böschung oberhalb der Wegteilung der Weg die Schuttböschung angeschnitten hat. Dort enthält der weiße Kalkschutt Helix hispida von diluvialem Habitus. Im Röt verwandelt sich das Tal in eine Mulde, in die eine zweite Mulde eingesenkt ist. Das wäre der Talgraben und in dieser liegt die Erosionsrinne. Beim Durchbruch durch die Vorstufe wird das Tal ein schmales Sohlental, während es auf dem Wellenkalkgehänge eine ausgesprochene Gehängesohlenmulde ist. Von den Gehängetälern sei hingewiesen auf die Rötschluchten bei a. Auch in der Region b liegen Rötschluchten, die sich in flache Mulden verwandeln. Bemerkenswert ist, daß die Schluchten oben im Röt z. Tl. zwischen Massen von Muschelkalkschutt liegen, unten dagegen erfüllt Kalkschutt ehemalige Mulden und hat die heutige Erosion z. Tl. zwischen Kalk und Ton Rillen eingeschnitten. (Vgl. Abb. 17 S. 43.)

Das Klein-Gölitzer Tal ist anfangs eine prachtvolle Gehängesohlenmulde, die total mit Gras und Blättern bedeckt ist und anfangs keine Spur von Erosion zeigt. Dann aber schneidet sich der Weg ein und entblößt mindestens 2 m mächtigen Schutt aus Kalkgeröll und Kalkerde. Die breiter werdende Sohle geht in die Übergangsböschung des Südhanges über, während ein Hohlweg tiefer eingeschnitten ist. Auf der Rötböschung verliert auch sie sich in breiter, flacher Mulde. In dieser entsteht aber plötzlich östlich des Dorfes eine schön gerundete Zirkusmulde, von der nur der Anfang auf dem Blatt sichtbar ist. Sie liegt bereits im Sandstein.

7. Das Ilmgebiet.

Von dem Ilmgebiet erscheint nur ein kleines Stück auf dem Blatt Remda, dieses zerfällt aber doch in mehrere Teile, nämlich in das Ilmtal, die Breitenheerdaer Senke, das Kalmplateau und das Westende der Teicheler Platte.

a) Das Ilmtal ist eine weite Talung, erfüllt mit breiten, alten Schotterterrassen und eingefaßt von Muschelkalkgehängen, so z. B. von dem Nordwestrand des Kalmplateaus und dem Westrand der Teicheler Platte. Es fällt terrassenförmig zur Ilm ab.

b) Die Breitenheerdaer Senke ist eine breite Mulde, die durch eine flache Schwelle vom Ilmtal fast getrennt ist, dagegen mit breiter Fläche plötzlich in den Westhang der Kirchremdaer Mulde übergeht.

Die Täler dieses Gebietes zerfallen in zwei Abteilungen, die Gehängetäler der Ilmtalung und das Österödaer Tal.

Die zum Ilmtal gehenden Täler sind flache Mulden, in denen sich künstliche Gräben finden. Die Mulden sind meist in die Ilmschotter, aber auch in den Muschelkalk eingesenkt.

Das Breitenheerdaer Tal. In der Breitenheerdaer Mulde entwickelt sich ein Talgraben in Form eines Sohlentals, das bei einer Breite von 25—40 m ca. 5—6 m tief ist. Querstufen, die künstlich sein dürften, sind wiederholt zu beobachten. Dieser Talgraben wird weiterhin 12—13 m tief und gleichzeitig breiter und mehr muldenförmig. Namentlich auf der Nordseite ist die Uferterrasse gut ausgebildet. Ein Wiesengraben leitet das Wasser ab. Durch den von dem Nordrande des Kalmplateaus ausgehenden Riegel wird der Talgraben nach NNO abgelenkt und geht über Österöda zur Ilmtalung.

Die Nebentäler des Breitenheerdaer Tals kommen vom Kalmplateau und von Tännich her.

Das vom Kalmberg kommende Tal 1 ist sofort eine breite, flache Mulde mit mäßig steinigem Tonboden ohne Spur einer Erosionsrinne. Weiter abwärts wandelt es sich in ein Sohlental um, dessen Böschungssohle durch einen künstlichen Graben entwässert wird, der ganz bewachsen ist. Dieses Sohlental geht gleichsohlig in die Breitenheerdaer Senke über, in die es sich als flache Einmuldung bis zum Breitenheerdaer Talgraben fortsetzt.

Tal 2 beginnt mit steil abfallendem, gerundeten Rand und breitem, schnell abfallenden Boden und ist in seinem mittleren Teil eine breite Mulde mit Schuttboden. Am Weg sind 1½—2 m Schutt aufgeschlossen. Ganz plötzlich beginnt eine total bewachsene Kerbschlucht, an derem Gehänge Kaninchenbaue eingegraben sind. Am Ausgang verbreitert sich die Mulde und werden die Gehänge flacher. Dabei „hängt“ der Boden des Tals 2 gegenüber dem von 4.

Tal 3 beginnt mit flach abfallendem Rand und breitem, stark geneigtem Boden und verwandelt sich dann in ein Sohlental mit

Böschungssohlen. Diese bestehen aus feinem, gelbbraunem Ton. Der Weg ist wiederholt 1—1$^1/_2$ m in steinarmen Tonboden am Fuße des Gehänges eingeschnitten. Die von links kommenden Seitentäler sind anfangs Gehängesohlenmulden, am Ausgang aber Sohlentäler.

Das Österödaer Tal ist im Gegensatz zu den bisherigen im Muschelkalk gelegenen Tälern wegen seines geringen Gefälles und der Ausbildung der Böschungen mehr als Sohlental denn als Gehängesohlental zu bezeichnen. Stellenweise könnte man sogar versucht sein, es ein Muldental zu nennen. Ferner ist auffallend das fast völlige Fehlen von Nebentälern auf der Nordseite. Auf der Hochfläche beginnt es als flache Einmuldung. Allein vor der Einmündung des Tals 3 ist es schon ein Tal mit 80 m breiter Sohle und deutlich abgesetzten Gehängen. Ein künstlicher Graben führt das Wasser ab. Weiterhin sind Übergangsböschung und Böschungssohle gut entwickelt. Das Tal geht gleichsohlig in den Boden des Breitenheerdaer Talgrabens über. Die Sohle besteht aus mäßig steinigem Kalkton, die Übergangsböschung ist dagegen sehr steinig.

Tal 4 ist eine flache Gehängemulde, z. Tl. mit bewachsener Erosionsrinne. Der Muldenboden von Tal 1 ist auf die Übergangsböschung des Haupttals eingestellt.

Gehängetäler der Breitenheerdaer Mulde. Auf den Kalkgehängen der breiten Mulde sind mehrere Gehängetäler zu finden, die entweder am Fuß des steilen Gehänges enden (a) oder bis zur Oberfläche der den Talgraben bildenden Stufe herabgehen (b—d). Auch e ist eine ganz flache Einmuldung auf dem flachen Gehänge.

c) Am Rande des Blattes gelegene, zum Ilmtal gehörige Täler.

1. Auf dem Teicheler Kalkplateau beginnen nordöstlich von Tännich zwei flache Mulden, die nach N gerichtet sind. In der Mulde 1 erzeugt der Weg eine künstliche Querstufe.

2. Am Westrand des Blattes liegen auf dem Kalmplateau einige nach O gerichtete Täler.

Tal a beginnt auf dem Kalmplateau ganz allmählich mit einer flachen Mulde und behält die Muldenform auch bei, obwohl sich weiter unterhalb der Schutt stark anhäuft. Dieser ist ein feiner Ton mit Kalkstücken, wird von Kaninchenbauen durchsetzt und ist mindestens 3—4 m mächtig. Während die Mulde, mit Gras, Wald und Moos bestanden, anfangs keine Spur von Erosion zeigt, und nur vorübergehend einen künstlichen, bewachsenen Graben besitzt, beginnt plötzlich eine 3—4 m tiefe, aber total bewachsene Erosionsrinne, an deren Wänden nur steiniger Tonboden zu finden ist, den die Kaninchenbaue enthüllen. Auch sich kreuzende Wegstufen haben die Tiere an den Gehängen der Kerbschlucht ausgetreten. Nach W abbiegend, verläßt dieses Tal unser Blatt.

Sehr merkwürdig ist das Verhältnis von Tal a zu Tal 1. An der Umbiegungsstelle steigt man aus dem Tal a in das sofort breit entwickelte Tal 1 hinauf. Die Kante bildet der Oolith. Nach SW scheint sich ein alter Talboden in der Verlängerung von Tal 1 fortzusetzen. Vielleicht hat ein von W her sich einschneidendes Tal die ursprünglichen Verhältnisse umgewandelt.

3) Westlich des Großen Kalmberges liegen zwei Gehängetäler. b und c, die nicht untersucht worden sind, aber Gehängesohlenmulden sein dürften.

d) Die Grabungen im Herbst 1913.

Die interessanten Aufschlüsse in dem Graben nördlich von Teichel mußten den Wunsch erwecken, die Schuttmassen der Täler und Gehänge einmal näher zu untersuchen. Da ferner, wie wir noch sehen werden, in Keilhau Berichte über Anhäufungen von Schutt an bestimmten Stellen durch Wolkenbrüche vorhanden sind, so lag es nahe, das Keilhauer Gebiet in Angriff zu nehmen; außerdem wurde das Gehänge nördlich von Altremda untersucht.

1. Die Grabungen in Keilhau.

Zwei Stellen wurden untersucht, einmal das Tal zwischen Ibenberg und Kolmberg, sodann der Talboden von Keilhau selbst.

a) Die Gruben im Tal oberhalb Keilhau (Abb. 64).

Über die Lage der Gruben, die quer durch das Tal gezogen wurden, orientiert Abb. 63. 5 Gruben lagen auf der Südseite, eine auf der Sohle des Wiesentals, 3 am Nordabhang.

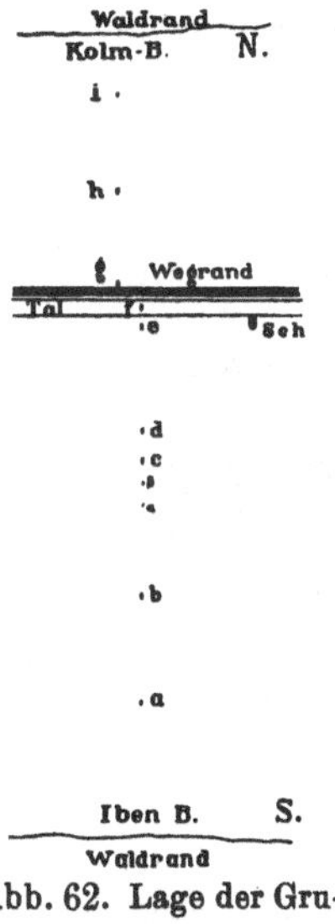

Abb. 62. Lage der Gruben oberhalb Keilhau. Sch = Scheune.

Grube a.

Nr. 1. 20 cm dunkelbraune Ackererde, relativ arm an Kalkbrocken.

Nr. 2. 25—30 cm schmutzig brauner Ton mit Kalkbrocken, die unregelmäßig verteilt sind

Nr. 3. 45—50 cm grober Kalkschutt in gelbem Kalkton; große Stücke von über Faustgröße sind häufig, aber auch 20—30 cm lange, dicke Platten.

Nr. 4. Der gelbe Kalkton geht in ein Gemisch von roten, grünlichen, gelben Ton mit Kalkstücken über. Der rote und gelbe Ton bildet Bänder. Näheres bei Grube b Nr. 4.

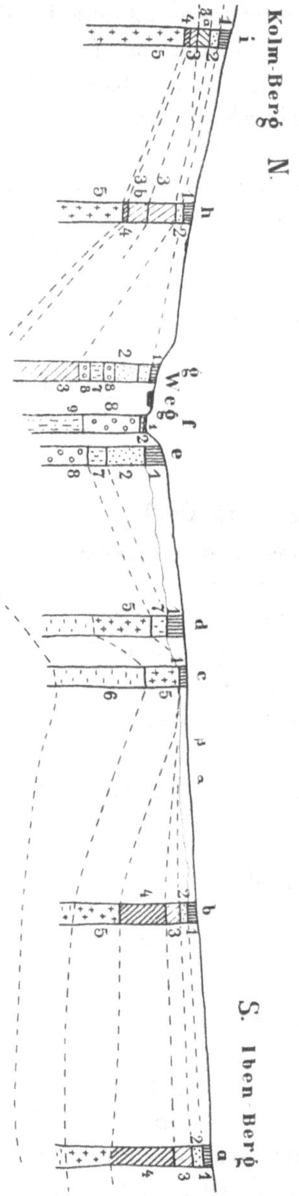

Abb. 63. Die Gruben oberhalb Keilhau.

1 = Ackererde und Vegetationsschicht; 2 = Schmutzig gelbbrauner Kalkschutt; 3 = Gelblicher heller Kalkschutt; 3a = Dunkelbrauner Kalkschutt (Walderde?); 3b = Grünlich-grauer Ton mit Kalkschutt; 4 = Kalk-Rötbreccie; 5 = Roter Brockenton; 6 = Feiner roter Ton; 7 = Gelbbrauner Ton mit Holzkohle und Ziegelstücken; 8 = Kalktuff mit alluvialen Schnecken und Topfscherben; 9 = Gelblich graubrauner kalkiger Ton mit alluvialen Pflanzenresten und Schnecken.

Grube b.

Nr. 1. 25 cm dunkelbrauner Ton; Ackererde mit wenig Kalkbrocken.

Nr. 2. 10—20 cm brauner schmutziger Ton mit reichlichen Kalkbrocken.

Nr. 3. 30—40 cm grober Kalkschutt in gelbem Kalkton.

Nr. 4. 75 cm am oberen, 120 cm am unteren Ende der Grube Kalk-Röt-Breccie. Die Grundmasse besteht aus Bändern und Schmitzen von rotem und gelblich bis grünlich-grauem Ton. Die roten Bänder sind 1—3 Finger breit und verlaufen wellig und unregelmäßig. In der Tonmasse stecken Kalkbrocken und selbst 20—30 cm lange Kalkplatten.

Nr. 5. Roter Ton ohne Kalkstücke, aber mit Quarzitbrocken und braun-roten, harten Tonsteinstücken.

Die Schichten 1—5 gehen allmählich ineinander über.

Schürfstelle α.

Unter der Ackererde folgt brauner Ton mit Kalkstücken = b Nr. 2.

Schürfstelle β.

Unter der Ackererde liegt sofort roter Brockenton = c Nr. 5.

Grube c.

Nr. 1. 20 cm Ackererde, d. h. dunkel-brauner Ton mit Kalkbrocken.

Nr. 5. 90—95 cm roter Brockenton. In roter bröckeliger Grundmasse liegen eckige und gerundete, harte Tonsteinstücke und auch Quarzitstücke. Keine Kalkbrocken.

Nr. 6. Roter Ton ohne Brocken, heller als der Brockenton und viel weicher, mit hellgrünen Lagen und Flammen. Vielleicht anstehendes Röt.

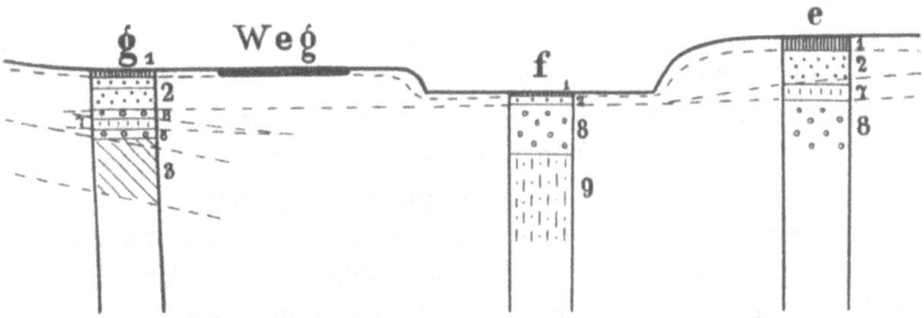

Abb. 64. Die Schichten der Gruben e—g in natürlichem Verhältnis von Länge und Höhe. 1 = Vegetations- und Ackerschicht; 2 = Gelbbrauner Kalkschutt; 3 = Gelblicher Kalkschutt; 7 = Gelbbrauner Ton mit Holzkohle; 8 = Kalktuff mit alluvialen Schnecken, Topfscherben, Ziegelstücken; 9 = Gelbbrauner kalkreicher Ton mit alluvialen Pflanzenresten und Schnecken.

Grube d.

Nr. 1. 30—40 cm dunkel-schokoladenfarbener Ton als Ackererde mit Kalkbrocken.

7. 30—40 cm gelblichbrauner Ton mit vereinzelten meist bis walnußgroßen Kalkbrocken. Einzelne auch faustgroß.

5. Roter Brockenton mit Quarzit und Tonsteinstückchen. Keine Kalkbrocken.

Grube e. (Abb. 65.)

Nr. 1. 40 cm dunkel-gelbbrauner Ackerton, arm an Kalkbrocken.

Nr. 2. 100 cm schmutzig-dunkel-gelblich-brauner Ton mit reichlichen Kalkstücken.

Nr. 7. 50 cm dunkel-gelblich-brauner Ton mit vereinzelten Kalkstücken, hart, bröckelig; wohl aufgearbeitetes Röt.

Nr. 8. Kalktuff, 30 cm aufgeschlossen; locker, erdig, graubraun.

Grube f auf der Sohle des Wiesentals.

a) Nordseite der Grube.

Nr. 1. 5—10 cm humose Erde.

Nr. 2. 25 cm schmutzig-brauner Kalkschutt mit bis nußgroßen eckigen Kalkbrocken mit Kalktuff gemischt

Nr. 8. 25 cm erdiger, lockerer, hell-grau-brauner Kalktuff mit Kalkbrocken und Holzkohlenresten.

10 cm Lage groben Kalkschutts.

22 cm steinarmer Kalktuff, wie oben.

5 cm grober Kalkschutt.

18 cm Kalktuff.

10 cm grober Kalkschutt, z. T. 15—25 cm lange Platten.

15 cm gelblich-brauner Ton mit spärlichen Steinen und Pflanzenresten. (Vgl. Anhang 1.) Glasierte Scherben von Tontöpfen.

45 cm grober Kalkschutt in Kalktuffgrundmasse.

Nr. 9. Grau-brauner Ton mit wenig Steinen und viel vermoderten Pflanzenresten, sowie Helix hispida, pulchella, pomatia.

Im Kalktuff Nr. 8 sind Helix-Schalen mit Farbenringen häufig und kommen glasierte Tonscherben von Töpfen in 1,60 cm Tiefe vor. Herr Beyle in Hamburg hat die Pflanzenreste von Nr. 8 und 9 bestimmt. Es existierte damals die Wasserflora der heutigen Bäche und Sümpfe, sowie Waldbäume, darunter auch Fichten. (Vgl. Anhang 1.)

b) Südseite der Grube.

Nr. 1. 5 cm humose Erde.

Nr. 2. 25 cm schmutzig-brauner Kalkschutt mit Kalktuff gemischt.

Nr. 8. 25 cm erdiger Kalktuff.

30 cm Kalktuff mit steinigen Partien.

6—10 cm grober Kalkschutt.

50 cm toniger Kalktuff bis kalkiger Ton; z. T. mit spärlichen Steinen, z. T. mit ganzen Nestern von Schutt. Gleicht dem Ton auf dem Boden der Grube.

40—50 cm grober Kalkschutt in tuffiger Erde.

Nr. 9. Grau-gelblich-brauner Ton mit vermoderten Pflanzen und Schnecken.

Grube g.

Nr. 1. 20 cm schmutzig-braune, steinerne Ackererde.

Nr. 2. 30 cm schmutzig-brauner Ton mit Kalkschutt in kleinen Brocken.

60 cm brauner Ton mit Kalkbrocken, die reichlich bis spärlich und unregelmäßig im Ton zerstreut sind.

Nr. 8. 25 cm tuffähnliche graubraune Erde mit Kohlen.

Nr. 7. 35 cm gelblich-brauner Ton mit spärlichen großen und kleinen Kalkstücken. Eine Ziegelplatte wurde gefunden.

Nr. 8. 30 cm tuffähnliche, graubraune Erde.

Nr. 3. Gelber Kalkschutt mit großen Kalkstücken.

Grube h.

Nr. 1. 25 cm dunkelbrauner, steinarmer Ton = Ackererde.

Nr. 2. 15—20 cm brauner Ton mit reichlichen Kalkstücken.

Nr. 3. 70 cm grober Kalkschutt in gelbem Kalkton. Auffallend große Kalkstücke, bis 25 cm lang. Geht über in

Nr. 3b. 50 cm grau-grünlichen Ton mit dem gleichen Kalkschutt; zuweilen kleine Rötbrocken (roter Ton).

Nr. 4. 10 cm bläulicher Ton mit vereinzelten Kalkstücken und Rötbrocken. Gemisch von Röt- und Kalkschutt.

Nr. 5. Roter Brockenton; Quarzit- und Tonsteinbrocken. Auch blauer Ton in den roten.

Grube i.

Nr. 1. 25 cm hellbrauner dunkler Ton mit Kalkstücken, Ackerde.

Nr. 2. 26 cm gelbbrauner, an Kalkstücken reicher Ton.

Nr. 3a. 30 cm tief schokoladenbrauner Ton mit reichlichen Kalkstücken.

Nr. 3. 20 cm grober Kalkschutt in gelbem Kalkton.

Nr. 4. 10—15 cm heller Ton und Letten mit Kalkstücken; Gemisch von Kalk, Kalkton und Rötletten.

Nr. 5. Bänder von roten und grünlichen Letten mit harten Brocken; keine Kalkstücke.

2. Die Ergebnisse.

Folgende Schichten lassen sich unterscheiden:

Die Ackerschicht geht über alles hinweg. Wenn sie auch über den Röttonen etwas anders ist als über Kalk, so hat sie doch stets einen gewissen Gehalt an Humus, und ferner enthält sie Kalkstücke, selbst über dem roten Brockenton. Die Mächtigkeit ist im allgemeinen 20—30 cm.

Der schmutzig-gelbbraune Kalkschutt besteht aus gelbbraunem Ton, in dem reichlich Kalkbrocken ohne jede Spur von

Schichtung liegen. Der Ackerboden über ihm ist weniger steinig. Auf dem Nordhang zieht er sich vollständig hinab, schwillt aber an der Erosionsrinne mächtig an. Auf der Südseite dagegen ist er oben und unten durch Rötboden getrennt. Oben ist er wenig mächtig — 20—30 cm —, in dem Talgrund besitzt er dagegen 1 m Mächtigkeit.

Der gelbe Kalkschutt ist nicht nur durch die gelbe bis braungelbe Farbe, sondern auch durch die Größe der Kalkstücke ausgezeichnet. Der braune Kalkschutt ist ein „Gries", der gelbe hat bis 15 cm lange Kalkplatten. Oft sind sie parallel dem Gehänge eingestellt, aber doch immer unregelmäßig verteilt und manchmal gegen die Böschung halb aufgerichtet. Auf der Südseite geht er nur bis zur Mitte des Abhangs hinab und ist kaum $^1/_2$ m mächtig, auf der Nordseite dagegen geht er bis unter die Talsohle hinab und erreicht gerade in den unteren Partien die größte Mächtigkeit.

Der schwarzbraune Kalkschutt — 3a — der Grube i ist nur eine Abart des gelben, indem er durch Humussubstanzen gefärbt ist.

Der grau-grünliche Kalkschutt gleicht ebenfalls dem gelben Kalkschutt, aber er ist nicht nur ganz frisch und unzersetzt, sondern enthält anscheinend auch besonders viel Material aus den Myophorienschichten.

Die Kalk-Röt-Breccie ist ein Gemisch von gelblichen, grauen, grünlichen und roten Letten des Röts und der Myophorienschichten, in denen ganz unregelmäßig Kalkstücke stecken. Es kommen alle Größen, selbst über fußlange Platten vor. Auffallend ist die Bänderung der roten und grünlichen Letten. Diese Breccie ist an die Unterseite des hellen Kalkschutts gebunden. Deshalb fehlt sie dem Südhang etwa von der Mitte ab. Die Mächtigkeit schwankt von einigen Zentimetern (Nordseite) bis $^3/_4$ m (Südseite).

Der rote Brockenton überzieht beide Gehänge. Seine Mächtigkeit ist nur in der Grube c festgestellt worden als annähernd 1 m. Er besteht aus zerstückeltem Rötton mit härteren Tonstein- und Quarzitbrocken und ist selbst ganz bröckelig.

Der rote Ton ist ein feiner, weicher Ton, der in der Grube c unter dem roten Brockenton liegt. Seine lockere Beschaffenheit unterscheidet ihn scharf von dem festen Brockenton.

Der braune Ton ist ein gelblich-brauner, bröckeliger, harter Ton, der spärliche Kalkbrocken bis große Platten unregelmäßig verteilt enthält. Bruchstücke von Schneckenschalen fanden sich beim Schlämmen einer Probe. Auffallend sind die Holzkohlenstücke. Er liegt auf der Südseite auf dem roten Brockenton und unten auf dem Talgrund zwischen gelbbraunem Kalkschutt und Kalktuff. Auf der Nordseite schiebt er sich dagegen in die Tufferde hinein, ist aber weniger mächtig als auf der Südseite.

Der Kalktuff ist auf das Tal beschränkt und zweifellos alluvial. Bemerkenswert sind die Lagen von Kalkschutt, das Vorkommen einzelner großer Kalkplatten, die ganz isoliert daliegen und das von Kohlenstücken und Topfscherben mit Glasur in 1,40 m Tiefe unter der Oberfläche. Da Geröllagen mehrfach über den Scherben liegen, können sie unmöglich durch weichen Kalkschlamm hinabgesunken sein; sie müssen seit ihrer Ablagerung von neuen Tuffmassen bedeckt worden sein. Toniges von den Gehängen offenbar eingeschwemmtes Material ist stellenweise reichlich in den Kalktuff gelangt.

Der gelbbraune kalkreiche Ton auf dem Boden der Grube f enthält eckigen Kalkschutt, rezente Schnecken und Reste einer Sumpf-, Wiesen- und Waldflora, wie sie heutzutage auf Wiesen und in Bächen und Sümpfen existiert.

b) Die Grabungen am Dorf Keilhau.

Um die Ablagerungen der in historischen Zeiten überschütteten Täler festzustellen, wurde eine Grube in dem Garten von Herrn Dr. Flume, der an der Ostseite des Dorfes an der Vereinigungsstelle der beiden Täler liegt, angelegt und eine zweite auf der im Jahre 1678 verschütteten „Grieswiese". (Vgl. Abb. 69.)

Die Grube in Dr. Flumes Garten.

Nr. 1. 25—30 cm feine dunkelbraune tonige Erde,

Nr. 2. 10 cm Kalkgeröll in dieser Erde = Steinsohle.

Nr. 3. 55—60 cm gelblich-brauner Ton mit 2 Lagen von Kalksteinstücken, die zweite am Boden. Der Ton enthält reichlich vermoderte Pflanzenreste und Schneckenschalen mit Farben. Er gleicht dem gelbbraunen Ton auf dem Boden der Grube f im Wiesengraben. Die Kalkplatten sind bis 1/2 m lang.

Nr. 4. 15—20 cm Schicht desselben Tons mit Brocken roter Letten.

Nr. 5. 50 cm schwärzlicher fetter Ton mit Kalkstücken und Holz. Hier fand sich eine braune glasierte Tonscherbe. Die Schicht steckt im Grundwasser.

Nr. 6. Grober Kalkschutt. der wegen des Wassers nicht mehr auszugraben war.

Der rote Ton Nr. 4 bildet unter dem Hause von Dr. Flume eine feste mächtige Schicht, in der die Fundamente angelegt sind.

Die Grube in den Grieswiesen.

1. 20—30 cm feine, braune, tonige Wiesenerde.
2. 5 cm Kalkschuttlage = Steinsohle.
3. 175 cm schmutzig brauner Ton mit einzelnen Kalkbrocken und -stücken und ganzen Lagen großer Kalkblöcke. Diese erreichen bis $^1/_2$ m Durchmesser. Es gibt ca. 6 solcher Steinlagen.
4. 50 cm nasser, scharfer, eckiger Kalkgries in gelbbraunem Ton.

In 83 cm Tiefe fand sich eine gelbe, glasierte Tonschale, in annähernd gleicher Tiefe auch ein Ziegelstück.

Ergänzt werden diese Befunde durch Mitteilungen des Gärtners der Keilhauer Anstalt. In den Grieswiesen wurde ein Teil des groben Kalkschutts ausgestochen, als Wegschotter benutzt und dann die Löcher mit Erde ausgefüllt. Dabei zeigte es sich, daß bis 1 $^1/_2$ m schmutzig gelbbrauner „Kalkgries" über schwarzem „Moorboden" lag, wie er auf feuchten Wiesen vorkommt. An den Talwänden war die Mächtigkeit viel geringer. In ca. $^1/_2$ m Tiefe fanden sich Münzen, darunter eine aus den Jahren 1802. Demnach ist in den letzten hundert Jahren $^1/_2$ m schmutzig gelbbrauner Kalkschutt angehäuft worden.

Die Altersbestimmung der Ablagerungen.

Aus den Grabungen geht mit Sicherheit hervor, daß die Schuttmassen in zwei Gruppen zerfallen. Die obere hat gelbbraune Farben wie der heutzutage entstehende Gehängeschutt und die Verwitterungsböden. Die untere besteht dagegen aus unzersetzt zerfallenem Gestein und hat daher die natürlichen Gesteinsfarben.

Die gelbbraunen Ablagerungen enthalten Kohlenstücke, Ziegel, Tonscherben, bunte Schneckenschalen und sind damit als „historisch" charakterisiert. Die tiefsten Lagen in der Grube f im Bachbett stammen aus der Alluvialzeit. Damals muß das Tal mit Wald, Wiesen und Sümpfen oder auch einen dauernd fließendem Bach erfüllt gewesen sein. Neben dem Laubwald fehlten Fichten nicht. Wahrscheinlich liegen die Ablagerungen der Waldzeit vor der Besiedelung vor. Interessant ist Schicht 3a, in der Grube i. Der dunkelbraune Boden ist eine Vegetationsschicht. Er enthält die gleichen Steine wie der liegende Kalkschutt, aus dem er sich entwickelt. Wäre es ein alter Ackerboden, so würde er an Steinen ärmer sein. Auch sollen vor der Separation Anfang der achtziger Jahre die Bauern nicht so hoch hinauf geackert haben. Demnach ist es das wahrscheinlichste, daß es alter Waldboden ist, über dem in historischen Zeiten nach der Entwaldung neuer Schutt (Schicht 1 und 2) abgelagert wurde.

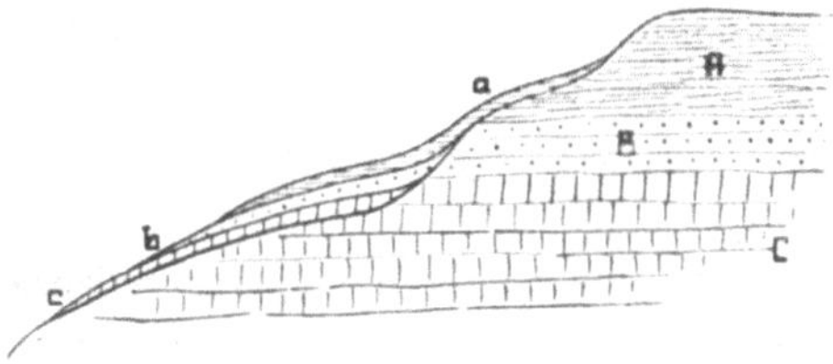

Abb. 65. Schematische Darstellung der Anordnung der unzersetzten Schuttmassen auf dem Abhang des Ibenbergs.
A Wellenkalk; a dessen Schutt; B Myophorienschichten; b deren Schutt; C Rötletten; c deren Schutt.

Die Anordnung der unzersetzten Schuttmassen ist auf der Südseite recht charakteristisch. Das Prinzip der Anordnung ist folgendes (Abb. 65). Von den übereinanderliegenden Schichtenserien schieben sich die Schuttmassen über die der liegenden Schicht und enden vor diesen. Infolgedessen entsteht eine dachziegelartige Anordnung. Das merkwürdigste aber ist, daß die verschiedenen Lagen an der Grenze sich mischen, sodaß Breccien aus Bruchstücken der hangenden und liegenden Schuttmassen entstehen. Die schematische Aufeinanderfolge von oben nach unten wäre demnach:

1. heller, gelber Kalkschutt aus Wellenkalk in Kalkerde,
2. Breccie aus Wellenkalk, grau-grünen und roten Letten der Myophorienschichten,
3. grünliche Breccien aus Myophorienschichten,
4. Breccie aus Myophorienschichten und Rötletten,
5. Rötbreccie (= roter Brockenton),
6. feiner lockerer Rötton, aufgearbeitet.

Auf der Südseite sind diese Schichten im wesentlichen in dieser Aufeinanderfolge zu finden, nur sind 2—4 schlecht zu trennen. Auf der Nordseite ziehen sich die Kalkschuttmassen bis ins Tal hinab; die dachziegelförmige Anordnung ist daher verhüllt.

Über das Alter dieser unzersetzten Schuttbreccien soll erst später verhandelt werden.

Es bedarf wohl kaum eines Hinweises, daß die verschiedenen Schuttmassen — gelber Kalkschutt, Kalk- und Rötbreccien, Rötbreccie (Brockenton), weicher Rötton — mit denen im Teicheler Graben identisch sind. Wenn man nun die rote, grünliche und gelbliche Bänderung der Tone in Keilhau bedenkt, so kann man sich dem Gedanken kaum verschließen, daß die Grenze zwischen Röt- und Kalkschutt auch auf den Gehängen des Keilhauer Tals ähnliche Wellen, Buckel, Falten, flammenartige Protuberanzen und abgeschnürte Nester aufweist wie im Teicheler Graben.

2. Die Altremdaer Gruben.

Um noch an einer anderen Stelle den Gehängeschutt festzustellen, wurden auf der Wellenkalk- und Rötböschung zwischen den Schluchtsystemen auf dem Ödland einige Gruben gegraben. Die erste auf dem Wellenkalkhang, drei über Myophorienschichten und eine im Röt.

Die Verhältnisse liegen hier wesentlich anders als in Keilhau. Die Abholzung der Wellenkalkgehänge ist hier anscheinend niemals so ausgedehnt gewesen wie dort; über so arge Verheerungen durch Schutt wird daher auch nicht geklagt. Man darf also wohl ursprünglichere Verhältnisse erwarten.

1. Grube auf dem Wellenkalkhang.

Das Ergebnis war einfach verblüffend. Unter dem sehr steinigen Ödland könnte man — entsprechend den Verhältnissen auf den Kalkhochflächen — unter dünner dunkelbrauner Verwitterungsschicht den anstehenden Kalk erwarten. Statt dessen liegt eine mächtige, verschiedenfarbige Tondecke mit Kalkschutt darüber.

a) 30 cm schmutzig-brauner Ton mit Kalkstücken.

b) 50 cm gelblich- bis dunkelbrauner Ton mit grobem und feinerem Kalkschutt. Viele große Blöcke, manche bis $^1/_2$ m lang.

c) 30 cm gelber Kalkschutt, d. h. große und kleine Kalkstücke unregelmäßig in gelbem Kalkton.

d) Kalkschutt in grünlichem Ton.

Der dunkelbraune Ton gleicht der Schicht „Walderde“ in der obersten Grube der Nordseite bei Keilhau.

Also unter dem durch chemische Zersetzung dunkelbraun gefärbten Kalkschutt liegt eine Masse von gelbem und graugrünem Kalkschutt, der auf mechanische Zerstörung hinweist. Angenommen, daß die braune Schuttschicht der alluvialen Waldzeit entspricht, so muß vor dem Beginn derselben das Wellenkalkgehänge mit hellem, unzersetztem Kalkschutt bedeckt gewesen sein.

2. Grube im Wald in den Myophorienschichten.

Der Boden ist hier anscheinend niemals als Ackerland benutzt worden.

a) 25 cm gelblich brauner Ton mit zahlreichen Kalkstücken.

b) 30 cm gelber Kalkschutt, d. h. in gelbem Kalkton liegen mächtige Kalkplatten und -blöcke, die bis 30 : 40 cm lang und bis 20 cm dick sind. Daneben kleinere Kalkstücke.

c) Grünlicher Brockenton, d. h. in grau-grünlicher Tonmasse liegen massenhaft dunkelgrüne Lettenstücke aus Myophorienschichten.

3. Grube auf dem ehemaligen Feld in den Myophorienschichten.

Die Verhältnisse entsprechen denen in Grube 2, allein infolge des Ackerbaues sind massenhaft Kalkblöcke aus den oberen Schichten herausgeholt worden.

a) 15—20 cm gelblich brauner Ton mit Kalkstücken.

b) 60 cm gelblich grauer mit eckigen Brocken von grauen und grünlichen Letten und Mergelkalken (= heller Brockenton).

c) 60—70 cm grauer bis grünlicher Ton mit grünen, eckigen Brocken von Letten und Mergelkalken.

d) Anstehend graue Mergelkalke und grün bis violette Quarzitbänke, ähnlich denen des Röts.

Die Brockentone b und c sind gebändert und zwar sind die Bänder parallel der Oberfläche des Gehänges angeordnet.

4. Grube in den Kalkmergeln der Myophorienschichten unterhalb der Grube 2.

a) Graue, kalkig-tonige Erde, bedeckt von Stücken von Muschelkalk, augenscheinlich abgeschwemmte Kalkmergel; 25 cm.

b) 50 cm grauer Kalkmergel mit dünnem Bändchen von grauem Mergelkalk.

3. 30 cm grüne Letten und Steinmergel, ziemlich fest. Aus ihnen sind die Lettenbrocken der Brockentone entstanden.

4. Rote Letten, feste Bänkchen z. Tl. schieferig und bröckelig. Anstehendes Röt.

Also unter den anstehenden Myophorienschichten fehlen die Brockentone des Röts.

5. Grube im Röt.

a) 20—25 cm dunkel gelblich brauner, humoser Ton mit Kalkstücken. — Waldboden.

b) Rötlich brauner Ton mit Stücken von Rötquarzit und Muschelkalk, zerstreut im Ton oder in Lagen. An der oberen Wand 55 cm. an der unteren 30 cm.

c) Roter und grüner gebänderter Ton mit eckigen Brocken von rotem Steinmergel und einzelnen Quarzitstückchen. An der oberen Wand 75 cm, an der unteren 40 cm. Also keilen b und c sich weiter abwärts anscheinend aus.

d) 90 cm roter, loser, leicht zu grabender Ton mit spärlichen Tonbrocken.

e) Harte, rotbraune Letten des anstehenden Röts.

Der feine Ton d gleicht völlig den Röttonen, die in den heutigen Rötschluchten die Gehänge oberflächlich bedecken und abgespült und abgeruscht sind, und ist auch identisch mit dem feinen, weichen Rötton in der Grube c in Keilhau.

Welches sind die Ergebnisse, verglichen mit denen in Keilhau? Augenscheinlich herrschen ähnliche Verhältnisse wie am Abhang des Ibenbergs. Scharf unterschieden ist eine hangende Zone von schmutzig gelbbraunen Farben, die hier freilich keine Spuren menschlicher Tätigkeit enthält, und eine liegende Schicht unzersetzter Schuttmassen von genau derselben Beschaffenheit und Lagerung wie in Keilhau. Da war der gelbe Kalkschutt aus Wellenkalk, der gelblich graugrünliche Ton mit Kalkstücken aus Myophorienschichten und Wellenkalk, das Gemisch von Kalkschutt, gelblich grünlichen Lettenbrocken und roten Brockenton, der rot- und grüngebänderte Brockenton und der feine, weiche Rötton. Auch die dachziegelförmige Überlagerung, das Auskeilen der höheren Schichten am Abhang, ist deutlich. Neu ist das Erreichen des anstehenden Gesteins — Röt und Myophorienschichten — und die Tatsache, daß es doch auch Partien gibt, wo das anstehende Gestein unter einer dünnen Bodenschicht ansteht, nicht aber von unzersetzten Schuttmassen verhüllt wird. Bemerkenswert ist ferner, wie dünn die Schicht von Muschelkalkstücken über der Vegetationsschicht des Bodens ist.

Aus diesen Grabungen, so beschränkt sie auch sind, läßt sich doch wohl folgern, daß die unzersetzten Schuttmassen auf den Gehängen der Berge unseres Blattes eine weitverbreitete Erscheinung sind.

e. Zusammenfassung der Ergebnisse.

Nachdem nunmehr die einzelnen Tatsachen festgestellt worden sind, wird es notwendig sein, einen Überblick über die verschiedenen Geländeformen, ihre Beziehungen zum geologischen Bau, die Zusammengehörigkeit der verschiedenen Formen usw. zu versuchen.

1. Beziehungen des Aufbaus zu Gehänge- und Bergformen.

Der Zechstein und Untere Buntsandstein spielen auf unserem Blatt keine Rolle.

Der Mittlere Buntsandstein tritt entweder als ein Berg- und Hügelland mit Kuppen und Rücken auf oder in Form von Plateaus. Auf das Sandsteinland südlich und nördlich des Remdaer Tals sei hier hingewiesen. Die Plateauform dürfte bei flacher Lagerung vorherrschen, die Kuppen und Rücken bei Schiefstellung der Schichten.

Leider sind die Beziehungen zwischen Lagerung der Schichten und Oberflächengestaltung in dem Sandsteinbergland recht unklar wegen des Mangels an Aufschlüssen.

Das Röt bildet flache Gehänge, nur ausnahmsweise selbständige Kuppen. Auf dem Rötabhang bildet aber das Untere Röt eine Stufe, wenn es Dolomitbänke und Gypslager enthält. Auch im Bereich der roten Rötletten verursachen die Quarzit- und Gypsbänke unbedeutende Vorsprünge.

Die Myophorienschichten des Unteren Muschelkalks sind entweder von Kalkschuttmassen bedeckt, die sich aus Wellenkalk zusammensetzen, oder sie bilden relativ sanfte Böschungen. Eine dicke Kalkschuttdecke dagegen veranlaßt oft die Entstehung einer Stufe.

Der Untere Wellenkalk ist dazu prädestiniert, ziemlich steile Wände zu bilden, und innerhalb desselben geben die Oolithbänke zur Entstehung von Vorsprüngen — z. B. am Kalmplateau — oder von Gesimsen Veranlassung. Aber viel wichtiger ist der Terebratulakalk, dessen widerstandsfähige, dicke Bänke die Ränder der Wellenkalkplateaus oft umsäumen.

Diese Ausbildung ist für horizontale Lagerung charakteristisch, bei aufgerichteten Schollen dagegen bildet der Wellenkalk mehr gerundete, flachere Gehänge, Oolith und Terebratulakalk dagegen Ödlandrücken. Tal 6 nordwestlich von Heilsberg sei als Beispiel angeführt.

Der Obere Wellenkalk bildet nur ausnahmsweise Wände ähnlich dem Unteren, so z. B. im Haselgrund nordwestlich von Thälendorf oder bei Eschdorf. Meist sind es flache Gehänge, auf denen seine Trümmer zum Vorschein kommen. Mit Vorliebe überzieht er die Wellenkalkplateaus in Form flacher, lokal von Schaumkalk bedeckter Anschwellungen. Der Schaumkalk aber spielt eine ähnliche Rolle wie der Terebratulakalk, wenn er auch nicht so stark im Landschaftsbild auffällt.

Der Mittlere Muschelkalk ist ein Gestein, das in ausgesprochenster Weise zur Entstehung flacher Böschungen neigt. Nur einmal bildet er ein ziemlich steiles Gehänge westlich der Feldmühle im Remdaer Tal. Dort liegt aber ehemalige Horizontalerosion des Baches vor, und Rutschungen sind in auffälliger Weise bemüht, die Böschung abzuflachen.

Der Trochiten- und Hornsteinkalk dagegen bildet wiederum bei flacher Lagerung Stufen, bei Aufrichtung der Schichten aber Rücken.

Die Ceratitenschichten zeigen dagegen das gleiche Verhalten wie der Mittlere Muschelkalk.

Der Keuper liegt hauptsächlich auf dem Boden der Senken (Sund- und Kirchremda) und bildet flache Gehänge, an denen aber die Sandsteine Stufen bilden können (Kirchremdaer Mulde, Lichstedter Kessel, Ilmtal). Die kleinen Fetzen, die sich sonst noch finden, sind nicht der Rede wert.

Von sonstigen Ablagerungen verdient nur das Diluvium Beachtung. Allein außer den auf Terrassen befindlichen Schotterlagern des Ilm- und Saaletals ist es so ganz an die Täler gebunden, daß es besser im Anschluß an die Talbildung ins Auge gefaßt wird.

2. Die oberflächliche Bodendecke.

Innerhalb der Böden gibt es auf unserm Blatt zwei Arten von Böden, Sand- und Tonböden. Sandböden besitzt der Mittlere und Untere Buntsandstein. Im Keuper kommen wohl Sandsteine vor, allein .einmal sind sie recht tonig und ferner räumlich wenig ausgedehnt.

Innerhalb der Tonböden kann man ausscheiden die Muschelkalk- und die Rötböden. Sämtliche Abteilungen des Muschelkalkes verwittern zu gelbbraunen bis dunkelschokoladenbraunen Tonen mit einem erheblichen Gehalt an Steinen. Auf den Plateauflächen ist die Mächtigkeit meist gering — 20—50 cm — dagegen in Senken und an Gehängen erheblich mächtiger — oft mehrere Meter. Auf Ödland, Brachfeldern und Wiesen verschwinden die Steine, und liegt feiner Tonboden unter der Pflanzendecke, falls der Boden eben ist. Auf geneigtem Gehänge aber, namentlich auf Steilhängen — z. B. Wellenkalk — liegt über dem steinigen Kalkton ein Steinpanzer. Der Kalkschutt, der den Fuß der Wellenkalkgehänge umsäumt, besteht entweder aus frischem, einfach abgefallenen Wellenkalk oder er ist durch Verwitterung entstanden und liegt dann in gelbbraunem Kalkton.

Eine besondere Art von Kalkboden ist der hellgelbe Kalkmergel am Ende des Langen Grundes nordöstlich von Thälendorf. Es ist lediglich unzersetzter, verwaschener und verrutschter Kalkmergel. Ähnlicher Kalkmergel liegt westlich von Teichel auf der Kalkschuttböschung. Reiner Rötboden in situ findet sich in beschränktem Umfang auf der Oberfläche der Stufe des Unteren Röts, gemengt mit Dolomitstücken nebst grünlichgrauem Sandstein und Lettenscherben. Im allgemeinen sind dagegen die Verwitterungsprodukte des Röts mit dem steinigen Kalkton gemengt. Manchmal scheint der Rötboden, manchmal der Kalktonboden vorzuherrschen, und nicht selten liegt über dem Röt eine lediglich aus Kalkton bestehende, zuweilen mehrere Meter hohe Schicht. Reiner Rötton auf sekundärer Lagerstätte ist auf Flächen unterhalb von frischen oder vernarbten Rötschluchten und auf dem Sandstein am Fuß der Stufe des Unteren Röts zu finden. Auch der Boden großer Täler besteht streckenweise fast aus reinen Röttonen, z. B. im Tal bei Teichel.

Schweren Tonboden, oft erfüllt mit Dolomit- und Sandsteinstücken, liefert der Untere Keuper. Allein gewöhnlich überragt ihn Muschelkalk, und daher ist auch er mit steinigem Kalktonboden mehr oder weniger gemengt.

Die reinen Diluvialböden sind tonig, auch die der Schotterterrassen. Innerhalb der Thäler freilich sind sie oft sehr gemischt.

Mischböden sind überhaupt recht häufig, so zwischen Sand und steinigem Kalkton an der Grenze von Mittlerem Buntsandstein und Muschelkalk. Selbst über das Röt hinweg drängt der Kalkton, und mindestens Kalkstücke gelangen bis in den Sandboden des Sandsteins.

Die Verwitterungsböden sind durch den Ackerbau sehr verändert worden, namentlich durch Auslesen von Steinen. An manchen Stellen sind lange Reihen von Steinwällen aufgebaut worden, und dabei sind in den letzten 20 Jahren die meisten Steine abgefahren worden, um die Wege zu bauen. Man kann unmittelbar nebeneinander sehr steinige und steinarme Felder sehen, die denselben Gesteinsuntergrund besitzen. Lediglich die Kultur ist an dem Unterschiede schuld.

3. Taldichte.

Bei der Feststellung der Taldichte und ihrer Abhängigkeit von dem geologischen Bau braucht man natürlich nur diejenigen Formationen ins Auge zu fassen, die in breiter Fläche auftreten.

Der Mittlere Buntsandstein ist ziemlich stark zerschnitten, wenigstens im Bereich des Sandsteinhügellandes, während die Plateaus wenig zertalt sind. Immerhin sind selbst in jenem lange, ungegliederte Rücken keine Seltenheit (Nordhang des Hermannstals und Wiesenborntals).

In der Rötzone fällt die Armut an Tälern auf. Ja, von dem Muschelkalk herabkommende Täler enden mit dem Erreichen des Röts. Lokal aber ist eine starke Zerschluchtung der Röthänge vorhanden, die in auffallendem Gegensatz zu der gewöhnlichen Glätte des Röthanges steht.

Die Wellenkalkplateaus sind entweder ziemlich geradlinig und nur von wenigen Wasserrissen zerschnitten, oder sie sind breit zerlappt. Auf den Hochflächen ist die Taldichte nur gering. Auf dem Schönen Feld wenigstens ist eine Bevorzugung des Mittleren Muschelkalkes gegenüber dem Oberen festzustellen, d. h. die Täler liegen in ersterem.

Bemerkenswert ist, daß auf der sich nach N senkenden Fläche des Kalmplateaus der Untere Wellenkalk relativ stark zertalt ist. im Gegensatz zu der geraden Wand der Südseite.

4. Talformen und Gestein.

Die Abhängigkeit der Talformen von dem Gestein ist augenfällig, und hier spielen auch lokal auftretende Gesteine eine Rolle.

Vom Zechstein ist der Obere Zechsteinkalk und Dolomit zu nennen. Der Mörlagraben verdankt ihm ausschließlich seine schroffen Formen, die stellenweise denen einer alpinen Klamm ähneln.

Der Untere Buntsandstein spielt keine Rolle, umsomehr aber der Mittlere Buntsandstein. Charakteristisch ist die Ausbildung von Sohlentälern, die verhältnismäßig eng sind. Die Böschung ist oben anfangs sanft geneigt, wird dann aber schnell steiler. Eine Übergangsböschung und Böschungssohle sind vorhanden. Die Talschlüsse sind gewöhnlich gerundet, und zuweilen ist nicht nur ein Zirkus, sondern auch ein Trichterzirkus entwickelt. Kerbschluchten sind im Mittleren Buntsandstein nicht selten und zwar in die Sohlentäler eingeschnitten — Ebergrund, Täler auf der Nordseite des Schaaltals zwischen Schaala und Rudolstadt u. a. m. Auch scharf begrenzte Talgräben sind nicht selten — Teicheler und Thälendorfer Tal.

Auch Stufenbildung ist für die Sandsteintäler recht charakteristisch — Remdaer Tal westlich des Milbitztals — und zwar begrenzt die Stufe den Talgraben. Gehängemulden sind an den Böschungen der Sohlentäler auch nicht selten, meist aber wegen der Bewaldung wenig übersichtlich. Ganz besonders interessant sind die trichter- bis schalenförmigen Gehängenischen, die mit kurzem Auslauf auf die Übergangsböschung des Haupttals münden. Tal 6 auf der West- und Tal 11 auf der Ostseite des Teicheler Tals seien als Beispiele dieser häufigen Form genannt.

Im Röt ist eine charakteristische Talform die Kerbschlucht. Streckenweise ist das Gehänge wie in den Badlands zerschnitten. Die Schluchten wandeln sich am Ausgang zwar in Sohlentäler um, allein nicht diese sind für das Röt charakteristisch, sondern die

Muldenform. Letztere beherrscht auch die breiten Röttäler zwischen den Kalkplateaus.

Die Myophorienschichten spielen bei der Talbildung keine Rolle. Die sie bedeckenden Kalkschuttmassen sind für eine Talbildung entschieden ungünstig; denn viele Wellenkalktäler enden auf ihnen.

Der Untere Wellenkalk zeigt bei horizontaler Lagerung auf den Steilwänden viele oberflächliche Wasserrisse und ferner Schluchten, die aber z. Tl. einen Schuttboden besitzen und mehr Mulden- als Sohlentalform haben.

Einige Typen fallen auf, die z. Tl. eine Reihenfolge von Entwicklungsformen vorstellen. Zwei Formen stehen einander gegenüber, die Kerbtäler und die Muldentäler.

Die Kerbtäler sind einfach eingeschnittene Rillen und Furchen auf den steilen Gehängen oder innerhalb der breiten Täler, sind meist bewachsen, manchmal steilwandig, aber nie tief eingeschnitten.

Die Muldentäler weisen dagegen interessante Verhältnisse auf. Die einfachste Form ist die Gehängenische von Trichterform. Man halte den Unterarm senkrecht, beschreibe mit der zurückgebogenen Hand bei stillstehendem Arm den größtmöglichen Bogen und man erhält eine fast halbkreisförmige Nische. Je nach der Krümmung der Finger wird die Nische eine ganz flache Schale bis steilwandiger Trichter sein. Alle Übergänge kommen in der Natur vor. Im Wellenkalk sind die Trichter oft recht steil, im Sandstein mehr schalenförmig. Der Trichter hat einen kurzen Ausgang, der auf die Übergangsböschung des Haupttals hinabführt. Er liegt da, wo sich bei obigem Versuch die Handwurzel befindet. Solche trichterförmige Gehängenischen finden sich an den Wellenkalkwänden nicht selten. Schöne Beispiele finden sich auf der Südseite des Kalkplateaus zwischen Keilhau und Schaala.

Die Gehängesohlenmulde kann man aus der trichterförmigen Gehängenische hervorgegangen denken durch Verlängerung der ganzen Mulde und des ausführenden Talstücks. Von ovalen Mulden, bis lang gestreckten Muldentälern sind alle Übergänge vorhanden. Namentlich da, wo der Terebratulakalk einen steilen Rand bildet, sind die Gehängesohlenmulden charakteristisch geformt. Auf eine aus Wellenkalk bestehende, recht steile Böschung folgt eine aus grobem Kalkschutt bis feinem Ton bestehende Sohle, die dem Tal einen muldenförmigen Querschnitt verleiht, wenn die Seitenwände allmählich in den Schuttboden übergehen. Oft ist der Absatz aber scharf und unvermittelt. Alle Übergänge kommen vor. Der Talschluß ist meist gerundet, seltner spitz, das Gefälle stets bedeutend.

Ist das Tal verhältnismäßig lang, erhält es Nebentäler, so wird man besser von einem Gehängesohlental sprechen, das aber im Querschnitt durchaus der Gehängesohlenmulde gleichen kann, allein länger und gegliedert ist. Das Gefälle ist aber noch recht groß. Wenn auch dieses abnimmt und das Tal noch größer und reicher gegliedert wird, dann entsteht das übliche Sohlental, mit Übergangsböschung und Böschungssohle.

Der Obere Wellenkalk hat ganz überwiegend muldenförmige Täler, die manchmal sehr flache Mulden sein können, namentlich auf den Plateauflächen. Nur ausnahmsweise sind tiefe Gehängesohlenmulden entwickelt, in denen der Schaumkalk eine ähnliche Rolle spielt, wie der Terebratulakalk im Bereich des Unteren Wellenkalkes.

Der Mittlere Muschelkalk läßt fast ausschließlich Muldentäler entstehen, sowohl auf den schwach geneigten Hochflächen wie auf steileren Gehängen. Dasselbe gilt für die Ceratitenschichten. Die Trochiten-Hornsteinkalke dagegen sind der Talbildung überhaupt feindlich. Einmal kann letztere wegen der geringen Mächtigkeit des Gesteins in aufgerichteten Schichten keine Rolle spielen, auf den Hochflächen aber hat die Erosion ihm nicht viel anhaben können.

Der Keuper in den Mulden von Kirch- und Sundremda neigt zur Ausbildung von Muldentälern, an deren Hängen die Keupersandsteine Stufen bilden können (Kirchremda).

Das Diluvium ist räumlich zu beschränkt, um wichtig zu sein und selbst an die Täler gebunden. Der Lößlehm neigt zur Ausbildung steilwändiger Hohlwege.

Wichtig ist nun die Beteiligung mehrerer Formationen bei dem Aufbau der Täler und zwar können diese übereinander lagern oder aufeinander folgen.

Übereinanderlagerung verschiedener Formationen. Liegen die widerstandsfähigeren Schichten unten, dann treten die hangenden, weniger widerstandsfähigen Schichten so weit zurück, daß sie nicht mehr für die Gestaltung des Talgrabens, sondern nur für die der Talung in Betracht kommen. Das ist z. B. überall der Fall, wo Röt und Sandstein das Tal bilden. Dann erst bildet der Muschelkalk den Abschluß der Talung.

Liegt dagegen die widerstandsfähigere Masse über der weniger widerstandsfähigeren, dann wird die Ausbildung des Talgrabens ganz wesentlich beeinflußt. Zwei Fälle sind wichtig. Auf dem Schönen

Feld sind die Täler in den Mittleren Muschelkalk eingeschnitten, während der Trochitenkalk die Ränder bildet. Daher ist das Gehänge oben steil und nimmt im Mittleren Muschelkalk Muldenform an. So erklärt sich auch das Vorhandensein von Zirkusschlüssen am Ende der Täler (6b im Sundremdaer Kessel). Aber auch das Stephanstal besitzt, obgleich sein äußerstes Ende im Mittleren Muschelkalk liegt, einen Zirkus. Freilich sind die Flanken, die aus Trochitenkalk bestehen, steiler.

Wichtiger ist der Fall, wo Wellenkalk über Röt und Myophorienschichten lagert. Charakteristisch für die so gebauten Täler ist die große Breite im Verhältnis zur Länge. Solche Täler haben auffallende Trichterform, ähnlich den Ästuarmündungen großer Ströme. Man könnte sie Trichtertäler nennen. Solche Trichtertäler zerlappen den Rand der Wellenkalkplateaus im Teicheler-, Heilsberger, Thälendorfer und Schaaltal. Aber auch da, wo innerhalb des Muschelkalks das liegende Röt von der Erosion erreicht worden ist, tritt sofort eine auffallende Verbreiterung ein, z. B. im Hirtental.

Aufeinanderfolge verschieden widerstandsfähiger Schichten.

In solchem Fall wechselt die Form eines Tales oft in auffallender Weise. Alle von der Höhe des Kalkplateaus bis zu den im Sandstein gelegenen Tälern herabsteigenden Täler zeigen dieses. Auf dem Plateau sind es flache Mulden, namentlich in Ceratitenschichten, Mittlerem Muschelkalk und auch im Oberen Wellenkalk. Im Bereich der Wellenkalkwand sind es steilwandige Täler mit schöner Schuttsohle. Im Röt werden sie muldenförmig. Auf einer Sandsteinhochfläche wandeln sie sich in sehr breite, flache Mulden, die beim Einschneiden in dieselbe sofort typische Sohlentalform annehmen. Vor einem widerstandsfähigeren Gestein — z. B. Terebratula- oder Schaumkalk werden die Mulden im hangenden Gestein oft recht breit. Im großen tritt solcher Einfluß deutlich zutage da, wo Keuper oder Röt oberhalb eines Kalkriegels liegen. Dann wird das Tal im Röt und Keuper breit, oft kesselförmig, in dem Kalk aber eng. — Schaaltal bei Eichfeld, Kessel von Sundremda und Kirchremda.

Verwerfungen sind stellenweise auf die Talbildung von Einfluß gewesen, so z. B. auf dem Kalmplateau westlich des Weidenberges, am Lohberg zwischen Sandstein und Muschelkalk, das Gehängetal östlich von Ehrenstein, das Remdaer Tal bei Eschdorf, das Durchbruchstal von Sundremda, der Ausgang des Hirtentals und andere mehr.

Eine Bemerkung sei noch den jungen Kerbschluchten gewidmet. Sie sind im Sandstein und Kalkstein — namentlich der Wellenkalk kommt in Frage — steilwandige Cañons, im Röt dagegen haben sie mehr abgerundete Böschungen, und namentlich ist auffallend das so häufige, plötzliche Anfangen einer Schlucht mit steilwandiger, runder Nische auf den Talsohlen. Der Ausgang ist dagegen ein allmählicher, d. h. sie verlaufen sich auf dem Talboden.

5. Der Schutt auf den Gehängen und in den Tälern.

Auf den Gehängen und in den Tälern liegen vielfach Schuttmassen, deren Ursprung gewöhnlich festzustellen ist. Teils sind es Gesteinsmassen, die von den höheren Teilen der Gehänge stammen, teils aber sind sie nachweislich aus einiger Entfernung transportiert worden. Übergänge verbinden beide Schuttarten, und oft genug kann man nicht sagen, ob bestimmte Schuttmassen lediglich von dem oberen Gehänge stammen oder talwärts gewandert sind. Immerhin kann man zwei Arten unterscheiden: den Gehängeschutt und den transportierten Talschutt.

a) Der Gehängeschutt.

Dieser Schutt bedeckt die Gehänge und hat sich an ihrem Fuß gewöhnlich angehäuft, indem er die „Übergangsböschung" bildet. Auch kann er sich an den Terrassen und Rändern der Talgräben ansammeln. Zwei Abteilungen sind festzustellen, eine jüngere, die nirgends fehlt und durch schmutzig-gelbbraune Farben ausgezeichnet ist, und eine ältere aus unzersetztem Schutt. Ersterer ist unter chemischer Umwandlung des Gesteins entstanden, letzterer durch einfachen, physikalischen Zerfall. Kaum braucht erwähnt zu werden, daß in jedem Fall der Gehängeschutt aus Gesteinen besteht, die oben am Abhang anstehn.

Der schmutzig-gelbbraune Gehängeschutt zeigt, je nach den Gesteinen des Abhangs eine verschiedene Ausbildung. In den Sandsteingebieten ist es ein lehmiger Sand mit mehr oder weniger zersetzten Sandsteinstücken von sehr verschiedener Größe. Im Bereich des Röts und aus verwitterten Rotletten entstanden, finden sich dunkelgelbbraune Tone in Keilhau und an dem Graben von Teichel; sie sind durch einen Gehalt an Kalkbrocken ausgezeichnet. Wahrscheinlich ist die Verbreitung solcher Boden viel größer als man ahnt; sie werden aber von anderen verdeckt.

Schmutzig gelbbrauner, grober Kalkschutt bedeckt alle Kalkgehänge, und zwar sind in ihm handgroße und noch viel größere

Blöcke keineswegs selten. Auf den tieferen Partien der Gehänge, namentlich auf dem Röt liegt der schmutzig gelbbraune Kalkton mit nußgroßen Kalkstücken. „Kalkgries“ nennt ihn der Volksmund. Diese Massen können 2 m und mehr Mächtigkeit erreichen, so z. B. am Dorfrand von Kl.-Gölitz.

Gemisch von Kalk- und Rötschutt ist keineswegs selten. Rötlich-gelblich-braune Farben sind dann die Regel. Hierher gehört der Ton mit Kalkstücken in der Grube südlich von Teichel, an dem Gehöft von Bauchspieß in Heilsberg, und auf der Terrasse nördlich von Heilsberg.

β) Der unzersetzte Gehängeschutt.

Die Farben richten sich ganz nach der Farbe der Gesteine. Dieser Schutt kann fehlen, ist aber gewöhnlich doch unter dem schmutzig-gelbbraunen nachweisbar. Die Struktur ist eine ganz charakteristische. In einer sandigen oder tonigen oder kalkigen Grundmasse liegen eckige bis höchstens kantengerundete Stücke des frischen Gesteins ganz regellos durcheinander. Bei Gesteinsplatten kann man aber oft erkennen, daß sie sich flach auf die Böschung auflegen, als wären sie auf dem Abhang hinabgeglitten. Nach der Zusammensetzung des Schutts kann man einfachen und gemischten unterscheiden. Einfacher Schutt ist der gelbliche, grünliche, graue, weißrötliche bis rotbraune Sandsteinschutt des Gehänges und namentlich der Übergangsböschungen, ferner der helle, weißlich gelbliche Kalkschutt der Wellenkalkgehänge, sodann der lebhaft rotbraune Ton, der in den Rötschluchten die Gesteine überzieht und auf den Röt- und Sandsteinböschungen sich ausgebreitet hat. Die gleiche Beschaffenheit besitzt auch der weiche, rote Ton unter dem Brockenton in den Gruben von Keilhau und Altremda.

Noch interessanter aber sind die Schuttbreccien, wie der rote und graue Brockenton aus Röt oder Myophorienschichten.

Der zusammengesetzte Schutt ist auf der Grenze zweier einheitlicher Schuttmassen zu finden und besteht aus einem Gemisch der Gesteine beider Schuttarten. Hierher gehört vor allem die Kalk-Rötbreccie aus Stücken von Wellenkalk, Myophorienschichten und Röt in gelben, grünlichen, roten, einfarbigen Tonen und Bändertonen.

b) Der transportierte Talschutt.

Der transportierte Talschutt liegt auf dem Boden der Täler oder auch auf den Gehängen und zeigt nach Lagerung und Zusammensetzung eine Abwärtsbewegung innerhalb des Tals. Auch dieser Schutt zerfällt in zwei Abteilungen nach der Farbe, der schmutzig gelbbraune und der unzersetzte Schutt.

α) Der schmutzig gelbbraune verfrachtete Talschutt gleicht ganz dem oben beschriebenem „Kalkgries“. Oft genug ist die Grenze zwischen dem gleich beschaffenen Gehängeschutt nicht zu ziehen. Allein die mächtigen Kalkgriesmassen im Nussautal und auf dem Abhang des Ibenberges, wo der Kalkgries durch Rötschutt von dem unterhalb des Wellenkalkgehänges befindlichen Kalkgries ganz getrennt ist, beweisen eine Wanderung des Schuttes, die einst talabwärts gerichtet war.

Der gelbbraune Ton mit Pflanzenresten und Schnecken, der in Keilhau die Täler teilweise erfüllt und alluviales Alter besitzt, ist ebenso wie der graubraune alluviale Kalktuff an die Bachbetten gebunden. Er dürfte eine ausgedehnte Verbreitung in den Tälern besitzen, aber nur selten aufgeschlossen sein. — Schaala, Stadtremda.

Eigenartig ist der schwarze Schlammboden in Dr. Flume's Garten mit Schnecken, Kalkbrocken und Tonscherben. Er ist anscheinend eine Sumpfbildung und ähnliche Böden mögen in der Tiefe der Täler weit verbreitet sein.

β) Der unzersetzte verfrachtete Talschutt tritt uns im Graben von Teichel und in dem Kalk-Sandstein-Schutt entgegen. In dem Teicheler Graben zeigt die mächtige Überschüttung des Röts mit gelbem Kalkschutt eine Verfrachtung dieses talwärts und auch die Faltung des Röts zeigt gewisse Bewegungen in der gleichen Richtung an. Weitaus am wichtigsten aber sind die Kalk-Sandstein-Schuttmassen. Charakteristisch für diese ist, daß eckige bis höchstens kantengerundete Stücke von Kalkstein und abgerundete von Sandstein regellos in einer lehmigen — bald mehr sandigen, bald mehr tonigen oder kalkigen — Grundmasse liegen. Die Größe der Blöcke ist oft eine bedeutende — $1/2$—$3/4$ m Länge. Teils liegen sie oben auf dem Rande des Talgrabens, teils ziehen sie sich den Abhang hinab. Ihre Verbreitung ist eine große. Sie finden sich von Stadtremda bis Pflanzwirbach im Remdaer Tal, sie stehen zwischen Heilsberg und der Heilsberger Mühle an der Ecke an, sie liegen unter der Wiesensohle an der Teicheler Mühle, sie erfüllen den Mörlagraben. Auf Kalk-Sandsteinschutt ist das Auftreten von Sandstein und Kalkstücken an der Mündung des Wiesentals bei Eschdorf, das im Milbitzer Tal oberhalb der Mündung, das im Teicheler Tal nördlich von Teichel und das im unteren Schaaltal von der Mündung von Tal 3 auf der Nordseite und von Tal 6 auf der Südseite.

Der Lößlehm ist in mancher Hinsicht merkwürdig. Manchmal gleicht er richtigem Löß mit Lößmännchen und feinen Kalkröhren, in anderen Fällen ist er mehr sandig und geht in gelben bis grauen Gehängesand über. Allein das Auftreten von Steppenschnecken der Lößzeit beweist die Zusammengehörigkeit. Andererseits kommen auch Schalen rezenter Helixarten mit erhaltenen Farben vor. Demnach ist der Lößlehm entweder in der Alluvialzeit umgelagert worden oder Schnecken sind nachträglich auf Spalten hinabgelangt. Hauptsächlich lagert er in den Tälern auf den Gehängen, allein anscheinend kommt er auch auf der Hochfläche des Schönen Feldes vor. Eine große Unabhängigkeit vom Niveau ist also nicht zu leugnen.

Flußschotter in typischer Form sind im Ilmtal und Saaletal entwickelt, nicht aber in den Nebentälern. In den heutigen Bächen liegen dagegen auf dem Boden vielfach abgerollte Steine.

c) Das Altersverhältnis der Schuttmassen.

Das Alter der verschiedenen Schuttmassen ist z. Tl. festzustellen.

Die Saale- und Ilmschotter auf den Hochterrassen, die z. Tl. von Lößlehm bedeckt sind, sind diluvial, und dasselbe gilt für den Kalk-Sandsteinschutt des Schaal-, Mörla- und Remdaer Tals. Denn einmal sind die Schuttmassen z. Tl. von Lößlehm bedeckt, sodann aber am Ausgang der Täler auf die Volkstedter Terrasse eingestellt. Der unzersetzte Gehängeschutt ist z. Tl. diluvial, das beweisen die Lößschnecken.

Die Kalktuffe sind nach Flora und Fauna bestimmt alluvial, wenn auch in Schaala das Vorkommen von Helix hispida auf Beginn in der Diluvialzeit hinreichen dürfte. Der schmutzig gelbbraune Schutt dagegen wird durch seinen Gehalt an Scherben, Ziegeln und Stücken von Holz, Kohle z. Tl. als historische Ablagerung charakterisiert.

6. Das Verhältnis der Täler zueinander.

Es ist eine der auffallendsten Erscheinungen in unserem Gebiet, daß die meisten Täler „hängen“. An der Mündung des Remdaer Tals hindert die Bebauung die klare Erkenntnis des Verhältnisses dieses Tals zur Saalau. Beim Schaaltal dagegen ist die hohe Lage der Talsohle gegenüber der Saalau durchaus erkennbar. An anderen Tälern des Saalegebiets ist das Hängen noch viel deutlicher. Die meisten Nebentäler der Saale sind auf der Volkstedter Terrasse eingestellt; nur eine Kerbe führt zur Saalau und dem Flußbett hinab. Innerhalb der Nebentäler liegen die Verhältnisse aber ähnlich. Hier ist es durchaus die Regel, daß kleine Gehänge und Nebentäler auf die Übergangsböschung des Haupttals eingestellt sind. Diese Einstellung kommt daduruch zustande, daß die Schuttsohle des Nebentals in die Übergangsböschung des Haupttals übergeht. So geht es fort. Die Schuttmassen gehen schließlich in die der Volkstedter Terrasse im Saaletal über. Diese hat diluviales Alter; die Schuttmassen der Nebentäter aber, wenigstens soweit sie aus unzersetztem Schutt oder aus Lößlehm bestehen, enthalten z. Tl. gleichfalls Lößschnecken. Demnach ist eine teilweise Anfüllung der Täler mit diluvialem Schutt erkennbar.

Allein zwischen den aus diluvialem, unzersetztem Schutt bestehenden Gehängen liegen auf der Talsohle mächtige Massen von schmutzig gelbbraunen Tonen, von gleichfarbigem Kalkschutt, von weißlichen bis graubraunen Kalktuffen und schwarzen Sumpfablagerungen, alle von zweifellos alluvialem Alter. Auch auf den Gehängen selbst liegen die jungen, schmutzig gelbbraunen Schuttmassen z. Tl. mit Resten menschlicher Kultur. Damit hätten wir denn eine Fülle von Tatsachen kennen gelernt und können nunmehr an den Versuch herangehen, die Oberflächenformen zu erklären.

II. Erklärender Teil der physiologischen Morphologie.

Die Oberflächenformen, die wir kennen gelernt haben, zu erklären, ist die Hauptaufgabe der Morphologie. Die Formen entstehen infolge des Einwirkens äußerer Kräfte auf die Gesteine, die in ihrem passiven Widerstand von manchen Faktoren unterstützt werden. Demgemäß wären zuerst die angreifenden und dann die schützenden Faktoren festzustellen. Die vor sich gehenden abtragenden und aufschüttenden Prozesse sind weiterhin zu verfolgen, und dann erst kommt man dazu. die Formen aus den vorhandenen Prozessen zu erklären. Diejenigen Formen, die sich durch die heutigen Kräfte erklären lassen, sind die harmonischen, die nicht zu erklärenden die disharmonischen Formen. Letztere verlangen eine Erklärung auf Grund der Kenntnisse der Kräfte früherer geologischer Perioden.

1. Die angreifenden Kräfte.

Die die Gesteine zerstörenden Kräfte sind teils klimatischer, teils organischer Natur. In Thüringen spielen die einfachen Temperaturgegensätze keine Rolle, wohl aber der Spaltenfrost in anstehenden Gesteinen und unter wenig mächtiger Bodendecke. Regen und Schnee wirken durch das in den Boden dringende Wasser chemisch zersetzend und zwar zusammen mit der Vegetation. Letztere liefert Kohlensäure und Humussäure als wirksame Prinzipien der Umwandlung. Es herrscht hier wohl hauptsächlich eine Kohlensäureverwitterung, unter Waldboden kräftig unterstützt durch Humussäureverwitterung. Tierische Exkremente und sonstige Ausscheidungen, sowie bei der Verwesung von Pflanzen und Tieren entstehende Substanzen helfen mit. Wichtig ist die Rolle der wühlenden Tiere, während die der tretenden und weidenden Herdentiere heutzutage gering ist. Allein vor 50 Jahren war sie noch erheblich. Maulwürfe, Mäuse, Ameisen und zahlreiche Insektenlarven bringen feine Erde in Menge an die Oberfläche, die dann trotz der Vegetationsdecke durch Abspülung entfernt werden kann. Auf Ödland und trockenen Wiesen ist dieser Vorgang unausgesetzt im Gange.

Der Mensch spielt in der Vorbereitung zum Transport eine gewisse Rolle durch Schaffen vegetationsloser Wege, auf denen der Boden durch Füße und Wagenräder zermahlen und vom Wasser entfernt wird. Ferner ist namentlich die Entwaldung zu nennen, das Auflockern und Zerkleinern des Bodens durch Pflügen und Auslesen der Steine. Auch das Eindringen des Wassers wird durch die Bearbeitung der Felder befördert.

Von den angreifenden Faktoren ist das Wasser zweifellos am wichtigsten und deshalb sei auf dasselbe noch näher eingegangen.

Hydrographie des Blattes Stadtremda.

Regen- und Schneewasser sinken z. T. in den Boden ein, z. T. fließen sie oberflächlich ab. Das eindringende Wasser speißt Quellen und Grundwasser.

1. Quellen.

Quellen treten auf unserm Blatt in großer Zahl auf und zwar sind sie zweifellos viel zahlreicher als es die Karte 1 : 25000 zeigt. Denn in den meisten Fällen machen sie sich gar nicht bemerkbar oder liegen unter feuchtem Rasen. So hat z. B. der Schmied von Ehrenstein im Jahre 1912 eine Quelle gefaßt, die in einer feuchten Wiese westlich des Dorfes lag. Andere Beispiele ließen sich in größerer Zahl in der Umgebung der meisten Dörfer, z. B. von Keilhau anführen.

Man kann drei Gruppen von Quellen unterscheiden.

a) Schichtquellen entspringen am Fuße der Wellenkalkhänge zwischen dem durchlässigen Wellenkalk und den undurchlässigen Myophorienschichten. Sie liegen z. T. oben an den Gehängen und sind dann wohl meist von dem Wellenkalkschutt bedeckt, so daß sie äußerlich nicht in Erscheinung treten. Zu den sichtbaren Quellen dieser Art gehört die Quelle im Tal 3 nördlich von Heilsberg, die von Kl. Gölitz und die im SO von Keilhau, die Quellen des Schützentals, die am Ausgang des Tales 3 SW von Keilhau und viele andere, ferner die mit Macht aus dem Felsen brechende Pörzquelle, an der Mühle, aus der das Rudolstädter Schloß sein Wasser bezieht.

Andere Schichtquellen liegen in Tälern, so die am Ausgang des Blößtals nördlich von Teichel, die im N von Heilsberg und Thälendorf u. a. m.

b) Verwerfungsquellen sind in den Schollengebieten zu finden und ihr Bau ist im einzelnen verschieden aber keineswegs immer deutlich erkennbar. Hauptsächlich liegen sie im Muschelkalk, z. T. auch zwischen Röt und Sandstein. Hierher gehört die Quelle am Ausgang des Tännichtals, beide Quellen von Ehrenstein, die im NW von Stadtremda in der Sumpfwiese, die von Sundremda und die im Tal 6 nordwestlich vom Kunitzberg. Sodann die von Zeigerheim und wahrscheinlich auch die im Kessel am Ende des Tals 4 südlich von Schaala.

c) Sandsteinquellen seien einige Quellen genannt, die im Mittleren Buntsandstein entspringen, ohne daß ihre Entstehungsweise erkennbar wäre. Hierher gehört die Quelle westlich des Nordrandes der Stadt Teichel auf der Grenze von Röt und Sandstein, die im Tal 4 südöstlich von Milbitz, der Stolze-Heinrichs-Quell im Wiesenborntal und die Quelle am Musensitz nördlich von Lichstedt.

2. Grundwasser.

Der größte Teil des eindringenden Wassers führt zur Bildung des Grundwassers, das in den Tälern und Senken durch Brunnen oft erschlossen ist. Namentlich in den Sandsteintälern ist es unter der Wiesensohle überall zu finden und es scheint ein Grundwasserstrom abwärts gegen die Saale bezw. Ilm hinzuziehen. Zeugen hierfür sind die Teiche, wie z. B. in Alt-, Sund-, Kirch- und Stadtremda, im Hölzer-, Hermanns-, Teicheler-Tal, sowie Thälendorfer Tal und im

Schaaltal bei Eichfeld und Rudolstadt. Viele Dörfer haben noch heute, früher, d. h. vor der Anlage der Wasserleitung, hatten fast alle Dörfer ausschließlich Brunnen.

3. Das abfließende Wasser.

Weitaus die Mehrzahl der Täler und Wasserrisse besitzt nur periodisches Wasser nach anhaltendem Regen und namentlich Wolkenbrüchen und zur Zeit der Schneeschmelze. Bäche mit dauernd fließendem Wasser sind nur der Tellbach und der im Thälendorfer Tal bis zu dem Dorf, die Rinne im Remdaer Tal aufwärts bis Stadtremda und weiter bis zu der Quelle bei Sundremda, der im Teicheler Tal bis oberhalb Teichel. Dazu kommt der Bach im Schaaltal und in diesem außerdem der Pörzbach und das Rinnsal östlich des Katzenhügels zwischen Eichfeld und Schaala. Der Beginn der Bäche ist an eine Quelle geknüpft — die Rinne bei Sundremda — oder sie entspringen im feuchten Talgrund, wo Quellen oder Grundwasser austreten, und Grundwasser speist hauptsächlich die Bäche in ihrem weiteren Verlauf. Nach Wolkenbrüchen und während der Schneeschmelze füllen sich die Betten, allein es scheinen heutzutage keine Überschwemmungen mehr vorzukommen. Vor 50 Jahren waren sie dagegen noch erheblich.

Die Saale ist ca. 2 m in den Wiesenboden eingeschnitten und auch sie ist bei Rudolstadt selbt so weit gebändigt, daß sie auf ihr Bett beschränkt ist und nur ganz ausnahmsweise einmal übertritt Am bedeutendsten war, wie mir Herr Reinicke in Rudolstadt mitteilte, die Überschwemmung im Jahre 1890 und bekannt ist ferner die Überschwemmung von 1799, wo das Wasser durch die Straßen von Rudolstadt floß. Oberhalb der Stadt, d. h. gegen die Mündung der Schwarza hin überflutet das Hochwasser häufig die Wiesen (Vgl. Anhang 2).

Schließlich sei darauf hingewiesen, daß bei der Abfuhr des Wassers die Wege und Weggräben eine große Rolle spielen und häufig die ursprünglichen Bachbetten ganz ersetzt haben.

Die hier gegebene Darstellung der hydrographischen Verhältnisse ist nur sehr skizzenhaft. Es wäre wünschenswert, sie Blatt für Blatt speziell zu studieren. Der Gegenstand wäre für Dissertationen sehr geeignet.

2. Die schützenden Faktoren.

Vegetation, Tierwelt und Mensch.

Unter den schützenden Faktoren ist in erster Linie die Vegetation zu nennen, da sie den Boden gegen die Abtragung durch fließendes Wasser und Wind schützt und Bodenbewegungen entweder ganz verhindert oder doch stark einschränkt. Die schützende Wirkung der Vegetation ist auf Karte I festgelegt worden, indem drei Regionen unterschieden worden sind, nämlich Regionen mit anstehenden Gesteinen, solche, die eine geschlossene Vegetationsdecke besitzen und locker bewachsene Gebiete. Letztere umfassen einmal das Ackerland und ferner die trockenen Wiesen und das Ödland. Diese sind zwar mit einer Rasendecke versehen, allein die Tiere bringen doch reichlich feine Erde auf die Oberfläche. Deshalb sind sie von dem Ackerland nicht getrennt, zumal Felder, Brachland und Wiesen oft einander abwechseln. Ein Blick auf die Karte zeigt nun, daß die Hauptwaldgebiete im Bereich des Sandsteins und auf dem Kalkplateau zu finden sind. Von den Wellenkalkhängen sind die nach S blickenden meist unbewaldet, die nach N sehenden dagegen mit Wald bedeckt. Ganz bewaldet sind dagegen meist die Gehänge enger Täler.

In dem mit lockerer Vegetationsdecke bestandenem Gebiet ist das Ödland auf steilen, steinigen Hängen zu finden, namentlich über Unterem Wellenkalk und Trochitenkalk. Dagegen sind die ebenen Sandsteinflächen, Röt, Keuper, Oberer Wellenkalk, Mittlerer Muschelkalk, Ceratitenschichten und Diluviallehme die Hauptackerbaugebiete. Wiesen finden sich in den Tälern auf den Böschungssohlen, namentlich der Sandsteintäler, und zwar sind sie meist trocken. Feuchte Wiesen sind dagegen im Sundremdaer und Kirchremdaer Kessel, nordöstlich von Altremda und nordwestlich von Stadtremda auf dem Sandsteinplateau zu finden. Die Arbeit der Tiere ist hauptsächlich auf den trockenen Wiesen im Gange.

Die Tätigkeit des Menschen ist keineswegs gleichgültig. Im Gegenteil, er hat gegen die Folgen der Entwaldung beständig zu kämpfen und zwar geschieht das durch Aufschütten von Steinwällen und Anpflanzen von Hecken auf steilen Böschungen durch Bepflanzen oder Zuschütten und Überpflanzen der frischen Erosionsrinnen, durch Auflockern des Bodens beim Pflügen, durch Auffangen des Regenwassers und Ableiten in die Weggräben. Es ist ein beständiger Guerillakrieg, den der Mensch gegen das Wasser führen muß.

3. Die Gesteinsbeschaffenheit.

Nunmehr kommen wir zu einem Abschnitt, der ausführlicher behandelt werden muß, zu der Widerstandsfähigkeit der Gesteine. Eine Reihe von Eigenschaften der Gesteine muß hier berücksichtigt werden.

Die Festigkeit spielt eine Hauptrolle. Darunter ist die Kohäsion der einzelnen Partikel verstanden, nicht nur die Härte. Manche Gesteine bestehen aus sehr harten Gesteinen und sind doch wenig fest, wie z. B. Schotter aus Quarz usw. in Sand und Kies. Auf der Karte sind die Gesteine unseres Blattes in drei Skalen eingeteilt, einmal lose, wenig feste Gesteine, die sich mit den Fingern zerreiben oder in großen Stücken zerbrechen lassen, ferner mäßig feste Gesteine, die mürb und in kleinen Platten mit der Hand zu zerbrechen, in größere mit dem Hammer leicht zu zerschlagen sind, in feste Gesteine, die dem Hammerschlag energisch trotzen und in die festesten, wie Quarz, Hornstein, Kieselschiefer. Mit 1 seien die am wenigsten festen, mit 4 die festesten bezeichnet.

Wichtig sind nun noch zwei Momente. Manche Gesteine besitzen in trockenem und nassem Zustand verschiedene Festigkeit. Namentlich Ton und Mergel sind, wenn trocken, ganz hart, weichen aber bei Wasseraufnahme auf. Sandsteine mit tonigem Zement zeigen gleichfalls Unterschiede in trockenem und nassem Zustand. Man kann also von einer Schwankung der Festigkeit oder auch von Härteschwankung der Gesteine, d. h. einem Aufweichen der Gesteine sprechen. Von dem Aufweichen aber hängt die Neigung zu Rutschungen und Bodenfluß ab, den man vielleicht kurz Fluktionsfähigkeit nennen könnte. Der zweite Punkt ist der, daß die Festigkeitsskala die mittlere Festigkeit der Gesteine angeben soll. Der Maßstab der Karte 1 : 50000 könnte im besten Fall die Darstellung von 50 m mächtigen Gesteinsmassen erlauben. Der Wechsel der Gesteine vollzieht sich aber meist auf viel engerem Raum. Man ist also genötigt mittlere Werte abzuschätzen. Wenn aber feste und lose Gesteine zusammen eine Schichtmasse aufbauen, z. B. Quarzschotter in Sanden oder Wechsel von Letten und Kalksteinbänken — so überziehen sich die Gehänge bei der Abtragung mit einem Panzer aus zertrümmerten harten Gesteinsstücken, und dieser schützt die weichere Unterlage.

Demnach kommt tatsächlich eine mittlere Widerstandsfähigkeit zustande. Bei Letten = 1 und Kalkstein = 3 wäre also die Skala 2, bei Sanden (1) und Quarzschottern (4) dagegen, je nach der Menge der Schotter, würde die Skala 2 oder 3.

Ein anderer wichtiger Faktor ist die Zerklüftung und Porosität. Große Zerklüftung, sei es durch Spaltung oder Schichtung und Schieferung, setzt die Widerstandsfähigkeit der ganzen Gesteinsmasse stark herab. Namentlich können Spaltenfrost und chemische Zersetzung wirksamer werden; andererseits wird infolge schneller Wasseraufnahme die Erosionskraft unter Umständen durch starke Zerklüftung herabgesetzt.

Porosität wirkt ähnlich wie die Zerklüftung, setzt aber die Festigkeit der ganzen Gesteinsmasse in geringerem Grade herab. Beide Faktoren — Zerklüftung und Porosität — sind nach ihrem mittleren Grade abgeschätzt und die verschiedenen Gesteine in drei Stufen zerlegt worden, in sehr, mäßig und wenig zerklüftete, bezw. poröse Gesteine. Wie die Festigkeit sckwankt auch die Zerklüftung mit der Austrocknung und Durchnässung erheblich, geht aber, da auch auf Tongehalt beruhend, mit der Erweichung der Gesteine Hand in Hand.

Eine nur ausnahmsweise vorkommende Erscheinung ist das Quellungsvermögen — Volumenzunahme — eines Gesteins bei Wasseraufnahme.

Bei der chemischen Löslichkeit eines Gesteins kommt es einerseits auf die Auflösung des ganzen Gesteins und ferner auf die Vernichtung der Festigkeit infolge der Zerstörung des Zements an. Damit wird ein Zerfall und eine Vorbereitung zum Transport eingeleitet. Die Gesteine unseres Gebiets werden am besten in drei Klassen eingeteilt, leicht, mäßig und schwer lösliche Gesteine. Dabei ist auf die Auflösung des Zements und auf den damit verbundenen Zerfall besonders zu achten.

Diese verschiedenen Faktoren. die die Widerstandsfähigkeit gegen die Abtragung bedingen, sind auf Karte V und VI eingetragen. Karte V zeigt die physikalische, VI die chemische Widerstandsfähigkeit.

Die physikalische Widerstandsfähigkeit.

1. Die Festigkeit.

Die mittlere Festigkeit ist durch 4 Stufen ausgedrückt worden, die den geringen (1), mäßigen (2), großen (3) und sehr großen (4) Widerstand gegen Zerbrechen und Zerreiben ausdrücken sollen. Stufe 4 kommt auf unserem Blatt nur in losen Stücken von Quarziten, Quarz, Porphyren u. a. m. vor. Verfolgen wir an der Hand der petrographischen Beschaffenheit der Formationen die einzelnen Stufen.

a) Erste Stufe. Eine geringe Festigkeit weisen die Letten und Tone des Oberen Zechsteins, des Röts, Keupers, Tertiärs und Quartärs auf, desgleichen Sande und lößähnliche Ablagerungen. Alle sind mit der Hand leicht zu zerbrechen und oft zu zerreiben.

b) Zur zweiten Stufe gehören der Untere und Mittlere Buntsandstein. Es sind teils lose, zerreibliche, teils festere und kieselige Sandsteine; allein im Dursehschnitt überwiegen mürbe, mit dem Hammer leicht zu zerschlagende Gesteine. Dasselbe gilt für die Keupersandsteine. Auch die Nodosusschichten, der Mittlere Muschelkalk und die Myophorienschichten gehören hierher. Sie bestehen nämlich aus harten Kalksteinbänken und aus weichen Kalkmergeln. Jene bilden Bänke in diesen. Die Festigkeit der harten Bänke ist 3, die der Mergel 1, demnach wäre die mittlere Festigkeit 2. Ähnlich steht es mit den Schottern, die aus losen Sanden und Gesteinsbänken von der Festigkeit 2—4 bestehen.

Schließlich wäre noch der dichte Gyps zu nennen, der zwar so weich ist, daß man ihn mit dem Fingernagel ritzen kann, allein er ist trotzdem recht zähe und fest. Der Faser- und Knollengyps ist so wenig mächtig, daß er keine Rolle spielt; seine Festigkeit ist viel geringer als die des kompakten porphyrischen Gypses.

c) Die festesten Gesteine des Blattes sind die der Stufe 3. Hierher gehören die Kalksteine des Muschelkalks, die Dolomite des Zechsteins, Keupers und Röts, nebst den Quarziten letzterer Formation. Kartographisch darstellbar sind von den Röteinlagerungen nur die Dolomite. Innerhalb der Kalksteine ist die Festigkeit keineswegs gleich. So ist der Terebratulakalk erheblich fester als der poröse Schaumkalk, oder der mergelige Wellenkalk. Dasselbe gilt von den Hornstein-Trochitenkalken, allein es dürfte sich empfehlen, so lange nicht exakte Methoden zur Bestimmung der Festigkeit angewandt werden, keine detailliertere Einteilung zu machen. Dem Hammerschlag leisten sie jedenfalls alle großen Widerstand und mit der Hand lassen sie sich auch in Platten nicht zerbrechen.

Gesteine von der Festigkeit 4 kommen vor. Es sind dies die Hornsteine im Trochitenkalk, die Knollenquarzite des Oligozäns und die Quarze, Porphyre usw. der Diluvialschotter. Allein ihre räumliche Ausdehnung ist zu unbedeutend, als daß sie kartiert werden könnten.

2. Durchlässigkeit der Gesteine.

Die Durchlässigkeit der Gesteine setzt sich aus zwei Komponenten zusammen, der Zerklüftung und Porosität. Die Zerklüftung kann auf Spaltenbildung oder Bankung und Schieferung beruhen. In letzterem Fall kommt es auf die Lagerung der Schichten wesentlich an. Sie ist an der Oberfläche am größten. Lose Gesteine von der Festigkeit 1 zerfallen häufig in zahllose Teilchen, daher werden sie als Gruppe 4 besonders ausgeschieden. (Vgl. weiter unten d).

Die Porosität dagegen bezieht sich auf die Wasseraufnahmefähigkeit des Gesteins in kapillaren Poren. Bei großer Zerklüftung kommt es in morphologischer Hinsicht auf die Porosität gar nicht an; diese braucht nur in mäßig bis wenig zerklüfteten Gesteinen berücksichtigt zu werden. In stark zerklüfteten Gesteinen ist sie daher auf der Karte nicht ausgedrückt worden.

Die Zerklüftung ist durch vier Stufen ausgedrückt worden, und zwar ist immer der trockene Zustand angenommen worden, ein bei Letten und Mergeln wichtiger Umstand.

a) Wenig zerklüftete Gesteine (1) sind die festen dicken Bänke des Unteren Muschelkalks, nämlich der Terebratulakalk und die Oolithbänke.

b) Zur zweiten Stufe gehören die mäßig zerklüfteten und gebankten Gesteine, so namentlich der Mittlere und Untere Buntsandstein; auch den Rötdolomit nebst den Rötgypsen kann man hierher rechnen. Im Trochitenkalk sind die dicken Bänke zwar auch nur wenig zerklüftet, allein gut gebankte Kalksteine sind reichlich entwickelt und deshalb sei der Trochitenkalk auch in die zweite Gruppe gestellt. Der Schaumkalk ist im allgemeinen stärker zerklüftet und namentlich auch mit Löchern erfüllt. Deshalb sei auch er als mäßig zerklüftet bezeichnet. Der Zechsteinkalk und -dolomit hat sehr wechselnde Beschaffenheit. Manche Partien sind ganz plump und dick gebankt, andere erscheinen zerstückelt. Die Annahme mittlerer Zerklüftung dürfte daher zutreffend sein.

c) Stark zerklüftete Gesteine sind die gut gebankten und in Stücke zerfallenden. Für letztere ist geradezu ein Musterbeispiel der Wellenkalk. Auch die gut gebankten Gesteine von schnellem Wechsel der Schichten, die Myophorienschichten, der Mittlere Muschelkalk, die Nodosusschichten und die mit Dolomiten und Sandsteinen wechsellagernden Keuperletten.

d) Stufe 4 sind die losen, zerreiblichen, unverkitteten, bis ins kleinste zerklüfteten Gesteine, wie Letten, Tone, Sande, Lehme, Kiese, Schotter usw.

Porosität. In vieler Beziehung abweichend verhalten sich die Gesteine hinsichtlich der Porosität. Die kartographische Darstellung konnte sich auf die Darstellung der mittleren Porosität beschränken, d. h. der mürben porösen Gesteine. Denn die stark porösen, wie z. B. Sand, Grand, Kies, Schotter, fallen mit den stark zerklüfteten zusammen, die wenig porösen Gesteine sind aber ohne Signatur gelassen. Die überwiegende Mehrzahl der Formationen unseres Gebietes gehört hierher, mittlere Porosität besitzen nur der Untere und Mittlere Buntsandstein, die Rötgypse, die auf der Karte nicht dargestellten Rötquarzite, der Schaumkalk und die Keupersandsteine.

Härteschwankung und Fluktionsfähigkeit.

Tonige und merglige Gesteine zeigen bekanntlich einen auffallenden Härteunterschied in nassem und trockenem Zustand. Gleichzeitig tritt bei Tonen ein Schrumpfen unter Spaltenbildung ein, so daß Zerklüftung und Durchlässigkeit in trockenem Zustand sehr groß, in nassem sehr gering sind. Diese Härteschwankung ist nun auf Karte IV auch zum Ausdruck gebracht worden.

Gesteine, die keine Härteschwankung besitzen, haben keine Signatur erhalten.

Die Gesteine mit geringer Härteschwankung sind mit 1 bezeichnet worden. Es sind das sämtliche Sandsteine, die ein toniges Bindemittel besitzen. Die Signatur auf der Karte besteht in Kreisen.

Die sehr große Härteschwankung aufweisenden Gesteine (= Stufe 3) sind die Letten und Tone des Zechsteins, Röts und Keupers und die Tertiär- und Quartärtone. Die Signatur besteht in schwarzen Punkten.

Nun gibt es ferner noch Formationen, in denen Kalkbänke mit weichen, tonigen Mergeln wechsellagern. Das sind die Myophorienschichten, der Mittlere Muschelkalk und die Nodosusschichten. Sie sind durch rote Punkte gekennzeichnet und als Stufe 2 zusammengefaßt worden.

Mit der Härteschwankung ist nun auch das Vermögen verbunden, in nassem Zustand plastisch zu werden. Demnach neigen solche Schichten zu Bodenfluß und man könnte direkt von einer Fluktionsfähigkeit sprechen. Man kann vermuten, daß die tonigen Massen der Stufe 2, die von schweren festen Gesteinen durchsetzt sind, am meisten zu Rutschungen und Bodenfluß neigen.

Das Aufblähen des Gypses bei der Wasseraufnahme und des Anhydrits ist auch auf Karte IV zur Darstellung gelangt. Zwar ist der Vorgang an sich chemischer Natur, allein tatsächlich ist die morphologische Wirkung physikalischer Natur, die Masse schwillt an, wölbt sich empor, ruft Stauchungen, Faltungen und Verschiebungen hervor. Obwohl auf unserm Blatt nur unbedeutend, sei dieser Vorgang doch auch berücksichtigt.

Die chemische Widerstandsfähigkeit.

Die chemische Umwandlung der Gesteine beruht auf einfacher Auflösung und chemischer Umwandlung oder Verwitterung. Für unsere Zwecke kommt es außerdem aber auch auf die Vernichtung der Festigkeit des Gesteins und damit auf seine Vorbereitung zum Transport an. Bei der Einteilung in Stufen ist aber die Schnelligkeit der Auflösung und Zersetzung maßgebend. Da ganz leicht lösliche Salze hier fehlen, besteht Stufe 1 aus dem Gyps und den Kalksteinen.

Die zweite Stufe müßte die Silikatgesteine umfassen, die relativ leicht verwittern, wie die meisten Eruptivgesteine und kristallinen Schiefer. Allein diese fehlen; nur der Dolomit ist hier zu nennen.

Dagegen ist Stufe 3 durch die chemisch kaum zu verändernden Tone, Letten und Quarzsandgesteine vertreten.

Zur Stufe 1 gehören also neben den Rötgypsen sämtliche Kalksteine des Muschelkalks. Da die Karte die Formationen und ihre mittlere Widerstandsfähigkeit darstellt, so wären die mit Tonen und Mergeln wechsellagernden festen Gesteinsbänke eigentlich für sich besonders zu betrachten. Eine solche Zusammensetzung zeigen die Myophorien- und Nodosusschichten, sowie der Mittlere Muschelkalk, nämlich Mergel und Letten nebst Kalksteinbänken, allein es kommt hier ja ganz wesentlich auf die Vernichtung der Festigkeit durch die Verwitterung an und deshalb gehören auch diese Gesteinskomplexe zur Stufe 1.

Zur Stufe 2 gehören die Dolomite, die schwerer löslich sind als die Kalksteine, also Zechstein-, Röt- und Keuperdolomit.

Stufe 3 umfaßt die Sandsteine mit tonigem Zement (Buntsandstein und Keuper), die sämtlichen Letten und Tone des Zechsteins, Röts und Keupers, des Tertiärs und Quartärs.

Die Durchlässigkeit des Verwitterungsbodens.

Die physikalische Beschaffenheit des Verwitterungsbodens, namentlich seine Durchlässigkeit, sind bei der Ausgestaltung des Landes kaum weniger wichtig als die Beschaffenheit der Gesteine. Die Böden der festen Gesteine unseres Gebietes lassen sich in zwei Gruppen teilen, die durchlässigen Sande und lehmigen Sande des Unteren und Mittleren Buntsandsteines einer- und die sämtlichen anderen Böden andererseits. Denn schwere Tonböden liefern Muschelkalk, Keuper, Röt und Tertiär. Das Quartär hat lehmige Böden, das Alluvium Sande bis Tone.

Tabelle der Gesteinswiderstände.

Formation	Festigkeit	Durchlässigkeit: Zerklüftung	Durchlässigkeit: Porosit.	Härteschwankg.	Chem. Widerstandsfähigkeit	Bodenart	Mittlere physikalische Widerstandsfähigkeit
Oberer Zechstein: Unt. Letten	1	4	1	3	3	Ton	6
Oberer Zechstein: Dolom. Kalk	5	2	1	—	2	steiniger Kalkton	1
Oberer Zechstein: Obere Letten	1	4	1	3	3	Ton	6
Unterer Buntsandstein	2	2	2	1	3	Lehmiger Sand	4
Mittlerer Buntsandstein	2	2	2	1	3	„ „	4
Röt: Letten	1	4	1	3	3	Wenig steiniger Ton	6
Röt: Dolomit	3	2	1	—	2		2
Röt: Gyps	2	2	2	1	1		4
Unterer Muschelkalk: Myophorienschichten	2	3	1	2	1	Ton	5
Unterer Muschelkalk: Unterer Wellenkalk	3	3	1	—	1	Sehr steiniger Kalkton	3
Unterer Muschelkalk: Oolith	3	1	1	—	1		1
Unterer Muschelkalk: Terebratulakalk	3	1	1	—	1		1
Unterer Muschelkalk: Oberer Wellenkalk	3	3	1	—	1		3
Unterer Muschelkalk: Schaumkalk	3	2	2	—	1		2
Mittlerer Muschelkalk	2	3	1	2	1		4
Oberer Muschelkalk: Trochitkalk	3	2	1	—	1		1
Oberer Muschelkalk: Nodosus-Schichten	2	3	1	2	1		5
Unterer Keuper: Letten, Sandstein, Dolomit	1	3	1	3	3	Wenig steiniger Ton	5
Oligozän	1	4	1	3	3	Wen. stein. Ton	6
Diluviallehm	1	4	1	3	3	Ton bis Lehm	6
Diluviale Schotter in Ton	2	4	1	2	3	Steiniger Ton	5
Alluviallehm	1	4	1	3	3	Ton	6
Kalkschutt in Lehm	2	3	1	2	1	Steiniger Ton bis Kalkschutt	5

Die Tonböden des Muschelkalks sind sehr steinig. Ein hoher Gehalt an Gesteinen setzt die Undurchlässigkeit sicherlich herab, allein trotzdem bleiben auch steinige Tonböden schwer durchlässig. Wenn sich infolge von Abspülung Geröllpanzer entwickeln, so wird die oberflächlichste Schicht zwar durchlässig, nicht aber der Untergrund. An den steilen Wellenkalkgehängen ist das z. B. der Fall.

Einen ganz gewaltigen Einfluß übt die Härteschwankung aus. In nassem Zustand schwer durchlässig, sind die Tonböden mit breiten Rissen durchsetzt und zerklüftet, wenn es einige Wochen lang nicht geregnet hat. Da versinkt das herniederprasselnde Regenwasser zunächst in den Spalten, bis diese sich schließen.

Allein noch stärker als die Austrocknung wird die Undurchlässigkeit durch das Pflügen der Felder und die damit verbundene Schollenbildung herabgesetzt. Das Regenwasser versinkt dann selbst auf dem schwersten Tonboden oder sammelt sich in Vertiefungen an, indem es nur in Form unbedeutender Streifen zusammenfließt.

Die Ergebnisse der Betrachtung über die Widerstandsfähigkeit der Gesteine und Verwitterungsböden sind in der vorstehenden Tabelle zusammengestellt. Sie ergibt ohne weiteres die Beschaffenheit der verschiedenen Formationen nach allen Richtungen hin, und man kann sich schnell nach ihr orientieren.

4. Die abtragenden und aufschüttenden Kräfte und ihre Verbreitung.

Die nächste Aufgabe wird darin bestehen, die verschiedenen, heutzutage wirkenden Prozesse festzustellen und zwar geschieht das an der Hand der bisher entworfenen Karten. Drei Prozesse und ihre regionale Verbreitung sind zu untersuchen:

1. die Zerstörung der Gesteine durch Verwitterung;
2. die Abtragungsprozesse;
3. die Aufschüttungsprozesse.

1 Die Zerstörung der Gesteine in situ.

a) Mechanische Verwitterung von anstehendem Gestein ist räumlich äußerst beschränkt, und zwar besteht die Zerstörung in Austrocknung und Spaltenfrost. Es finden sich anstehende Gesteine nur in einigen Kerbschluchten im Sandstein, Röt, Wellenkalk, Zechsteindolomit und Lößlehm. ferner sind an vielen Wegen auf kurze Strecken hin Gesteine bloßgelegt worden. Alle Gesteine nun, die einen hohen Grad von Härteschwankung besitzen, sind der Zerstörung durch Zerplatzen beim Austrocknen ausgesetzt, so namentlich die Zechsteine, Röt- und Keuplerletten, der Diluvallehm, an desesn Wänden unausgesetzt Platten und Scherben abplatzen, und das geschieht auch in den sehr seltenen Aufschlüssen des Mittleren Muschelkalks und der Nodosusschichten.

Der Spaltenfrost dagegen ist in stark zerklüfteten und porösen Gesteinen besonders wirksam, also im Wellenkalk, wo an dem Fuß der Wände in jedem Frühjahr reichlich abfallender Schutt liegt, ferner im Zechsteindolomit, in den Sandsteinen und auch in den aus wechselnden Gesteinen bestehenden Schichten, wie Mittlerem Muschelkalk und Nodosusschichten.

Der Raum, auf dem anstehende Gesteine zu finden sind, ist aber so beschränkt, daß er auf einer Karte von dem Maßstab 1 : 50000 nur in ganz übertriebener Weise zur Darstellung gelangen könnte. Am meisten ist mechanische Zerstörung von anstehendem Gestein noch an den steilen Wellenkalkböschungen zu beobachten.

Unter der Bodendecke arbeitet der Spaltenfrost wohl nur dann, wenn diese sehr wenig mächtig ist. Man könnte vermuten, daß der Spaltenfrost unter der nur 20—50 cm mächtigen Decke von Verwitterungsboden auf den Hochflächen der Kalkplateaus noch arbeitet. Sicherlich tun das dort wie auch an vielen anderen Orten die Baumwurzeln.

b) Chemische Verwitterung.

Die bei uns vorherrschende Kohlensäure- und Humussäureverwitterung findet ihr Optimum auf ebenem, dicht bewaldeten Gelände. Die Waldgebiete sind also ihre Hauptgebiete und umso mehr, je ebener sie sind. Allein auch Ödland, Wiesen- und Ackerland sind Regionen chemischer Verwitterung, und ohne solche oder doch annähernd ohne solche sind nur die kleinen Partien von anstehendem Gestein. Hinsichtlich der Energie der Verwitterung sei auf die Tabelle auf S. 155 verwiesen. Sie muß demnach auf den bewaldeten Kalkhochflächen am größten, auf den unbewaldeten Gehängen des Röts und namentlich des Sandsteins am geringsten sein. Dem müßte auch die Mächtigkeit der Bodendecke entsprechen. Allein tatsächlich ist das Gegenteil zu beobachten. Minimal ist die Verwitterungsschicht auf den Kalkhochflächen; nur in den Senken und Tälern wird der Boden mächtiger, und auch im Bereich aller anderen Gesteine liegt auf den Gehängen und namentlich am Fuß derselben der Bodenschutt in viel größerer Mächtigkeit als auf den Hochflächen. Also muß eine Anhäufung des Schutts unter seitlicher Verschiebung stattfinden oder stattgefunden haben. Allein wie dem auch sei, das eine tritt klar hervor: die chemische Verwitterung beherrscht augenblicklich räumlich unser Gebiet vollständig und ist daher in der Gegenwart ein sehr wichtiger Faktor.

2. Die Abtragung.

Die abtragenden Kräfte sind Regen- und Schneewasser nebst der Schwerkraft, während der Wind bei uns keine Rolle spielt. Die

Prozesse aber, die durch jene Kräfte bewirkt werden, sind die lineare Erosion, Flächenspülung und Bodenversetzungen.

a) Die lineare Erosion.

Diejenigen Kräfte, die in erster Linie lineare Erosion bewirken, die Schluchten, Bäche und Flüsse füllen, Überschwemmungen verursachen, sind die sommerlichen Gewitterregen. Ein zweiter Faktor ist die Schneeschmelze, die gleichfalls ein gewaltiges Anschwellen des Wassers bewirkt. Wichtig ist bei letzterer der Umstand, daß der Boden während dieser Zeit oft noch gefroren ist. Der Effekt des Einschneidens wird damit herabgesetzt, die Menge des abfließenden Wassers aber gesteigert. Die lineare Erosion setzt sich aus zwei Komponenten zusammen, nämlich aus der Vertikal- und der Horizontalerosion. Erstere schneidet vertikal ein, letztere erodiert seitlich. Ob diese oder jene vorherrscht oder allein entwickelt ist, hängt aber von der Wassermasse, dem Böschungswinkel und dem Gesteinswiderstand ab. Erstere wechselt und ist kartographisch nicht darstellbar, die Böschungswinkel kann man aus Karte II entnehmen. Im allgemeinen dürften die Gehänge mit einem Neigungswinkel bis zu 5° die Vertikalerosion nicht aufkommen lassen, und auch die Horizontalerosion wird recht beschränkt sein. Je größer die Böschung wird, umso energischer beginnt zuerst die Horizontal-, dann die Vertikalerosion. Im allgemeinen dürfte im Gebiet der Böschung 5—20° die Horizontal-, bei über 20° die Vertikalerosion vorherrschen, wenigstens in Gehängetälern und Schluchten mit meist geringen Wassermassen und großen Reibungswiderständen.

Der Gesteinswiderstand gegen die lineare Erosion hängt von der Bodendecke und der Beschaffenheit des anstehenden Gesteins ab. Bei der ersten Talanlage ist die Bodenbeschaffenheit maßgebend, namentlich die Durchlässigkeit. Also sämtliche Gebiete mit schwerem Tonboden müßten an Talfurchen reich, die mit sandigem Boden an solchen arm sein. Sobald aber das Gestein erreicht ist, müßten wenig feste und stark zerklüftete Gesteine tiefer und breiter zerschnitten sein als feste, unzerklüftete.

Auf kahlem Gesteinsboden kommt es nur auf die Gesteinsbeschaffenheit an. Namentlich spielt dann die Durchlässigkeit — die Zerklüftung und Porosität — eine große Rolle. Bei der geringen Ausdehnung kahlen Gesteins kann man aber hier diese Frage vernachlässigen.

Nun kommt aber noch ein sehr wichtiger Faktor hinzu, die

V e g e t a t i o n. Sie hindert auf das energischste die Vertikalerosion, aber z. T. auch die Horizontalerosion. Wo eine geschlossene Vegetationsdecke vorhanden ist, sind diese Prozesse nicht im Gange.

Werfen wir nunmehr auf die Karten einen Blick! Die Gebiete mit geschlossener Vegetationsdecke müßten von Erosionsrinnen mindestens auf den mäßig bis wenig geneigten Böschungen frei sein. Allein das trifft keineswegs zu. Auf der Nordabdachung des Kalmplateaus, auf dem Teicheler Plateau, auf den Sandsteinhochflächen sind unter dichter Walddecke Täler zu finden. Solche Talbildungen sind entschieden als disharmonische Bildungen anzusprechen.

Die Gebiete mit lockerer Vegetationsdecke und unter diesen namentlich das Ackerland, das unter den Halmen und Büscheln einen kahlen Boden hat, müßte ein Gebiet der Erosion sein, und namentlich müßten die Gebiete mit schwerem Tonboden, also Röt und Keuper, aber auch die Muschelkalkplateaus zerschnitten sein. Ist das der Fall? Nur sehr lokal trifft diese Forderung zu, nämlich bei den Rötschluchten. Ganz überwiegend dehnen sich — ausgerechnet auf dem schwer durchlässigen Röt- und Keuperboden — glatte Flächen aus. Für das Schöne Feld mit seinem schweren Tonboden gilt dasselbe. Daß der leichte Sandboden der Sandsteingebiete nicht zu energischer Erosion neigt, ist leichter verständlich.

Die auffallende Erscheinung des Fehlens einer energischen Erosion auf ungeschütztem schweren Tonboden ist durch d a s E i n g r e i f e n d e s M e n s c h e n zu erklären, durch die Auflockerung des Bodens beim Pflügen, durch das Bepflanzen, Zuschütten und Überpflügen der alten und frischen Erosionsrinnen, sowie die rechtzeitige Ableitung des Wassers in Gräben. Wir haben hier also eine deutliche, für das Landschaftsbild bedeutungsvolle Einwirkung des Menschen vor uns. Die Wellenkalkgehänge sind wenig zertalt trotz des mangelhaften Vegetationsschutzes. Allein hier liegen die Verhältnisse anders. Einmal ist der Verwitterungsboden ein sehr steiniger Kalkton, von einem geschlossenen Steinpanzer bedeckt, der durch Härte und Schwere der Gesteinsstücke den Boden schützt und in dem obendrein das Regen- und Schmelzwasser versinkt. Dazu kommt das Vorspringen harter Bänke und die Durchlässigkeit des Wellenkalks bei erheblicher Festigkeit.

Wo findet nun tatsächlich Vertikal- und Horizontalerosion statt? Eine solche ist nur da möglich, wo schützende Vegetation fehlt. In bewachsenen Erosionsrinnen, in denen eine humose Erddecke über dem Verwitterungsschutt liegt, fehlen jene. Ein Blick auf die Karte der Talformen (Karte III) zeigt nun deutlich, daß anstehendes Gestein in Wasserrissen nur ganz ausnahmsweise zu finden ist, in Rötschluchten, in einigen Erosionsrinnen des Muschelkalkes und Mittleren Buntsandsteins. In einigen Fällen, so im Tal 2 nördlich von Teichel, ist sogar eine deutliche Beziehung zwischen der Erosionsschlucht und einem ehemaligen Weg vorhanden, und damit kommen wir zu einem allgemeinen Satz: Die talbildende Erosion ist heutzutage hauptsächlich an die Wege gebunden, die vegetationslos gehalten und auf denen der Boden durch Füße und Räder zerkleinert wird. Die Bildung der Hohlwege ist die hauptsächlichste Folge der Vertikalerosion. Die Horizontalerosion ist in den Bachbetten verbreitet, nämlich an den Prallstellen der Schlingen der Saale und der Wiesenbäche, wie Rinne, Tellbach u. a. m.

Ob sich die Saale heutzutage einschneidet, ist zweifelhaft, jedenfalls ist ihr Boden mit groben Schottern bedeckt, unter denen anstehendes Gestein nicht sichtbar wird.

Aus dieser Darstellung, wie aus den Karten geht also hervor, daß die talbildende Erosion hinsichtlich der Vertikal- und Horizontalerosion heutzutage gering ist, trotz der Entwaldung, und zwar infolge des Eingreifens des Menschen, der gegen die Folgen jener ankämpft.

b. Die Flächenabspülung.

Bei starken Wolkenbrüchen sammelt sich das Wasser in Rinnsalen und Bächen, d. h. es fließt linear ab. Ganz anders das Schmelzwasser des Schnees. Flächenhaft liegt die Schneedecke, flächenhaft sickert das Wasser auf den Boden und flächenhaft fließt es auf diesem ab. Meist ist der Boden gefroren, also undurchlässig, so daß selbst in losen Sand wenig eindringt. Wer einmal die Schneeschmelze auf Bergwiesen beobachtet hat, der weiß, wie die ganzen Flächen von Wasser durchtränkt und überflutet sind. Gelb und schlammig sind die Bäche; denn das, was an der Oberfläche der Wiesen an loser Erde lag, also Auswürflinge von Maulwürfen, Mäusen, Ameisen, Insektenlarven, Regenwürmern, wird abgespült. Gewiß sammelt sich auch das Schmelzwasser des Schnees schließlich in Rinnsalen, Bächen und Flüssen, die von Hochwasser geschwellt werden, aber erst nachdem es flächenhaft abtragend gewirkt hat. So werden alljährlich nicht bloß von den kahlen Feldern, sondern auch von Wiesen und vom Ödland Massen feiner Erde entfernt, an den Gehängen hinabgeschwemmt. So gelangen sie auf die Böschungssohlen der Täler, auf denen ebenfalls das Schmelzwasser flächenhaft abspült. Die Bäche aber führen den feinen Schlamm hinab zur Saale, bezw. Ilm.

So sehen wir denn, daß bei der flächenhaften Abtragung das Schmelzwasser des Schnees eine besonders große Rolle spielt und viel wichtiger ist als die sommerlichen Wolkenbrüche. M. E. ist die Bedeutung des Schneewassers bisher nicht genügend gewürdigt worden, in unseren Gebieten aber vielleicht der wichtigste abtragende Faktor. Es wäre wünschenswert, für größere Gebiete die Dauer und Höhe der Schneedecke zu untersuchen und ferner noch einen anderen Faktor, nämlich den Wechsel von Frost und Tauwetter während der Dauer der Schneedecke und Schneeschmelze. Denn das abwechselnde Frieren und Auftauen des Bodens unter dem Schnee lockert den Boden und so wird weiteres Material für die Abtragung durch das Schmelzwasser geliefert.

Die Regionen, auf denen die flächenhafte Abtragung durch das Schmelzwasser stattfindet, kann man der topographischen Karte entnehmen, und zwar sind es alle Gebiete, die nicht durch eine geschlossene Vegetationsdecke geschützt werden. Am meisten werden die tonigen Ackerflächen abgetragen, weniger die sandigen, ferner trockene Wiesen, Ödland, auf denen wühlende Tiere reichlich sind. Infolge der Abspülung entwickelt sich auf dem einen steinigen Kalktonboden besitzenden Ödland ein dichter Geröllpanzer. Wenn die Felder auf den Muschelkalkgehängen abgeerntet werden, so machen sie fast den Eindruck einer steinigen Steppenfläche, einer Hammada, und ein dicker Geröllpanzer würde sich entwickeln. wenn nicht der Pflug die Geröllmassen immer wieder durcheinander werfen und mit dem Ton mischen würde, bezw. wenn der Mensch nicht dann und wann die Gesteine ablesen würde.

Zwischen der linearen und flächenhaften Erosion besteht ein wichtiger Unterschied hinsichtlich der Beeinflussung durch den Menschen: erstere kann der Mensch unterdrücken in ewigem Kampf mit dem Wasser, letztere dagegen zu bekämpfen ist er nicht nur außerstande, sondern er begünstigt auch unausgesetzt ihr Wirken, indem er durch das Pflügen die Ausbildung eines Geröllpanzers verhindert, der den Boden schützen könnte, und indem er auf den Feldern die Vegetationsdecke vernichtet. Dagegen ankämpfen kann er nur in beschränktem Maße durch Terrassenbau und Querpflügen der Furchen.

c) Bodenversetzungen.

Die Bodenversetzungen sind das Resultat komplizierter Vorgänge im lockeren Erdboden und müssen hier eingehender betrachtet werden, weil in den letzten Jahren auf sie als auf einen eminent wichtigen Faktor bei der Abtragung der Festländer hingewiesen worden ist. Die Bodenversetzungen zerfallen in zwei Gruppen, die allmählich ineinander übergehen, in die akuten Bodenversetzungen oder Erdrutschungen und in die chronischen, die in langsamem Abwärtsrücken bestehen. Zwischen beide schiebt sich noch die Solifluktion, d. h. der richtige Bodenfluß als Übergangsglied. Etwas anderes sind dagegen Bergstürze, d. h. Abstürzen von anstehenden Gesteinsmassen, nicht von Verwitterungsschutt, sowie die Bergrutsche, d. h. das Abrutschen von Gestein.

α) Bergrutsche.

Bergrutsche aus festem, anstehendem Gestein treten an den Steilhängen des Wellenkalkplateaus auf, und zwar gehören hierher die Talgrube im N und die Teufelskrippe im NW von Heilsberg, ein Abbruch auf der Wand des Gr. Kalmberges und kleinerer Massen am Uhu und Dissau, sowie an den Gölitzwänden. Allen diesen Bergsturzmassen ist gemeinsam die Erscheinung, daß sie an der Wellenkalkwand eine senkrechte bis überhängende Abrißwand besitzen, und daß die abgerissene Masse in einem Abstand von einigen Metern vor dem Abriß steht, falls sie nicht in Trümmer zusammengebrochen ist. Wenn sie aufrecht steht, so befindet sich eine grabenförmige Vertiefung zwischen anstehender und losgelöster Wand. Das ist die „Teufelskrippe“, die „Talgrube“ oder bei Jena die „Diebskrippe“.

Die Erklärung dieser Bergrutsche dürfte folgende sein. Unter der mächtigen Wellenkalkmasse liegen die aus schiefrigen, mergligen, weichen Kalken und aus roten und graugrünen Letten und Mergeln bestehenden Myophorienschichten, die dem Oberen Röt und z. B. den Zölestinschichten bei Jena entsprechen. Dann folgen die Rötletten. Alle diese Massen besitzen eine große Fluktionsfähigkeit und obendrein werden sie von dem den Wellenkalk passierenden Wasser aufgeweicht; dort kommen deshalb die Quellen heraus. Nun lastet auf diesen aufgeweichten, plastischen Schichten die schwere Masse des Wellenkalks. Deshalb dürfte ein Ausweichen der weichen Massen nach der Talseite hin erfolgen. Diese seitliche Bewegung müßte aber in dem zerklüfteten Wellenkalk zur Bildung von Spalten von unten nach oben und zu einem Losreißen einzelner Massen führen. Ist die Bewegung sehr langsam, so kann die losgelöste Masse aufrechtstehend sich von der Abrißwand entfernen, indem sie gleichzeitig abwärts sinkt. Bricht sie schließlich zusammen, so bildet sie mächtige Massen aus

Wellenkalktrümmern am Fuß des Wellenkalkplateaus. So erklärt sich auch das Vorhandensein der hervortretenden, mit Kalkschutt bedeckten Wölbung zwischen der Kalkwand und dem eigentlichen Rötgehänge. Sie ist durch ganz allmähliches Herausquellen der plastischen Massen entstanden und durch die durchlässigen und doch widerstandsfähigen Kalktrümmer vor der Abtragung geschützt worden. Es ist auch klar, daß die Kalkschuttdecke ein Gegengewicht gegen den Druck der Kalktafel darstellen und die ausweichende Bewegung der Letten, die Spalten- und Bergsturzbildung im Wellenkalk herabsetzen muß. Wie gesagt, müßte ein solcher Vorgang in den plastischen Myophorienschichten Pressungen und Stauchungen hervorrufen. Auf unserm Blatt

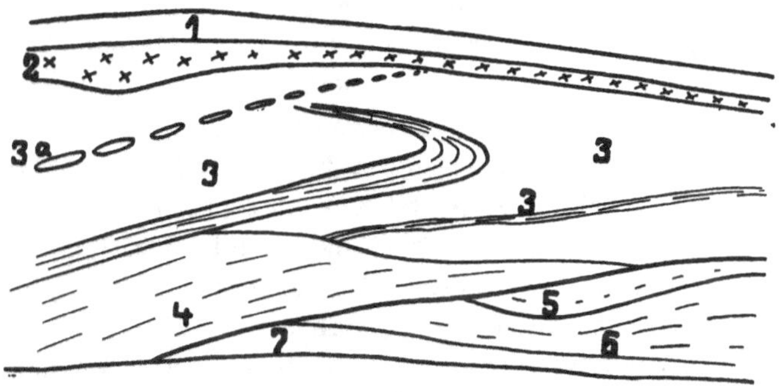

Abb. 66. Skizze der Schichtenstörungen an der neuen Straße am Steiger in Jena. 1 = Schmutzig brauner Ton mit Kalkstücken; 2 = Heller gelblicher Kalkschutt; 3a = Ausgezerrte zerrissene Kalkbank; 3—7 = Schollen von grünlichen, roten, violetten, bunten Letten, zerstückelt, ausgewalzt, gequetscht. Auf der linken Seite befindet sich das Wellenkalkplateau, rechts das Saaletal, die Bewegung erfolgte nach rechts.

sind solche nicht beobachtet worden — freilich fehlen Aufschlüsse — wohl aber hat der Straßenbau am Steiger in Jena einen prachtvollen Querschnitt durch die gestauchten, herausgequetschten, überschobenen und ausgewalzten Schichten in den Übergangsschichten von Röt und Muschelkalk aufgeschlossen. Eine flüchtige Skizze bringt Abb. 66. Es wäre wünschenswert, wenn das Profil farbig photographiert und genau beschrieben würde.

Für die Richtigkeit obiger Erklärung spricht ferner der Umstand, daß die Spalten, wie wir sahen (S. 83), in der Wellenkalkwand von unten nach oben aufreißen; das ist nur dann möglich, wenn die Unterlage abwärts rutscht.

Faßt man alles zusammen, so muß man sagen, daß die Ansicht von v. Fritsch, die er in den Erläuterungen zur geologischen Karte ausspricht (S. 24), daß die Abbrüche und Abrutschungen heutzutage noch entstehen könnten, wohl zutreffend sein dürfte, während seine Erklärung von der Mechanik von der hier gegebenen abweicht. M. E. sind die von v. Fritsch angeführten Ursachen gewiß auch wirksam, spielen aber nur sekundär eine Rolle; die Gleitbewegungen der plastischen Letten und Mergel unter der Last des Wellenkalks dürfte der wichtigere Faktor sein. Wir werden auf diese Prozesse in früheren Zeiten noch weiterhin zurückkommen müssen.

β. Akute Bodenversetzungen — Erdrutsche.

Erdrutche unterscheiden sich von Bergrutschen durch die fehlende oder geringe Beteiligung anstehender, fester Gesteine. Sie entstehen in bindigem, plastischen Boden, also Tonen und Mergeln bis höchstens Lehmen, fehlen dagegen meist dem lockeren Sandboden. Als Ursache hat man eine starke Aufweichung des Bodens auf steilem Gehänge anzunehmen. Sie sind daher besonders im Bereich von Quellhorizonten verbreitet und treten nach sehr schneereichen Wintern und in nassen Sommern lokal hier und da auf. Die Vegetation spielt eine sehr große Rolle, indem sie eine feste Decke bildet, deren Wurzelgeflecht dem unter ihr befindlichen, durch Wasseraufnahme breiig und schwer gewordenen Boden lange und erfolgreich Widerstand leisten kann. Wichtig sind auch die wühlenden Tiere, namentlich Mäuse, deren Gänge die Vegetationsdecke durchlöchern und damit einmal für das Wasser durchlässiger machen und andererseits die Festigkeit vermindern. Auch neigt der von Tierbauen durchwühlte Boden natürlich mehr zu breiiger Umwandlung als fester. Schließlich kommt als wichtiger Faktor hinzu die Wirkung tretender Tiere beim Abweiden der Gehänge. Kann die Vegetationsdecke die Last des schweren Erdbreis nicht mehr ertragen, so zerreißt sie und ganze Fetzen sinken herab, oft treppenförmig übereinander.

Auf unserem Blatt sind abgesehen von unbedeutenden Rutschungen an Wiesenhängen und namentlich an den steilen Böschungen von Wegen nur zwei Fälle bekannt, in denen größere Erdmassen in Bewegung geraten sind. Das eine Beispiel ist bereits beschrieben worden. Es liegt zwischen Eschdorf und der Feldmühle am Südhang des Remdaer Tals im Mittleren Muschelkalk. Der steinige Tonboden und auch die Beschaffenheit des Gesteins — Wechsel von weichen Mergeln mit festen, schweren Kalksteinbänken bei Aufrichtung der

Schichten — neigt zu Rutschungen, zumal hier infolge ehemaliger Unterwaschung durch den Bach besonders steile Böschungen geschaffen worden sind.

Das zweite Beispiel ist, wie besprochen, bei Heilsberg auf dem Grundstück von Herrn Hufeld auf der Südseite des Tales 6a an den Ceratitenschichten zu finden. Welche Wichtigkeit die akuten Rutschungen in unserer Gegend haben, kann man zur Zeit nicht sagen. Zahlreich sind sie nicht. Allein es ist möglich, daß sie doch häufiger auftreten, da ihre Spuren, wie das Heilsberger Beispiel zeigt, sehr schnell verschwinden.

Die Gebiete, in denen Erdrutsche zu erwarten sind, lassen sich bei kombinierter Betrachtung der topographischen und Bodenkarte leicht feststellen. Es sind nämlich die unbewaldeten, bergigen Regionen mit Tonboden. Allerdings ist es sehr fraglich, ob sich akute Rutschungen auf Ackerland finden und nicht ausschließlich auf Ödland, Wiesen und Obstgartenland.

γ. Abwärtsrücken des Bodens.

Die chronischen Bodenversetzungen kommen durch das Zusammenwirken mehrerer Kräfte zustande. Einmal wirkt das Aufweichen des Bodens durch Regen- und Schneewasser; der Boden wird breiig und flüssig.

Der zweite Faktor ist der Bodenfrost. Das gefrierende Wasser bildet Eisnadeln und -platten, die sich ausdehnen und die Erde beiseite schieben. Beim Schmelzen sinkt dann der weiche Boden zusammen. Auf geneigtem Gehänge wird dadurch eine Abwärtsbewegung ermöglicht, da durch die Mitwirkung der Schwerkraft mehr hinabsinkt als hinaufgeschoben wird. Allein die schiebende Kraft in den Polarregionen ist doch so groß, daß sich der Schutt auf Felsklippen und Blöcke hinaufschiebt. In der Ügergangszeit vom Winter zum Frühling bezw. Herbst, wenn warme Tage mit Frostnächten wechseln, ist dieser Prozeß am lebhaftesten. In hohen Breiten und Hochgebirgen tritt er bereits bei Wechsel von Besonnung und Beschattung am Tage ein. Tonboden wird viel mehr beeinflußt als Sandboden.

Der dritte Faktor ist die Austrocknung des Bodens. In trockenen Perioden tritt im Sommer schon bei uns — noch viel stärker in der heißen Zone — eine Schrumpfung des Tonbodens auf, während Sandboden nur lockerer wird. Es bilden sich netzförmige Spalten und lange Risse, in die man manchmal bequem die

Hand stecken kann. Wird dann nach Regen der Boden eingeweicht, so sinkt er zusammen und zwar entsprechend der Schwerkraft auf geneigtem Boden nach abwärts.

Der vierte Faktor ist das Wachsen neuer und Verwesen alter Baumwurzeln. Ersteres führt zu einer aktiven Verschiebung des Bodens und zwar dürfte diese auf horizontalem Boden nach allen Seiten gleich erfolgen, auf geneigtem dagegen mehr nach abwärts wirken. Beim Verwesen der Wurzeln aber sinkt der Boden, der Schwerkraft folgend, passiv zusammen und ist daher die Abwärtsbewegung vorherrschend.

Die Tierwelt ist gleichfalls ein nicht zu unterschätzender Faktor. Die Gänge und Baue der wühlenden Tiere wirken genau so wie die bei Austrocknung entstandenen Spalten, führen also auf geneigtem Gelände zu einer Abwärtsbewegung. Der Mensch schließlich wirkt auch höchst aktiv beim Abwärtsrücken des Bodens mit und zwar beim Pflügen. Je nachdem die Pflugschar gestellt ist, werden die breiten Schollen bergwärts oder talwärts gekippt. Im ersten Fall wird der Boden zunächst hinabbefördert, Allein bald sinken die Schollen zusammen und damit wird der Gewinn im wesentlichen wohl ausgeglichen. In letzterem Fall dagegen werden die Schollen hinabgestülpt und damit eine Abwärtsbewegung des Bodens umso mehr herbeigeführt, als die nachträglich zusammensinkenden, aufgelockerten Schollen noch weiterhin abzurutschen pflegen.

So entsteht denn ein Abwärtsrücken des Bodens unter dem Einfluß von Bodenfrost, Austrocknung, Wurzelwachstum, Wühlen der Tiere und von Pflügen auf geneigtem Boden. Alle diese Kräfte können nur in den oberflächlichsten Schichten bis 30 oder höchstens 50 cm Tiefe hinabwirken. Demnach dürfte das Abwärtsrücken auch nur auf diese Schicht beschränkt sein.

Auf einen wichtigen Punkt muß noch hingewiesen werden, nämlich auf das Verhältnis der Bewegung von Steinen und feiner Erde. Bei allen oben angeführten Prozessen müssen sich, weil die Schwerkraft der wesentlichste bewegende Faktor ist, die schweren Bestandteile des Bodens schneller nach abwärts bewegen als die leichten und gleichzeitig die Tendenz haben, bis an die Grenze der sich bewegenden Masse hinabzusinken. Nur da, wo andere Kräfte wirken, wie Ausdehnung des Eises und der Wurzeln, leisten die schweren Bestandteile größeren Widerstand. Demnach werden die Gesteinsstücke schneller abwärtsrücken als die Tonmassen, und die großen schneller als die kleinen. Haben die Gesteinsstücke den Boden der bewegten

Masse erreicht, so wird wieder eine Verlangsamung eintreten wegen der Reibung mit der nicht bewegten Masse. Allein bei genügender Neigung des Bodens wird die Bewegung doch wohl nicht zum Stillstand kommen und die Reibung der Steine aneinander zu Deformationen führen. Wahrscheinlich findet aber hinsichtlich der Schnelligkeit des Wanderns von Steinen und Erde ein Unterschied statt, je nach der Festigkeit des Erdbreis. Wenn der Boden mäßig durchweicht ist, wenn Austrocknung und Spaltenfrost, Nachsinken infolge des Verrottens der Wurzeln, Wühlen der Tiere und Pflügen die Hauptrolle spielen, so dürften die Steine schneller wandern als die Erde. Allein je flüssiger die Konsistenz des Tons wird, umso mehr nähern sich die Verhältnisse denen des fließenden Wassers; dann sinken die Steine zu Boden und der schlammige Brei fließt über sie hinweg. Es mag sein, daß in feuchten polaren Gebieten solche Dünnflüssigkeit des Breis erreicht wird, im allgemeinen scheint aber auch dort eine recht zähe Masse vorhanden zu sein, in der die Steine schwimmen und mit der sie abwärts wandern, wenn auch die Hauptmasse am Boden sein mag.

Welche Rolle spielt nun die Vegetation? Es kann wohl kein Zweifel darüber bestehen, daß eine dichte Vegetationsdecke hinderlich wirken muß, denn sie befestigt den Boden, sie verhindert Austrocknung und Wühlen der Tiere, vom Pflügen ganz abgesehen. Auch die Wirkung des auf häufigem Wechsel von Tauen und Gefrieren der Bodenfeuchtigkeit beruhenden Bodenfrostes wird erheblich eingeschränkt. Man würde es also als selbstverständlich ansehen, daß im Wald die chronischen Bodenversetzungen am geringsten sind, bezw. fehlen, wenn nicht die Behauptung aufgestellt worden wäre, daß auch im Walde die Bewegungen energisch seien wegen der schiebenden Kraft der Baumwurzeln, und zwar auf ebenem Boden am größten. Daher die Entfernung des Schuttes von den Bergrücken und die Abrundung derselben. Es wird notwendig sein, zu sehen, ob die Verhältnisse in unserm Gebiet für oder gegen solche Ansicht sprechen.

Das eine ist jedenfalls eine nicht weg zu leugnende Tatsache, daß sich die lebhaftesten, auch im Landschaftsbild gar nicht zu übersehenden chronischen Bodenversetzungen in den vegetationslosen bis vegetationsarmen, vom Schmelzwasser durchweichten Polargebieten, in den Mattenregionen der Hochgebirge, in Steppen mit periodischer Regen- und Trockenzeit, sowie in künstlich entwaldeten Gebirgen, finden, nicht aber in Waldregionen.

Chronische Bodenversetzungen im Bereich des Blattes Stadtremda.

Es ist klar, daß hauptsächlich die tonigen Verwitterungsböden hier in Frage kommen, im Sandsteingebiet aber die feinen Lehm- und Tonböden der Talsohlen, sowie Diluviallehme.

Das Versinken der Steine auf dem Brachfeld. Wir sahen, daß die Stoppelfelder oft mit einem Geröllpanzer bedeckt sind, daneben liegende Brachfelder dagegen mit feiner Erde; die Steine sind versunken. Das Einsinken erfolgt einmal infolge der Schwere der Steine, wenn der Boden durchweicht ist, ferner weil Ameisen ihre Nester unter den Steinen anlegen und daher unter diesen die Erde fortschaffen, sodann durch Auflockerung bei Austrocknung und Spaltenfrost. Dieser Vorgang des Einsinkens der Steine ist auf horizontalem Boden imgange. Demnach sind chronische Bodenversetzungen hier zweifellos vorhanden, aber in vertikaler Richtung. Das Ergebnis ist die „Steinsohle“ in 30—50 cm Tiefe.

Die Entstehung eines Geröllpanzers auf Abhängen mit steinigem Kalksteinboden. Wie wir sahen, sind mit Gras und Matten bedeckte Ödlandhänge mit einem Geröllpanzer überzogen, unter dem steiniger Kalkton liegt. Der Geröllpanzer ist, wie in einer Steppen- und Wüstenhammada, ein Resultat der Entfernung des feinen Tons, während die Steine zurückbleiben. Nun wandern bei chronischen Bodenversetzungen die Steine schneller als die feine Erde und sinken außerdem hinab. Demnach kann der Geröllpanzer unmöglich durch chronische Bodenversetzungen entstanden sein, vielmehr ist Flächenabspülung der entscheidende Faktor, mindestens an der Oberfläche.

Die Verteilung der Gerölle an den Gehängen mit steinigem Kalktonboden. Beim Durchwandern der Kirchremdaer Mulde von N nach S und an vielen anderen Stellen sahen wir, daß die meisten und größten Kalkstücke oben auf den Muschelkalkgehängen liegen, daß sie nach abwärts kleiner und spärlicher werden und schließlich feiner Ton die Tiefe der Senke bedeckt. Eine solche Verteilung spricht ganz entschieden dafür, daß Flächenabspülung wirksamer ist als chronische Bodenversetzungen. Ähnliches kann man oft beobachten. Noch auffallender ist die beschriebene Verteilung der Gerölle auf Kalktonböschungen, die oben von Waldgehängen begrenzt werden. Von den Waldgehängen kommt durch Abspülung ganz gewiß kein Kalkschutt auf die Felder herab. Würden nun Bodenversetzungen in nennenswertem Maße vorhanden sein, so müßten die Gehänge unterhalb der Waldböschungen steinarm sein, allein das Gegenteil ist der Fall. Nun könnte man sagen, die Steine wanderten doch von oben herzu, indem trotz des Waldes entweder die oberen oder unteren Partien des Schutts sich bewegen. Bewegen sich die oberen, so müßte der Wald in ganzer Linie abwärtsrücken, Bäume müßten umstürzen, das Feld aber kleiner werden. Allein über solche Vorgänge wird meines Wissens nicht geklagt.

Um die Bewegungen des Gehängeschutts zu beweisen, hat man gewisse Gestaltungen von Bäumen herangezogen. Daß Stelzbeinigkeit eine Folge der Abtragung des Gehängeschutts ist, daran wird niemand mehr glauben, der die Stelzbeinigkeit unserer Waldbäume auf völlig ebenem Diluvialboden einmal mit Verständnis betrachtet hat. Im Wandsbeker Gehölz, das auf ganz ebenem Diluvialsand steht, müßte dann seit dem ersten Aufsprossen der großen Bäume $^3/_4$—1 m des Bodens entfernt worden sein — eine ganz unmögliche Annahme. Allein auch bestimmte Verkrümmungen der Bäume besagen nichts. Auf stark geneigtem Boden besitzen zahlreiche Bäume die in Abb. 67 wiedergegebene Form. Diese ist nun auf Abwärtswandern des Bodens zurückgeführt worden. Nun, im ersten Augenblick mag ja solche Verbiegung dafür sprechen. Allein wenn man beobachtet, daß bereits ganz junge Bäume, die in festem Gestein — z. B. Wellenkalk — wurzeln, also sicherlich auf ganz stabilem Boden stehen, genau die gleiche Wachstumsform besitzen, wenn man sich ferner überlegt, wie die Keimlinge auf einem Gehänge oft schief herauskommen und dann nach dem Licht aufwärts biegen, so wird man einsehen, daß es sich um eine ganz normale Wachstumsform auf steilen Böschungen handelt, die als Beweis für Bodenbewegungen nicht herangezogen werden kann. Könnte man nun aber nicht, um das Auftreten von Steinen auf dem Felde unterhalb des Waldrandes zu erklären, eine Bewegung des Gehängeschutts unterhalb der Hauptmasse der Wurzeln annehmen? Ist das der Fall, so bliebe die Waldgrenze unverändert und der Acker könnte trotzdem steinig bleiben.

Abb. 67. Häufige Deformation an Bäumen auf geneigtem Gehänge. Wird von manchen, wohl mit Unrecht, für einen Beweis von Schuttwanderung gehalten.

Wenn unter der durch die Wurzeln befestigten Oberfläche des Waldbodens der Schutt nach abwärts wandern würde, und zwar in dem von manchem angenommenem Tempo, daß zehnjährige junge Bäume bereits so starke Verkrümmungen aufweisen, so müßten Bäume mit Pfahlwurzeln nach rückwärts gebogen werden, oder es müßten die tiefen Wurzeln abbrechen oder sonst die Bäume geschädigt werden. Wann hätte man aber jemals Forstleute über solche Vorgänge klagen hören?

Unmöglichkeit des Ersatzes abwandernden Bodens durch die Verwitterung. Gehen wir noch einmal auf die erste Form der Baumverkrümmung ein. Wenn man Hypothesen aufstellt, muß man sie auch konsequent durchführen können. Um derartige Verkrümmungen herbeizuführen, müßte ein Baum ganz erheblich verschoben worden sein, doch wohl mindestens einen Meter weit. Nun besitzen 10—20jährige und jüngere Bäume schon solche Verkrümmungen. Nimmt man also an, daß zwanzigjährige Bäume 1 m abwärts gerückt sind, dann wären sie in 100 Jahren 5 m gerutscht, in 1000 Jahren 50 m, in 2000 Jahren 100 m. Es könnte zweifelhaft sein, ob unter solchen Umständen alte Bäume überhaupt möglich sind. Jedenfalls müßten die Bodenmassen, die jetzt 100 m unter dem Gipfel der Berge liegen, auf dem Gipfel gelegen haben, als Marius auf den Trümmern von Karthago saß. Es müßte ferner der auf den Rücken der Berge der Verwitterungsboden so schnell entstehen, daß ein Ersatz unausgesetzt den Verlust deckt. Denn sonst müßten ja alle Höhen von Verwitterungsschutt entblößt sein. Nun mache man sich einmal klar, was das heißt! Selbst wenn man statt 20 Jahren per 1 m Wanderung 100 Jahre annehmen wollte, so könnte in dieser Zeit nie und nimmer ein 20 cm mächtiger neuer Verwitterungsboden entstehen, ohne den hohe Bäume nicht existieren können. Ferner muß man sich doch nur klar machen, was die Folge eines allseitigen Abwärtsrückens des Gehängeschutts wäre, wenn der Betrag auch nur $^1/_2$ m in 100 Jahren wäre. Die Täler unserer Waldgebiete müßten infolge der Stauung an dem Zusammentreten der Täler mit Schutt zugestopft werden, kein Haus, kein Dorf, keine Stadt wäre auf den Talböden stehen geblieben, die Bäche würden zusammengepreßt werden, die Gewässer wären außerstande, die Schuttmassen hinauszuführen. Daß in dem Aueton der Wiesentäler wahrscheinlich langsame Bewegungen stattfinden, werden wir noch sehen, allein sie dürften nicht nur sehr viel langsamer sein, sondern vor allem auch auf die Aue am Bach beschränkt sein.

Das Vorhandensein bodenfreier Gesteinssimse. Zuweilen kann man beobachten, daß die Muschelkalkplateaus mit Gesteinssimsen enden, z. B. mit dem Terebratulakalk an den Gölitzwänden. Es folgt darüber der Obere Wellenkalk, der die höchsten

Höhen bildet. Wenn die Anschauung richtig wäre, daß der Boden auf wenig geneigtem Gehänge und unter einer Walddecke ganz besonders schnell wandert, so müßte der Boden bis an den Rand des Gesimses heranrücken, er müßte über die steile Kante fallen und mit ihm die Bäume — oder, falls der Boden unter den Bäumen allein wandern sollte, ohne diese. Ferner müßten diejenigen Baumwurzeln, die parallel zur Oberfläche verlaufen, wie Abb. 68 es andeutet, aus dem Schutt heraustreten, sobald die Bäume auf stärker geneigte Böschungen herabrutschen. Allein nirgends ist auch nur die Spur einer solchen Bewegung zu bemerken.

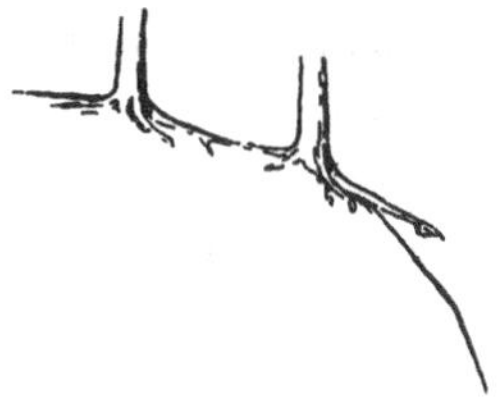

Abb. 68. Notwendige Wurzelstellung an Gefällsknicken beim Abwärtswandern des Schutts und der Bäume. Ist nicht beobachtet worden.

Hausbau im Schutt. Zahlreiche Häuser, ganze Dörfer sind mit ihren Fundamenten in den Gehängeschutt hineingebaut. Wenn der Schutt wirklich so beweglich wäre, daß er als abtragender Faktor eine Rolle spielte, dann könnten die Häuser nicht Jahrzehnte oder selbst Jahrhunderte lang unversehrt stehen bleiben. Sie müßten hinabrücken oder bersten und zerreißen. Nichts derartiges tritt ein.

Die Fossilienführung des Gehängeschutts. In dem aus Tonen und Mergeln nebst Gesteinen bestehenden Gehängeschutt sind wiederholt Lößschnecken gefunden worden. Er hat also diluviales Alter. Wenn der Schutt sich wirklich so bewegen würde, wie behauptet worden ist, daß feste Gesteinsstücke schnell zerrieben werden, so könnten sich unmöglich dünnschalige, äußerst zerbrechliche Lößschnecken unversehrt erhalten. Dabei sind an den Fundpunkten mit Lößschnecken sowohl petrographische Beschaffenheit des Schutts als auch seine Lage auf einer steilen Böschung für Wanderungen so günstig wie nur denkbar. Also der Schutt hat sich trotz sehr günstiger Verhältnisse seit der Lößzeit nicht gerührt. Der Schutt unter der Wurzelschicht des Waldes wandert selbst auf steilen Gehängen nicht!

Bodenstauung.

Nun gibt es bestimmte Anzeichen, daß doch Bewegungen stattfinden. Sie äußern sich in der Bildung von Stufen oberhalb der Wege und Steinwällen auf den Feldern. Daß abwärtswandernder Boden hier gestaut wird, ist klar, allein welches sind die bewegenden Kräfte? Abwärtsrücken und Abspülung kämen in Frage. Ersteres besteht in einem Herabrücken von Steinen und Erde in einer 20—30 cm mächtigen Schicht, letzteres in einer oberflächlichen Abspülung und Ansammlung feiner Erde. Nun kann man vor dem Hindernis stets eine Ansammlung feiner Erde feststellen. Beweist das die Abspülung? An sich nicht; es könnten die Steine in die Tiefe gesunken sein. Immerhin ist es doch auffallend, daß der feine Boden meist recht mächtig erscheint, obwohl doch mehr Steine als Feinerde von oben herabkommen müßten. Wichtig ist aber die Beschaffenheit des Bodens unterhalb des Hindernisses. An dem Wall, der quer über das Tal 4 des Sundremdaer Kessels gezogen ist, liegt oberhalb feiner Tonboden; kein Stein ist sichtbar, auch nicht beim Nachgraben mit dem Hammer zu finden. Unterhalb des Dammes ist er dagegen äußerst steinig. Wenn man das Einsinken der Steine in den Boden für den Teil oberhalb des Dammes gelten lassen will, obwohl dort hauptsächlich Steine durch Abwärtsrücken zugewandert sein müßten, so muß man dieselbe Annahme für den unterhalb gelegenen Teil machen, d. h. dort müßten hauptsächlich die Steine abwandern. Tatsächlich ist aber eine Ansammlung der Steine festzustellen. Demnach ist der Schluß wohl kaum von der Hand zu weisen, daß chronische Bodenbewegungen keine entscheidende Rolle spielen, oder mindestens nicht neben dem Hauptfaktor, der alle Verhältnisse einwandfrei erklärt: der Abspülung feinen Materials, das oberhalb des Dammes angehäuft, unterhalb fortgeführt worden ist.

So sprechen denn alle Beobachtungen gegen eine namhafte chronische Bewegung des Gehängeschutts, die einen solchen Umfang besäße, daß sie als abtragender Faktor eine Rolle spielen könnte. Mindestens ist sie verdeckt durch die sehr viel wirksamere Flächenabspülung auf dem von der Vegetation nur lückenhaft bedeckten Land. Nur auf Feldern wandert wahrscheinlich der Boden in einer 20—30 cm mächtigen Schicht hauptsächlich wohl infolge des Pflügens merklich hinab. Woher kommt es aber, daß man überhaupt darauf kam, solcher langsamen Bodenversetzung soviel Arbeit zuzumuten?

Einmal sind chronische Bodenversetzungen in den polaren und subtropischen Gebieten zweifellos sehr wichtig, z. Tl. wohl auch in den Grasländern der Tropen. Ferner liegen positive Beobachtungen aus unseren Gebieten vor, die namentlich von Ingenieuren beim Straßenbau, Deichbau u. a. m. gemacht worden sind. Allein immer handelt es sich in solchen Fällen um sehr steile, künstliche Anschnitte oder Aufschüttungen des Bodens. Deshalb wird man annehmen müssen, daß an steilen, durch die Erosion eines Flusses geschaffenen kahlen Gehängen infolge der Störung der Gleichgewichts sehr wohl interne Bewegungen im Gehängeschutt ausgelöst werden, wenn aber durch Rutschungen oder durch allmähliches Abwärtsrücken die Steilhänge beseitigt und die abgeflachten Böschungen mit Vegetation — namentlich Wald — bedeckt sind, dann dürften diese Bewegungen aufhören. Bei welchem Böschungswinkel die Bewegung erlischt, ist nicht bekannt. Er wechselt sicher mit der Beschaffenheit des Bodens, seiner Durchtränkung mit Wasser und dem Vorhandensein von Grundwasserströmen. Wahrscheinlich können aber bereits in einem total mit Wald bedeckten Bergland mit recht großen Böschungswinkeln alle chronischen Bodenversetzungen ersterben, sobald die Flüsse nicht mehr, vertikal und horizontal erodierend, Steilwände schaffen.

δ) Solifluktion.

Der breiige, in den schnee- und regenreichen, kalten Gebieten der südlichen Halbkugel so energisch wirkende Bodenfluß, der eine starke Durchtränkung des Bodens und spärliche Vegetation voraussetzt, kommt in unserm Gebiet wohl nur in beschränktem Umfang vor, nämlich im Bereich der Rötschluchten. Dort ist die Oberfläche der anstehenden Rötletten von einer bis einige Dezimeter mächtigen Schicht von roten, wenig steinigem Ton überzogen, der augenscheinlich an den Gehängen herabgeflossen ist. Die Struktur weist darauf hin. Vermutlich fließt der Boden zur Zeit der starken Einweichung der oberflächlichen Bodenschichten während und nach der Schneeschmelze über den noch gefrorenen Boden als dicker, zäher Brei langsam abwärts. Direkt beobachtet wurde dieses Fließen nicht, es wäre interessant, im Winter und Frühling Beobachtungen hierüber anzustellen.

Damit hätten wir diejenigen Prozesse, die für die Abtragung in Frage kommen, kennen gelernt. Hinsichtlich der ablagernden Prozesse sei nur die Bildung von Wiesenmoor östlich von Altremda in der Mulde erwähnt, an der Sumpfpflanzen und Lepthothrix-Arten, die Eisen abscheiden, teilnehmen. Die Ablagerungen der Täler seien im Anschluß an die Erklärung der Talformen behandelt.

5. Zusammenfassung der Resultate.

Die im Bereich des Meßtischblattes Stadtremda heutzutage vorsichgehenden Prozesse sind folgende:

Die Vertikalerosion durch abfließendes Wasser ist, abgesehen von den kleinen Regenrillen auf Feldern, beschränkt auf die Rötschluchten, sowie auf die Wege und Weggräben. Nur ausnahmsweise sind die Kerbschluchten von Vegetation und Verwitterungsboden so entblößt, daß auf noch bestehende Vertikalerosion geschlossen werden kann. Die Hauptkräfte sind Gewitterregen und Schneeschmelzwasser, der Mensch hat aber ihre Wirksamkeit sehr unterdrückt.

Die Horizontalerosion ist an den Prallstellen der Bäche mit dauernd fließendem Wasser entwickelt, unterwühlt die Gehänge und dürfte an der allmählichen Veränderung der Schlingen arbeiten.

Die Flächenabspülung hat eine große Bedeutung. Sie arbeitet auf Ödland, trockenen Wiesen und namentlich Ackerland, fehlt dagegen auf geschlossener Vegetationsdecke. Sie verursacht hauptsächlich die Erscheinungen der Bodenstauung und spielt, wie wir noch sehen werden, auch bei der Talbildung eine große Rolle. Der Mensch begünstigt sie durch den Ackerbau in hohem Grade und kann nicht gegen sie ankämpfen.

Erdrutsche und Solifluktion sind lokal zu finden und spielen heutzutage vielleicht keine große Rolle. Letztere wird nur auf kahlem Rötboden beobachtet.

Chronische Bodenversetzungen, d. h. langsames Abwärtsrücken, kommen sicherlich unter dem Einfluß der Austrocknung, des Bodenfrostes und der Durchtränkung auf Feldern und Ödland in den oberflächlichen Bodenschichten vor, allein anscheinend in so geringfügigem Grade, daß sie geologisch keine Bedeutung haben und ganz gewiß weit in den Hintergrund gedrängt werden durch die Flächenabspülung. Im Wald und unter sonstiger dichter Vegetationsdecke sind keine Bodenversetzungen erkennbar. Dagegen dürften an Steilwänden, die aus plastischen, feuchten Tonen bestehen, so besonders an Wiesenbächen, langsame Verschiebungen vorhanden und auch wichtig sein.

Chemische Verwitterung ist derjenige Faktor, der heutzutage eine alles beherrschende Stellung einnimmt. Unter geschlossener Vegetationsdecke ist sie so gut wie allein tätig, bei lockerer Vegetationsdecke übertrifft sie augenscheinlich die Flächenabspülung und Talerosion. Mindestens ist es ersterer bis jetzt noch nicht gelungen, die Bodendecke bis auf das Gestein zu entfernen, während die Talerosion durch den Menschen unterdrückt wird. Ob auf dem Ackerland die Abspülung schneller arbeitet als die Verwitterung ist eine offene Frage. Der Böschungswinkel und die Durchlässigkeit des Bodens sprechen ein so gewichtiges Wort mit, daß man die Frage überhaupt nicht generell beantworten kann, ganz zu schweigen von dem Einfluß der Tiefe und Richtung des Schollenwerfens beim Pflügen.

6. Die Erklärung der Oberflächenformen durch die heutigen Kräfte — harmonische Formen.

Wenn man die harmonischen und disharmonischen Formen trennen will, muß man die von den Böschungen und Gesteinen ausgehenden Widerstände mit den heutzutage wirksamen Prozessen vergleichen. Die Widerstandsfähigkeit der Gesteine ist in erster Linie für die Formen der Böschungen und Berge maßgebend und beide — Böschungen und Gesteinswiderstände — für die Talformen. Demnach sind zuerst die allgemeinen Oberflächenformen, sodann die Talformen zu untersuchen.

1. Allgemeine Oberflächenformen.

Die Gesteinswiderstände, die im Verein mit den zerstörenden und abtragenden Prozessen die Formen der Erdoberfläche bedingen, zerfallen in zwei Gruppen, die chemische und physikalische Widerstandsfähigkeit. Auf Grund der auf S. 155 gegebenen Liste und an der Hand der näheren Beschreibung kann man nun die Gesteine nach der Intensität der chemischen und physikalischen Widerstandsfähigkeit in Gruppen einteilen.

a) Gruppen nach chemischer Widerstandsfähigkeit sind leicht aufzustellen, weil sie nur von einem Gesichtspunkt betrachtet werden, nämlich mit Rücksicht auf die Auflösung und den Zerfall des Gesteins durch chemische Prozesse.

Gruppe 1: Am wenigsten wird die ursprüngliche Widerstandsfähigkeit gegen Abtragung durch chemische Umwandlung in den Letten des Zechsteins und Röts, im Keuper. im Unteren und Mittleren Buntsandstein, in den Oligozäntonen, Diluviallehmen und -schottern und im Alluvialton, -lehm und -sand herabgesetzt.

Gruppe 2 umfaßt die Dolomite des Röts und Zechsteins.

Gruppe 3 enthält alle Abteilungen des Muschelkalks, den Gips und die Kalkschuttmassen.

b) Gruppen nach physikalischer Widerstandsfähigkeit sind schwieriger aufzustellen, weil Festigkeit, Durchlässigkeit und Härteschwankung berücksichtigt werden müssen. Allein im allgemeinen dürfte doch die Bedeutung der drei Faktoren in der angegebenen Folge abnehmen. Faßt man alles zusammen, so kann man wohl folgende Gruppierung vornehmen.

Gruppe 1: Die widerstandsfähigsten Gesteine sind Zechsteindolomit, Oolithbänke, Terebratulakalk und Trochitenkalk, ferner Rötdolomit und Schaumkalk, die zerklüfteter und poröser, wohl auch z. Tl. weniger fest sind als jene.

Gruppe 2: Die Wellenkalke.

Gruppe 3: Unterer und Mittlerer Buntsandstein und Gips.

Gruppe 4: Myophorien- und Nodosusschichten, Mittlerer Muschelkalk, Diluvialschotter, Keuperletten nebst Sandsteinen und Dolomiten, Kalkschutt.

Gruppe 5: Zechstein- und Rötletten, Oligozäntone, Diluviallehme, Alluvialtone bis -sande.

2. Die aus den Formen abgeleitete relative Widerstandsfähigkeit der Gesteine.

Nimmt man an, daß alle Gesteine, die große Widerstandsfähigkeit besitzen, sich durch steile Böschungen und eckige, kantige Vorsprünge oder Lage auf Bergen und Plateaus auszeichnen, so sind sehr widerstandsfähig: Zechsteindolomit, Rötdolomit, der Untere Wellenkalk, die Oolith-, Terebratula- und Schaumkalkbänke, der Trochiten- und ausnahmsweise der Obere Wellenkalk.

An zweiter Stelle sind zu nennen wegen weicherer Form: Unterer und Mittlerer Buntsandstein, Rötgipse, Kalkschuttmassen, Diluvialschotter.

Am wenigsten widerstandsfähig sind: Zechstein- und Rötletten, Oberer Wellenkalk, Mittlerer Muschelkalk, Nodosusschichten und Keuper, Diluviallehme, Alluvialbildungen.

Nunmehr vergleichen wir die topographische Karte, die Böschungskarte und die der chemischen und physikalischen Widerstandsfähigkeit. Ein Vergleich zeigt auf das deutlichste, daß die Gesteine, die nach den Oberflächenformen, die sie verursachen, auf große Widerstandsfähigkeit schließen lassen, mit den Gesteinen großer physikalischer Widerstandsfähigkeit zusammenfallen und daß die chemische Widerstandsfähigkeit gar nicht ins Gewicht fällt. Die chemisch widerstandsfähigsten Gesteine bilden vielmehr gewöhnlich die sanftesten Formen und liegen in Vertiefungen. Nachfolgende Liste gibt noch einmal die Gruppen der physikalisch widerstandsfähigeren Gesteine, in der die chemisch resistenten je nach dem Grade der Angreifbarkeit gar nicht, gesperrt oder fett gedruckt sind, d. h. fett gedruckt sind die unlöslichsten.

Gruppe 1: Zechsteindolomit, Terebratulakalk, Trochitenkalk, Rötdolomit, Oolithbänke, Schaumkalk.

Gruppe 2: Wellenkalk.

G r u p p e 3: **Unterer und Mittlerer Buntsandstein,** Gips, Kalkschutt.

G r u p p e 4: Myophorienschichten, Nodosusschichten, Mittlerer Muschelkalk, **Keuper, Diluvialschotter.**

G r u p p e 5: **Zechsteinletten, Rötletten, Oligozän, Diluviallehme, Alluvialtone bis -sande.**

Man sieht daraus, daß nicht die chemische Widerstandsfähigkeit für die Gestaltung der Oberfläche im großen maßgebend ist, sondern die physikalische. Nun sahen wir aber, daß hinsichtlich der Wirksamkeit der heutigen Prozesse genau das Gegenteil gilt: die chemische Verwitterung ist der hauptsächlichste zerstörende Faktor und die abtragenden Kräfte sind nicht imstande, die Verwitterungsprodukte zu entfernen. Höchstens auf dem Acker könnte dieser Prozeß mit Hülfe des Menschen die Verwitterungsdecke allmählich entfernen.

Aus diesen Verhältnissen ergibt sich m. E. unweigerlich der Schluß, daß die Oberflächenformen im großen unmöglich unter den heutigen Umständen entstehen konnten. Unmöglich könnten die leicht löslichen Kalksteine die Höhen und steilen Tafelberge bilden, die schwer löslichen Letten dagegen flache Böschungen haben und in den Senken liegen. D e m n a c h k a n n m a n s a g e n, d a ß d i e a l l g e m e i n e n O b e r f l ä c h e n f o r m e n a u f d e m M e ß t i s c h b l a t t S t a d t r e m d a d i s h a r m o n i s c h, a l s o u n t e r a n d e r e n V e r h ä l t n i s s e n, a l s h e u t z u t a g e e x i s t i e r e n, g e b i l d e t w o r d e n s i n d. Die Ausgestaltung kann also weder in der Alluvialzeit noch während der Pliozänzeit, die ein dem heutigen ähnliches Klima besaß, erfolgt sein. Das ist ein Ergebnis von großer Wichtigkeit.

Das Problem des Oberen Wellenkalks.

Die physikalische Widerstandsfähigkeit der Tabelle auf S. 155 bezw. der Karte IV stimmt gut mit den tatsächlichen Beobachtungen überein — mit einer Ausnahme, und das ist der Obere Wellenkalk. Seine petrographische Beschaffenheit soll nach der Beschreibung in den Erläuterungen zur geologischen Karte mit der des Unteren Wellenkalks identisch sein. Das kann man an Steilwänden feststellen. Dann müßte man aber auch überall die gleichen Formen erwarten. Das ist aber nicht der Fall. Nur ausnahmsweise bildet er steile Wände, meist vielmehr ziemlich flache Böschungen. Die Gründe für solches Verhalten sind nicht mit Sicherheit anzugeben. Man könnte vermuten, daß die petrographische Beschaffenheit überwiegend nicht mit der des Unteren Wellenkalks identisch ist, daß vielmehr im Bereich flacher Böschungen, in denen Aufschlüsse fehlen, vielleicht reichlich Mergel eingeschaltet sind, ähnlich wie im Mittleren Muschelkalk. Damit wäre die Abflachung der Gehänge allerdings erklärt.

2. Die Talbildung.

Die Talbildung ist hinsichtlich der Taldichte, der Abhängigkeit von der Gesteinsbeschaffenheit und des geologischen Baus und heutigen Erosionsvorgängen zu betrachten.

Taldichte.

Wir haben bereits gesehen, daß trotz des mangelnden Vegetationsschutzes und der Undurchlässigkeit der Tonböden die Zerschneidung gering ist, weil der Mensch die Bildung der Erosionsrinnen unterdrückt.

Sehen wir nun von den kleinen, modernen Rillen und Schluchten ab, so ist hinsichtlich der größeren Täler, zu deren Ausbildung längere Zeiträume notwendig waren, festzustellen, daß diese im Sandsteingebiet dichter liegen als im Kalkgebiet. Was bedeutet das? Der Sandstein ist hinsichtlich seines Bodens und seiner Gesteinsbeschaffenheit recht durchlässig, der Kalktonboden dagegen schwer durchlässig und auch von den Gesteinen sind wegen des Hervortretens der Mergel die Nodosusschichten, der Mittlere Muschelkalk und die Myophorienschichten schwer durchlässig. Leicht durchlässig sind nur die Wellenkalke, dann auch Trochiten-, Schaum- und Terebratelkalk. Nun lehrt ein Blick auf die Karte, daß es hinsichtlich der Taldichte ganz gleichgültig ist, ob ein Plateau aus Wellenkalk nebst Trochiten-, Schaum- und Terebratelkalk oder aus Mittlerem Muschelkalk und Nodosusschichten besteht. Demnach war bei der Anlage der Täler die Durchlässigkeit der Gesteine und des Bodens nicht ausschlaggebend.

Anders steht es mit der Festigkeit. Die weichen, chemisch sehr widerstandsfähigen Sandsteine sind trotz des Sandbodens stärker zertalt als die chemisch leicht angreifbaren Kalkplateaus mit undurchlässigem Tonboden. Auch die heutige Vegetationsdecke hat auf die Taldichte keinen Einfluß gehabt. Ja, man sieht, daß die unbewaldeten Sandsteinplateaus zu beiden Seiten des Teicheler Tals viel weniger zerschnitten sind als das bewaldete Rudolstädter Bergland. Auch in dem Kalkgebiet ist ein Einfluß der Bewaldung nicht festzustellen.

Demnach hängt auf unserm Blatt die Dichte der großen Täler mehr von der Gesteinsfestigkeit als von der Durchlässigkeit oder chemischen Widerstandsfähigkeit ab.

Talbildung und Gesteinsbeschaffenheit.

Dem obigen Satz gemäß liegen die Täler mit Vorliebe in Gesteinen von geringer physikalischer Widerstandsfähigkeit. Wenn mehrere Formationen nebeneinander liegen, so befinden sich die Täler in den weniger festen Gesteinen. Namentlich in den Schollenzonen ist das der Fall. Röt, Mittlerer Muschelkalk, Nodosusschichten, Keuper, Buntsandstein sind bevorzugt. In dem Wellenkalk z. B. schneidet sich das Tal ein, nicht aber in den Oolith, Terebratelkalk und Schaumkalk. Also auch hier ist die Festigkeit die Hauptsache, nicht chemische Widerstandsfähigkeit und Durchlässigkeit. Demnach kann man unter Hinweis auf die heutigen Kräfte sagen, daß Dichte und Anpassung der Täler an die Gesteinsbeschaffenheit durchaus disharmonisch, d. h. durch die heutigen Verhältnisse nicht zu erklären sind.

Talbildung und Verwerfungen.

Daß eine Anzahl von Tälern auf Verwerfungen liegt, ganz oder teilweise, ist früher bereits festgestellt worden. Auch hier ist Mangel an Festigkeit die Ursache des Einschneidens, nicht chemische Widerstandsfähigkeit und Durchlässigkeit.

Die Talformen.

Hängen die Talformen von den heutigen Kräften ab? Das ist die uns hier interessierende Frage.

Kerbschluchten können unter der Einwirkung von Wolkenbrüchen und zusammengeflossenem Schneeschmelzwasser sehr wohl entstehen. Geringe Festigkeit sowie Undurchlässigkeit der Gesteine und des Bodens begünstigen ihre Ausbildung. So sind denn die tiefen Schluchten an den Rötgehängen, die flachen Rillen an den Wellenkalkwänden, die auf der Karte gar nicht mehr darstellbar sind, recht wohl harmonische Bildungen. Harmonisch ist auch das Gebundensein der meisten — wenn nicht aller — tiefen Talschluchten in den Kalksteintälern an Wege, deren Boden nicht nur vegetationslos gehalten, sondern auch von Rädern zermalmt und von Füßen zertreten wird. Harmonisch sind auch die von dichter Vegetation bedeckten Kerbschluchten, weil sie nachweislich erst vor wenigen Jahrzehnten durch den Menschen künstlich bepflanzt worden sind. Harmonisch sind auch die oblitterierten, zugeschütteten, überpflügten Erosionsfurchen. Die in verschiedenen Gesteinen verschiedenen Formen der Kerbtäler sind ohne Schwierigkeit zu erklären. Für die festen Kalksteine sind die steilwandigen Cañons charakteristisch, in den weichen, zu Rutschungen und Solifluktion neigenden Letten abgerundete Formen, namentlich Mulden, die Regel. Die Sandsteine nehmen eine mittlere Stellung ein, können aber doch recht steilwandige Kerben aufweisen (vergl. das Tal westlich der Justinshöhe).

Die Bachrinnen der breiten Wiesentäler, die fließendes Wasser enthalten, sind durchweg harmonische Bildungen. Man sieht die gestaltende Kraft — das Wasser des Baches — vor sich, man sieht, wie es gegen die Steilufer anprallt, dann abbiegt und so sich schlängelnd die Windungen ausarbeitet und allmählich sein Bett verlegt. Nun bilden aber die Wiesenbäche ganz überwiegend auf beiden Seiten steilwandige Rinnen. Wie kommen diese zustande? An den Prallstellen liegen gewöhnlich in Flußbetten Steilwände, gegenüber aber abgeflachte Böschungen. Erstere entstehen durch Horizontalerosion des Flußwassers, letztere durch Rutschungen und Abspülung des Bodens und der Gesteine. Warum ist nun eine solche, „normale" Ausbildung in zahlreichen — nicht in allen — Bachbetten der Wiesentäler mit Böschungssohlen zu finden?

Das Problem der steilwandigen Wiesengräben.

In der Bachrinne liegen auf dem Boden grobe Gerölle, darüber sofort der feine, tonige bis tonig-lehmige Boden. Dieser stammt teils von den Gehängen, teils kommt er von weiter oben her und wandert oberflächlich infolge der durch Bodentiere begünstigten Flächenabspülung auf den Böschungssohlen gegen die Rinne hin und das Tal entlang. Bei gewöhnlichem Wasserstand unterwühlt der Bach das Ufer, gegen das er drängt, verursacht Einsturz und andauernde Steilwandigkeit. Bei Hochwasser wird aber die ganze Rinne ausgefüllt, beide Ufer werden erodiert und auch auf der der Prallstelle entgegengesetzten Seite wird eine Steilwand geschaffen und unterhalten. Nun müßte im Laufe der Zeit notwendigerweise allmählich eine Verbreiterung der Rinne und Abflachung der konvexen Seite eintreten. Warum geschieht das nicht?

Bodenversetzungen könnten die Ursache sein. Infolge des Einschneidens der Rinne wird das Gleichgewicht des nassen, plastischen Auetons gestört, es könnten also sehr wohl Ausgleichbewegungen in der plastischen Masse eintreten und beide Steilhänge das Bestreben haben, die Rinne einzuengen. Ein Grundwasserstrom müßte dabei eine große Rolle in positivem Sinn spielen. (Abb. 70). Dazu kommt die Zufuhr von Material von oben durch die Flächenabspülung. So kämpft denn der Bach gegen die Einengung durch die vorrückenden

Seitenwände. Allmählich muß ein Gleichgewichtszustand zwischen der Horizontalerosion des Flusses und dem Andrängen des plastischen Auetons erzielt werden. Da nun aber der Bach hauptsächlich gegen das eine Ufer andrängt, so wird doch das Bett allmählich verlegt werden. Mit der Verlegung schieben sich die Bachschotter vor, während sie auf der entgegengesetzten Seite von dem nachdrängenden Aueton überdeckt werden. So läßt sich die breite Schotterlage unter dem feinen Aueton auch ohne einen einst größeren Bach erklären, ein Aufbau, der weit verbreitet ist. Hochwasser werden durch abnorme Erosion, nasse Jahre wegen der erhöhten Plastizität und beschleunigten Nachdrängens des Auetons das Gleichgewicht stören, aber doch wohl nur vorübergehend.

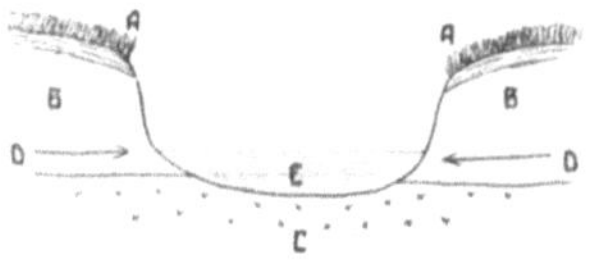

Abb. 69. Schematische Darstellung der hypothetischen Bodenversetzungen an einem steilwandigen Wiesenbach.
A Gras- und Humusschicht; B Plastischer Aueton; C Schotter; D Grundwasserstrom; E Bachwasser.

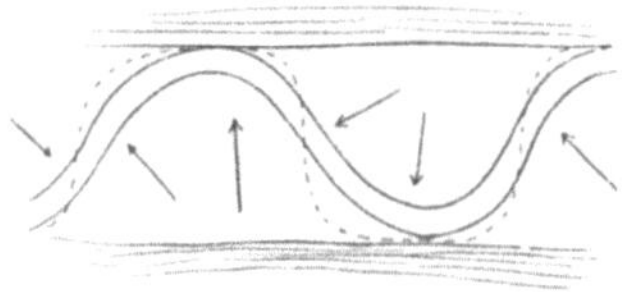

Abb. 70. Schematische Darstellung der Ausbildung der Bachrinne in einem Wiesental.
Die Pfeile zeigen die Bewegung des Auetons an; die punktierte Linie den Verlauf der endgültig ausgebildeten Bachrinne.

Ist diese Erklärung richtig, dann wird auch folgendes zutreffend sein (Abb. 70). Das Nachrücken des Auelehms hängt von seiner Masse und dem Böschungswinkel ab, ganz abgesehen von dem Grad der Plastizität. Wenn also ein steilwandiger Bach ein Wiesental durchquert, so muß die talaufwärts gelegene Seite schneller nachrücken als die talabwärts gelegene, der Lauf des Baches also talabwärts gleiten. Ferner muß ein steilwandiges Bachbett, von dem eine Schlinge gegen ein Ufer vordringt, in diesem Bestreben durch die Abnahme der Masse von Aueton auf der Stoßseite und die Zunahme der Masse auf der entgegengesetzten begünstigt werden, und daher eine Tendenz zur Ausbildung von Prallstellen und Steilwänden am Gesteinsufer vorhanden sein. Ferner müßte eine solche Schlinge, nachdem sie gegen eine Talwand gestoßen und ein Steilufer geschaffen hat, bemüht sein, an dem Ufer entlang zu gleiten und eine lange Steilwand zu schaffen, das Tal aber auf möglichst kurzer Linie senkrecht zur Längsachse zu queren. Allein mancherlei Einwirkungen, wie z. B. Schuttmassen aus Nebentälern, werden mancherlei Abweichungen verursachen.

Die Vorgänge wurden in dem Wiesengraben der Rinne unterhalb Stadtremda näher studiert (Abb. 71). Er hat 2—3 m Tiefe und 3—5 m Breite. Die Wiese geht bis an den Bachrand heran und

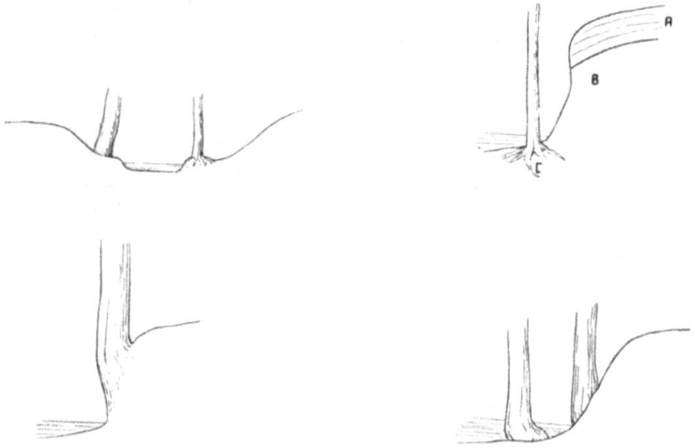

Abb. 71. Bäume am Rand des Rinnebachs im Remdaer Tal, die Abrutschung des Bodens anzeigen.

biegt noch an dem Rand hinab. Weiden, Erlen und andere Bäume und Sträucher stehen am Rande des Grabens und z. T. in demselben. Die Wände sind immer steil, gleichgültig, ob eine Prallstelle vorliegt oder nicht. Ferner kann man häufig eine Hohlkehle unter der Vegetationsschicht auch an Stellen sehen, die Prallstellen gegenüber liegen. Dann ragen die Wurzeln der Bäume in die Luft. Ferner kann man ein Abrutschen der Bäume mit Bestimmtheit feststellen. Manche wachsen auf der Oberfläche der Wiese, andere auf halber Höhe und zwar auf einer Stufe, die anscheinend durch Rutschung entstanden ist. In manchen Fällen steht der Baum hart am Rande, wo er ganz unmöglich aufgeschossen sein kann. Schließlich kann der Stamm auch direkt im Wasser stehen. Da sich die Bäume von Anfang an in solcher Stellung nicht befunden haben, müssen sie hinabgerutscht sein. Dabei sind die beschriebenen Erscheinungen ganz unabhängig von Prallstellen und Horizontalerosion. Besonders auffallend ist eine Strecke unterhalb von Stadtremda und oberhalb einer Scheune. Der ganz geradlinige Bach ist auf beiden Seiten von Pfählen eingefaßt, die z. T. gegen den Bach hin geneigt sind, als würden sie von dem Ufer her herabgedrückt Da der Bach geradlinig ist und Prallstellen fehlen, dürften die Pfähle wegen des Seitendrucks der Auetonwände errichtet worden sein, nicht zum Schutz gegen Horizontalerosion. So sprechen denn die Beobachtungen entschieden für eine Bewegung im Aueton gegen den Rand des Bachgrabens hin.

Es liegt auf der Hand, daß das berührte Problem der Wanderung der Bachgräben, des langsamen Nachdrängens des Auetons, der Ausfuhr desselben und seines Ersatzes ein Problem von weitgehendster Bedeutung ist, da man nur durch seine Lösung zu einem tieferen Verständnis des heutigen — man könnte sagen — „Stoffwechsels der Landschaft“ kommen kann. Deshalb wären wiederholte, genaue Messungen und fortlaufende Beobachtungen über die Veränderung der Bachgräben nach Breite und Lage und über solche der Böschungssohlen sicherlich eine der Mühe werte Arbeit, die aber wie an Gletschern lange Zeit hindurch ausgeführt werden müßten.

Nachdem wir nunmehr über die wahrscheinlichen Bewegungsvorgänge in den heutigen Wiesentälern mit Böschungssohlen und Bachkerben orientiert sind, können wir uns dem Thema zuwenden:

Sind die großen Täler harmonische Bildungen?

Um die heutige Sachlage festzustellen, wollen wir ein Tal in einem unbewaldeten und in einem bewaldeten Teil unseres Blattes näher betrachten.

Unbewaldete Täler. Die Wellenkalkgehänge und die Rötböschung vieler Täler, z. B. bei Thälendorf, sind unbewaldet. Von den Ödlandhängen und namentlich den Feldern wird heutzutage lediglich feines Material abgespült, kann sich in der Tiefe des Tals anhäufen und dann auf dem Talboden der Mulde durch Abspülung und auch Abwärtsrücken hinabwandern. Diese abtragenden Prozesse verlaufen langsam, aber sie existieren doch und im Laufe der Zeit könnten durch flächenhafte Abtragung und Rückwärtsschreiten der Wellenkalkwände, zumal das früher beschriebene Herausquellen der Myophorienschichten wirksam sein dürfte, schließlich doch lediglich durch Abspülung breite Täler entstehen. So könnte man zur Not eine Erklärung finden, wenn auch, da der grobe Kalkschutt am Fuß der Wellenkalkwände ein großes Hindernis bildet, die Entstehung nur sehr langsam von statten ginge. Nun ist aber die Festigkeit der Gesteine für die Formen ausschlaggebend. Diese könnte im waldlosen, mit Verwitterungsböden bedeckten Gebiet aber doch nur dann maßgebend werden, wenn die Bildung des Verwitterungsbodens mit der Abtragung mindestens gleichen Schritt hält. In solchen Fällen müßte der Verwitterungsboden auf dem anstehenden Gestein liegen. Allein tatsächlich finden wir doch in vielen Fällen unzersetzten steinigen Kalkton über dem Röt. Dieser Zustand kann durch einfache Entstehung des Tals durch Flächenspülung nicht erklärt werden. Also auch bei lückenhafter Vegetationsdecke sind die Täler durch die heutigen Kräfte nicht zu erklären.

Noch bedenklicher wird der Fall, wenn ein Tal auf der einen Seite bewaldet und auf der andern unbewaldet ist. Das ist z. B. bei dem breiten Trichtertal östlich von Thälendorf der Fall. Während man die Kalkschuttanhäufung am Fuß der Wellenkalkwand noch für harmonisch halten kann, ist die des bewaldeten Südhanges sicher disharmonisch, und die Moos- und Blättermassen gestatten obendrein keine Abspülung; fast nur chemische Zersetzung ist imgange. In einem ganz im Wald gelegenen, mit geschlossener Pflanzendecke versehenem Tal ist aber weder die Übergangsböschung noch auch die Böschungssohle zu erklären. Es fehlt die Flächenspülung und damit die Möglichkeit, der Böschungssohle neues Material zuzuführen und den durch Bacherosion entstandenen Verlust zu decken. So zwingt denn der Vergleich zwischen den vorhandenen Formen und den heutigen ababtragenden Prozessen dazu, die Täler für disharmonisch zu halten, und daß die Gedankengänge richtig sind, ist durch den — erst ganz zuletzt — erfolgten positiven Nachweis des diluvialen Alters des Schuttes der Übergangsböschungen der Täler bewiesen. Allein bevor wir zu der Frage, wie in der Diluvialzeit die Täler entstanden sein könnten, übergehen, wird es notwendig sein, die Veränderungen der abtragenden Prozesse in historischen Zeiten zu betrachten. Es handelt sich vor allem um die Entwaldung und ihre Folgen im Laufe des Mittelalters und in der Neuzeit.

Die prähistorische Landschaft und ihre Umwandlung bis zur Gegenwart.

Deutschland war in prähistorischen Zeiten überwiegend von Urwald bedeckt und in den Tälern zogen sich Sümpfe und Moore hin. Streckenweise gab es steppenartiges Grasland mit Wald und Busch gemischt, wo sich Ackerbauer und Viehzüchter hauptsächlich festsetzten. Indes wäre es doch wohl nicht richtig zu glauben, daß der Urwald ganz unbewohnt oder nur von Jägern bewohnt war. Auf trockneren Hochflächen war er wohl lichter und wegen seines Gehaltes an Gräsern für Viehzucht zu benutzen. Unser Gebiet war wohl meist mit Laubwald bedeckt. Auf diesen weisen einmal Namen wie Lohberg, Ibenberg (Eiben), Buchholz, Büchenberg,

Nussau u. a. m. Ferner sind noch heute einzelne alte Laubholzbestände vorhanden und was noch wichtiger ist, in dem jetzigen Nadelwald wohnt die Laubwaldbewohnerin: Anemone hepatica. Auf einer 200jährigen Flurkarte von Keilhau wird nur Laubwald, kein Nadelwald angegeben. In den Talgründen standen Weiden-, Eschen-, Ahorn-, Erlengestrüpp nebst Wiesen und Mooren. Freilich beweist das Vorkommen von Picea excelsa in dem Ton auf dem Boden der Grube f bei Keilhau, daß Nadelbäume nicht fehlten.

Fragen wir uns nun, welche Kräfte damals auf die Landfläche gewirkt haben, so muß man sagen, daß eine Abtragung wohl kaum oder nur wenig erfolgte. Chemische Tiefenzersetzung zerstörte das Gestein, und zwar energischer als heutzutage. Demnach waren die Oberflächenformen in noch höherem Grade als heutzutage disharmonisch zu den Kräften. Wenn aber die heutigen Wiesenböden den Tälern fehlten, wenn Brüche und Sümpfe sie damals bedeckten, dann waren auch nicht so ausgesprochene Böschungssohlen mit so tief eingeschnittenen Bachgräben vorhanden, können auch nicht Schlamm- und Sandmassen durch Wasser und Bodenversetzungen hinausgeführt worden sein.

Die Umwandlung des Urwaldgebietes in eine Kulturlandschaft.

Die älteste bekannte Ansiedlung ist prähistorisch, stammt aus der Keltenzeit und liegt 2—300 m südwestlich von Sundremda. Es sind Gräber, die z. T. ausgebeutet worden sind und deren Funde im Weimarer Museum sich befinden.

Über das Mittelalter und die Neuzeit gibt es nun eine ausgezeichnete Schrift von dem Jenenser Professor Ch. Ed. Langethal, einem ehemaligen Lehrer der Keilhauer Fröbel-Anstalt. Sie behandelt die Landesgeschichte von Keilhau und enthält eine Fülle von interessanten Angaben, die nicht nur für das Dorf Keilhau, sondern auch für die weitere Umgebung bedeutsam sind; denn die Schilderung bezieht sich auf allgemeine Zustände und Entwicklungsvorgänge. Langethals Darstellung soll im wesentlichen für die nachfolgende Schilderung maßgebend sein

Im 8. Jahrhundert drangen die Sorben über die Saale und schoben sich namentlich südlich von unserm Blatt vor. Groß- und Klein-Gölitz sind z. B. alte Sorbensiedlungen. Vielleicht gehört auch das Dorf Milbitz, sowie Klöswitz und auf dem Schönen Feld Korschwitz dieser Siedlungsperiode an. Die Sorben hatten den leichten

Hackenpflug und waren auf die Bearbeitung leichten Bodens angewiesen. Demnach wären flach geneigte Sandböden für sie am geeignetsten gewesen. Groß-Gölitz, Milbitz, Mörla und namentlich auch Stadtremda hätten demnach für sie eine sehr günstige Lage gehabt. Ob die beiden letzteren Orte aber slavische Ansiedlungen waren, ist zweifelhaft. Die eigentliche Kulturperiode begann erst im 9. Jahrhundert, indem die Deutschen in den Waldungen Rodungen anlegten und zahllose neue Ansiedlungen gründeten. Mit Axt und Feuer wurde der Wald getilgt, die Stümpfe ausgegraben, Steine ausgelesen und der Boden mit dem Eisenpflug bestellt. So konnten auch schwere Tonböden in Angriff genommen werden. Man bedurfte damals einmal eines wenig geneigten Bodens, dessen Böschung im allgemeinen 20" wohl nicht überschreiten durfte. Dafür waren geeignet einmal die Kalkhochflächen, die Sandsteinebenen und die flacheren Gehänge der Täler. Der Boden der letzteren war mit Sumpf und Gestrüpp bestanden. Vergleicht man auf Karte II die Verteilung flach geneigter Gelände mit der Lage der Dörfer, so fällt die Übereinstimmung zwischen beiden in den Talungen ins Auge; das Fehlen der Ansiedlungen auf den Hochflächen erklärt sich aber aus deren Wasserarmut.

Neben gutem Ackerland brauchte man sehr viel Weideland, denn damals hatte man im Sommer noch keine Stallfütterung und kannte nicht den Anbau von Viehfutter wie Klee, Runkelrüben, Lupinen usw. Man brauchte also viel Heu und ließ das Vieh auf den Brachfeldern und im Walde weiden; Kuhglocken sorgten für ein Wiederfinden der Herden. So wurden denn in den feuchten Tälern und auf den steileren Berghängen Wiesen angelegt. Allein letztere dienten außerdem für den seit dem 11. Jahrhundert aufblühenden Obst- und Weinbau. Letzterer spielte eine große Rolle in allen Dörfern und das Hauptgebiet der Weinberge war die nach Süden sehende, mit Kalkschutt bedeckte Böschung zwischen Wellenkalkwand und Röt. Folgende Dörfer produzierten im Jahr 1586 im Rudolstädter Gebiet Wein: Eichenfeld (Eichfeld) 427 Eimer, Zeigerheim 329½ Eimer, Rudolstadt 284½ Eimer, Keilhau 129½ Eimer, Volkstedt 124½ Eimer. Lichstedt 50 Eimer, Gr. Gölitz 53 Eimer, Kl. Gölitz 43 Eimer.

Wichtig für unser Gebiet war seit dem 13. Jahrhundert das Aufblühen der Tuchmacherindustrie in Deutschland. Im 16. Jahrhundert erreichte diese ihre höchste Blüte und sie baute sich auf der Wollschafzucht auf. Um nun aber Weide für die Schafe zu gewinnen, wurden die Wälder weiter abgeholzt und zwar hauptsächlich auf den Wellenkalkhängen und auf den Kalkhochflächen. Die Gemeindewaldungen wurden sehr eingeschränkt. Obwohl aber damals die Kalkberge Thüringens infolge der Wollschafzucht entwaldet wurden, sind doch noch keine Klagen über Abspülung der Ackererde und Vermurung der Felder urkundlich überliefert. Wahrscheinlieh nahm der Wald immer noch sehr bedeutende Flächen — namentlich auf den Hochflächen ein. Allein die Grundlagen für die schädlichen Folgen wurden damals sicherlich gelegt. Sie stellten sich während des 30jährigen Krieges ein.

Der Krieg entvölkerte das Land, ruinierte den Ackerbau, die Viehzucht, die Obst- und Weinkultur. Busch und Gestrüpp nahmen von dem Kulturland Besitz und namentlich beginnen nun die Klagen über Abspülung der Erde, Überschüttung der Weinberge, Obstgärten, Wiesen und Felder mit Kalkgries. Im Jahre 1654 wurde in Keilhau das Flurregister erneuert, das z. T. erhalten ist. Bei seiner Aufnahme klagen fast alle Bauern über die Abnahme des besseren Bodens der Bergfelder, über das Flacherwerden der Bodenkrume der Taläcker an ihrem oberen Ende und über das Anspülen von Bergschutt. Sie sagten, die oberen Enden der Taläcker wollten kein Herbstfutter mehr geben, manche früher bestellten Äcker seien jetzt Lehden d. h. steiniges Ödland geworden, auf anderen sei Kalkschutt angespült.

Am meisten wurde über die „Versandung“ der Weinberge geklagt. Das Weinland betrug nur $^3/_8$ der früheren Fläche und vom Regierungskommissar wurde die Grundsteuer um $^1/_8$ erlassen. Während der Kriegszeit hatten sich Wild und Wölfe vermehrt; 1656 wurden in Lichstedt 5 Wölfe geschossen.

Eine schlimme Katastrophe traf Keilhau im Jahre 1678.

„Im Jahre 1678 trug sich ein Wolkenbruch zu. Die Wasser stürzten von allen Schluchten herab, sie wälzten sich aus allen Gründen ins Tal, sie schossen von den Bergwänden hernieder. Sie machten die Äcker am Buchberge, über welche der Pfaffenstieg läuft, zu steinigen Lehden, sie warfen den Bergschutt auf das Feld unterhalb der Briese dicht am Lienberge (= Ibenberg!) und auf den Acker längs des Briesenweges; sie verwandelten die Äcker in Boor (jetzt Wald), die Felder an der Ilm oberhalb der Hohle in unfruchtbares Land; sie durchrissen den langen Acker im Remdertale vom Steingrunde bis zum Groschwitzer Tale, sodaß er unbrauchbar wurde; sie begruben die oberen Enden der Kolmäcker so tief im Bergschutt, daß sie der Bergwand gleich wurden; sie häuften das Kalkgeröll in einem Teile der Angerwiesen so sehr an, daß man sie seit der Zeit mit dem Namen Gries belegte; sie bewirkten neue und große Versandungen der Weinberge, Abwaschungen der Bergfelder und Taläcker; sie rissen die tiefen Hohlen der Remder- und Ilmtalhohle und die des Trebtals (Trettel)hohle, in welchen früher die Fahrwege liefen, ja, sie beschädigten sogar die Gehöfte, namentlich den Zimmergarten und den Beithanschen Hof, dessen Garten und Gebäude dem Andrange der Wasser im Wege standen. Das alles bildet den Inhalt der Klagen sämtlicher Nachbarn, die sie an den Kommissar richteten, welcher zu einer neuen Herabsetzung der Grundsteuer wegen des erlittenen Schadens nach Keilhau kam."

Abb. 72 zeigt die in dem Bericht angegebenen Lokalitäten.

Allein das schwere Geschick veranlaßte die Bauern nicht, von der Waldvernichtung abzustehen, im Gegenteil, in den nächsten 100 Jahren wurde der Wald bis auf geringe Streifen vernichtet; namentlich auch die Kalkhochflächen entwaldet.

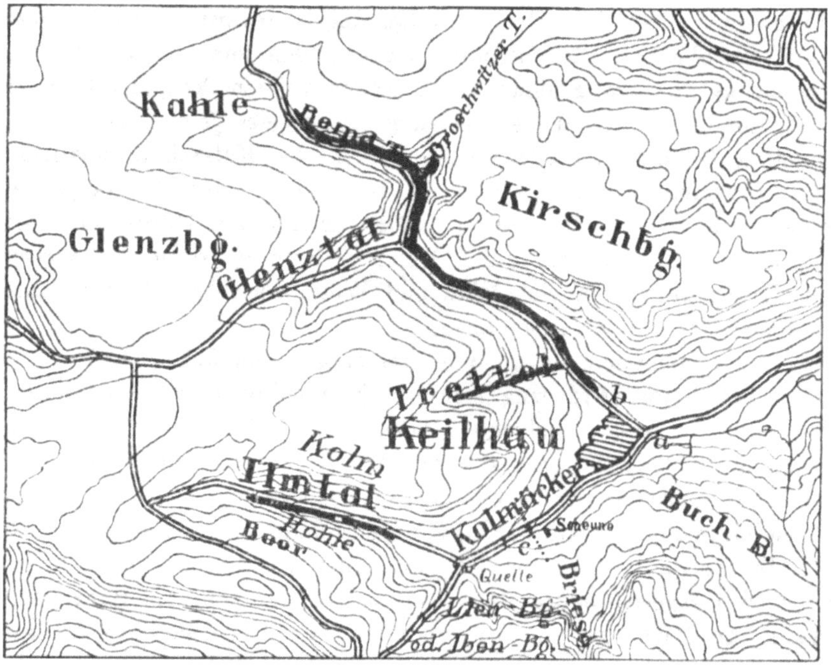

Abb. 72. Die Umgebung von Keilhau mit den bei der Überschwemmung von 1678 genannten Lokalitäten a = Grube in Dr. Flume's Garten, b = Grube auf der Grieswiese, frühere Angerwiesen, c = Gruben oberhalb Keilhau. Das weiße Kreuz zeigt die Lage des ehemaligen Zimmergartens an. Die schwarzen Linien in den Tälern sind die 1678 eingerissenen „Hohlen".

„Der Grund, weshalb die Bauern stets nach guten Bergfeldern trachteten, lag in der großen Abgabe von Hafer, die sie als Geschoß und Dezem zu entrichten hatten, und welche im ganzen nicht weniger als 93 Scheffel preußischen Maßes betrug. Diesen Hafer mußten sie aber auf Bergfeldern bauen, weil im Tale, wo ihr Bedarf an Roggen, Weizen und Gerste wuchs, kein Platz für den Hafer übrig blieb. Je mehr also der Wolkenbruch die Bergfelder öde gemacht hatte, um so eifriger rodeten sie nun den Rest des Waldes aus, um den Verlust zu decken. Auf solche Weise wurden sie schon um die Mitte des vorigen Jahrhunderts mit der Rodung des Waldes ziemlich fertig. Einen Teil verkaufte die Gemeinde für allgemeine Ausgaben, das übrige wurde an die Nachbarn ausgeteilt, bis zuletzt nur noch ein kleiner Teil an den Abhängen übrig blieb. Je mehr aber auch jenes Neuland abgewaschen und abgeflacht wurde, um so beschwerlicher gestaltete sich der Betrieb, denn man war nun gezwungen, die fehlende Güte des Bodens durch umfangreichere Ackerflächen zu ersetzen."

Bis zum Jahre 1848 blieb der Zustand der Entwaldung bestehen. In diesem Jahre aber verzichtete der Fürst von Rudolstadt auf das alleinige Jagdrecht; die Bauernjagd wurde freigegeben und nunmehr war es möglich, das Land aufzuforsten, weil der Bauer die Schonungen schützen konnte. So wurden Lehden und Kalkhochflächen aufgeforstet, so z. B. die Geiersleite, der Dissau, die Briese, Kahle- und Klenzberg. Das bedeutende Steigen der Holzpreise und die Abnahme der Schafzucht, die in Keilhau im Jahre 1882 überhaupt abgeschafft wurde, taten das ihrige. Ähnlich wie in Rudolstadt ging es sonst in Thüringen.

Der Wechsel der abtragenden Faktoren im Laufe der geschichtlichen Veränderungen.

Mit dem 9. Jahrhundert begann die Entwaldung und damit setzte zweifellos die Erosion ein; Vertikal- und Horizontalerosion, Flächenabspülung und Bodenversetzungen. Auch die Hohlwegerosion muß damals begonnen haben. Allein diese für das Urwaldland neuen Prozesse waren doch wohl nur wenig wirksam und selbst die Entwaldung, die sich an das Aufblühen der Schafzucht und Tuchmacherindustrie anknüpfte, verursachte so wenig Schaden, daß in die Chroniken keine Klagen gelangt sind. Warum brachte nun der 30jährige Krieg eine solche Wandlung? M. E. war die Sachlage vor dem Krieg folgende. Allmählich war die Entwaldung eingetreten, allmählich hatte man Felder und Wiesen, Weinberge und Obstgärten geschaffen und gleichen Schritt hielt die Bändigung der Wasserschäden durch Ableiten des Wassers in Gräben, durch Auflockern des Bodens beim Pflügen, durch Zuschütten der frischen Wasserrisse, Abfahren von aufgeschüttetem Gries von den Feldern und Unterpflügen des Restes des Schuttes. Dieser erfolgreiche Kleinkrieg mit dem Wasser erlitt aber eine verhängnisvolle Abschwächung und schließlich ein Ende durch den 30jährigen Krieg, die Verwüstung des Landes, die Abnahme der Bevölkerung, die starke Einschränkung des Ackerbaus. Nunmehr begann die Natur sich von den Fesseln des Menschen zu befreien. Was würde wohl geschehen, wenn heutzutage plötzlich der Kampf gegen das Wasser aufhörte? Eine gewaltige Zunahme der Vertikalerosion auf den vegetationsarmen Feldern mit undurchlässigem Boden; Schluchtensysteme ähnlich den Rötschluchten würden auf den Gehängen entstehen, die Talböden aber würden mit dem abgeschwemmten Schutt bedeckt werden. Die Flächenabspülung würde die Äcker in steiniges Ödland verwandeln und mit einem Steingeröllpanzer überziehen. Von den Wellenkalkhängen würde der lockere Kalkschutt hinabgespült werden und die oberen Lagen der Bergfelder überschütten. Es käme also teils auf eine Entfernung des fruchtbaren Bodens, teils auf Vermurung der Talböden und des Fußes steiler Gehänge hinaus. Die auf Seite 187 geschilderten Verheerungen stimmen ausgezeichnet zu den theoretisch abgeleiteten überein. Nach dem Krieg begann der Kampf gegen das Wildwasser aufs neue, allein die Bändigung der Natur mißlang, einmal wegen der Zunahme der Waldverwüstung, sodann aber auch wegen der damals erheblichen Schafzucht und namentlich auch wegen des Wildes.

Schafe und Wild vernichten nicht nur den Nachwuchs des Waldes, sie vernichten auch durch Abweiden und mechanisch durch die Tritte die Vegetationsdecke — namentlich die Wurzeln werden durch Tritte bloßgelegt — und zerstören obendrein den schützenden, durch Abspülung sich entwickelnden Geröllpanzer. Welche Formen sind nun wohl damals entstanden? Für einige ist der Ursprung festzustellen, nämlich für die Schluchten und Hohlen im Ilm-, Remdaer- und Trebtal bei Keilhau. Wenn wir nun ferner sehen, daß eine Haupttätigkeit des Menschen in den letzten Jahrzehnten hinsichtlich der Bändigung der Wildwässer in dem Bepflanzen der tiefen Kerbschluchten, in deren Zuschütten und Überpflügen bestanden hat, so wird man wohl zugeben müssen, daß die Austiefung der heutigen, fast überall bewachsenen und sehr häufig, wenn nicht ganz überwiegend an Wege gebundenen Kerbschluchten vor dem Krieg wohl begonnen hatte, dann aber hauptsächlich seit jenem erfolgte und seit 1848 zum Stillstand gebracht wurde.

Eine zweite Erscheinung in der Landschaft, die sich seit dem Beginn der Entwaldung herausgebildet hat, sind die Wiesensohlen der Täler. Einst mit Gestrüpp und Erlenbüschen bedeckte Sümpfe, wurden sie durch Kultur und namentlich auch durch Aufschüttung von abgespültem Material in Wiesen verwandelt und erhielten einen glatten Boden im Gegensatz zu der Höckerigkeit des ursprünglichen Bodens. An manchen Stellen kann man noch heutzutage diesen Gegensatz zwischen Natur- und Kultursohlen beobachten. Mit der Entwaldung wuchs die Menge und Erosionskraft des oberflächlich abfließenden Wassers und damit schnitten sich die Bachläufe ein — entwickelten sich vielleicht überhaupt erst seit jener Zeit durch Aufschüttung innerhalb der sumpfigen Talböden — und damit wurden die Sümpfe der Täler trocken gelegt bezw. zugeschüttet und die Wiesenkulturen, die wegen des Fehlens anderer Futterpflanzen damals ein noch größeres Bedürfnis als heutzutage waren, ermöglicht. Gleichzeitig müssen sich damals mit der Entwaldung und Feldbestellung durch Abspülung die Böschungssohlen der Täler ausgebildet oder doch besser als früher entwickelt haben. Damals begann wohl auch der oben geschilderte Prozeß der Ausfuhr feinen Bodens durch Flächenabspülung und Bodenversetzungen im Verlauf des Wiesenbaches.

Im Gegensatz zur Schluchtenbildung muß die Ausbildung der glatten Wiesenböden und Bachrinnen durch den Krieg, d. h. Mangel an Kultur zerstört worden sein. Denn Gebüsch und Wald müssen sich entwickelt, die Wände der Bachrinne festgelegt und die Erosion und Bodenversetzungen vermindert haben. Wie weit die Schuttmassen an dem Fuß steilerer Gehänge in Tälern, an den Wellenkalkwänden usw. diluvial oder seit der Entwaldung entstanden sind, ist nicht leicht zu entscheiden. Es werden die Verhältnisse ja sicherlich auch nicht überall gleich sein. Das Auftreten von Lößschnecken im Schutt zeigt jedenfalls, daß der diluviale Schutt manchmal noch nicht einen Meter unter der Oberfläche liegt. In anderen Fällen mögen die Aufschüttungen mächtiger sein. Vor allem aber darf man das Eingreifen des Menschen nicht vergessen. Die Schuttmassen, die herunterkommen, wurden nämlich z. Tl. abgegraben, abgefahren und als Wegschotter gebraucht. So sind z. B. noch jüngst die wahrscheinlich hauptsächlich im Jahre 1678 heruntergekommenen Kiesmassen der Grieswiese in Keilhau abgegraben und als Schotter verwandt worden. Diese Tatsachen sind für die Beurteilung der seit der Entwaldung herabgekommenen Schuttmassen von Wichtigkeit.

Den Grad der Abspülung festzustellen, ist nicht möglich; immerhin ist es denkbar, daß auf den Kalkplateaus der Verwitterungsboden einst mächtiger war als jetzt, daß der heutige Boden also für die Energie der chemischen Zersetzung auf jenen Hochflächen keinen richtigen Maßstab abgibt.

Noch in der Mitte des 19. Jahrhunderts waren die Überschwemmungen viel stärker als heutzutage. Sowohl in Teichel als auch in Keilhau waren die Talböden manchmal so überschwemmt, daß man über die Höhen Umwege machen mußte und der Bürgermeister von Keilhau entsinnt sich noch, daß seine Mutter ihm erzählte, wie nach Gewitterregen „der Kirschberg zu klappern" anfing, d. h. wie der Kalkgries geräuschvoll von den Wellenkalkhängen hinabrieselte. Auch die Täler und Kessel sahen vor 40 und mehr Jahren oft noch anders aus. Erlensümpfe, in denen man Krebse fing, nahmen damals noch den westlichen Teil der Kirchremdaer Mulde ein. Die Drainage aber, die tiefen künstlichen Abzugsgräben haben die Senken trocken gelegt und die Brücher in Wiesen verwandelt. Von Rudolstadt aber weiß man, daß erst der 1750—55 gebaute Saaldamm der sumpfigen Aue, auf der jetzt ein Teil der Stadt steht, diese gegen Überschwemmungen zu schützen begann, und daß nach 1790 der früher sumpfige Weidig als Schützenplan mit Linden bepflanzt wurde (Langethal, S. 45). Auf den Rötgehängen wurden zahlreiche Schluchten zugeschüttet, übergepflügt und in Ackerland verwandelt. So bestanden nördlich und nordwestlich von Altremda noch vor 30 Jahren tiefe Schluchten, die jetzt nur noch flache Furchen sind. Im Tal 2 nordwestlich von Teichel wurde gerade zur Zeit meines Besuches im Sommer 1911 die tiefe, bewachsene Erosionskerbe abgeholzt, mit Steinen zugeschüttet, dann Erde darüber gefahren und übergepflügt. Das Wasser aber wurde hoch oben abgefangen und in die Weggräben geleitet. Hier konnte man unmittelbar beobachten, was in den meisten größeren Tälern früher geschehen war. Auf der geologischen Karte vom Jahre 1895 ist Tal 1 nördlich von Ehrenstein noch von einem geschlängelten Wiesenbach durchzogen, jetzt von einem geraden künstlichen Graben.

So ist man denn heute noch tätig, immer mehr die Natur zu bändigen und den Folgen der Entwaldung entgegenzuarbeiten.

8. Die Ablagerungen der Alluvialzeit.

Welches sind nun die Ablagerungen der Waldzeit und der historischen Zeit?

Von vornherein kann man wohl annehmen, daß die Waldzeit

Böden geliefert hat, die infolge chemischer Zersetzung die Beschaffenheit der bekannten, schmutzig gelbbraunen Schuttmassen der Gehänge unserer Gebirge geliefert haben dürften. Demgemäß müßte sich auch der abgeschwemmte Schutt auf solche Waldböden zurückführen lassen. In der Tat zeigten die Gruben in Keilhau, daß gelbbrauner Schutt von den Bergen herabgekommen ist, der deutliche Reste menschlicher Tätigkeit enthält. Es wird aber notwendig sein, die gefundenen Ablagerungen zu charakterisieren.

Auf dem Abhang des Ibenberges und des Kolm liegt auf den unzersetzten Schuttmassen des Röts bezw. des gelben Kalkschutts im Bereich der unteren Hälfte des Abhangs eine Schicht von gelbbraunem, feinen Ton mit Kalkbrocken und Holzkohlenstücken. Das ist auf dem Abhang die älteste Schicht aus zersetztem Material. Diese Tonschicht greift z. Tl. in den Kalktuff des Tales ein, der in der gleichen und noch größeren Tiefe Ziegelstücke und Topfscherben enthält. Mithin ist der braune Ton in historischer Zeit entstanden.

Ferner liegt in der Grube i unter dem Ackerboden schmutzig gelbbrauner Kalkgries, der nach Beschaffenheit und Lagerung in historischer Zeit herabgekommen sein dürfte. Unter diesem historischen Schutt liegt nun der tiefbraune Boden, der lediglich durch die Einwirkung einer Vegetation auf dem gelben Kalkschutt entstanden sein dürfte. Die ganze Beschaffenheit und Lagerung spricht dafür, daß hier die ursprüngliche Waldschicht vorliegt.

In den Tälern setzte sich vor dem Eingreifen des Menschen feiner Tonschlamm mit reichlichen Vegetabilien und Schnecken, sowie Kalktuff ab. Leider ist der Boden, der entweder aus unzersetztem Schutt oder anstehendem Gestein bestehen dürfte, nicht erreicht worden. Wie dem auch sei, über dem feinen Ton und Kalktuff der Gehänge bezw. des Talbodens begannen sich große Schuttmassen abzulagern. Einerseits ist es auf den Gehängen der Kalkgries mit einer Unmasse von eckigen Kalkbrocken, und ferner gelangten in den Kalktuff und Ton, die auf stehendes oder rieselndes Wasser hinweisen, dann und wann Massen von grobem Kalkschutt. Das zeigen die einzelnen Lagen. Ganz zuerst scheint eine besonders stürmische Periode gekommen zu sein, darauf weist die ca. 45 cm mächtige Kalkschuttmasse in der Grube g und der mächtige Kalkschutt am Boden der Grieswiesengrube hin. Dann aber hörten die Schuttmassen auf; feine, humose Erde mit wenig Steinen lagerte sich ab.

In den Kessel von Keilhau gelangten so grobe Schuttmassen nicht mehr hinein oder doch nicht in solcher Masse. Der „rötliche

Kalkschutt", der unter der schwarzen Sumpfschicht liegen soll, könnte recht wohl unzersetzter Schutt sein, der Sumpfboden weist auf ruhige Verhältnisse hin, wenn auch Kalkbrocken hineingelangten. Der darüber liegende Ton mit den Kalkstücken spricht für abwechselnd ruhiges und stürmisch bewegtes Wasser. Der rote Ton, der in Brocken nahe der Sumpfschicht liegt, und unter Dr. Flumes Haus eine dicke Schicht bilden soll, spricht für eine plötzliche Entblößung des Röts und eine starke Abschwemmung seiner Tone.

Demnach könnte man sich folgendes Bild von den Ereignissen in Keilhau in historischen Zeiten machen.

Während der Waldzeit waren die Gehänge mit Wald bedeckt. Die alte Waldschicht ist in der Grube i erhalten. Unter der Waldschicht lag unzersetzter Schutt, auf dem der Wald entstanden war. Den Keilhauer Kessel erfüllte ein Sumpf, in dem sich schwarzer, feiner Tonschlamm abschied. Im Ilmtal aber floß ein Waldbach oder standen Sümpfe mit Schilf, Potamogeton-Arten, Wiesengräsern, Binsen, Wassertieren. Wald, z. T. aus Fichten, stand auf den Gehängen. Dann begann eine neue Periode, ausgezeichnet durch die Abschwemmung feinen Tons von den Gehängen. Dieser sammelte sich in den tieferen Lagen der Gehänge und im Tal an, wo er sich z. T. mit erdigtonigem Kalktuff mischte. Man kann vermuten, daß der feine, an Holzkohlen reiche, gelbbraune Ton mit der Entwaldung und dem Ackerbau begann. Seitdem wurde andauernd feiner Ton abgeschwemmt und mit Hülfe des Abwärtsrückens des Ackerbodens wanderten auch Kalkbrocken hinab. Die damalige Art des Pflügens begünstigte solche Abschwemmungen; denn ursprünglich pflügten die Bauern senkrecht zur Talsohle mit langen Furchen, indem sie von unten anfingen, am oberen Ende des Ackers bogenförmig herumgingen und dann bergab pflügten. So entstanden konzentrierte Furchen von der Form eines halben Hyppodroms; erst seit ca. 30 Jahren ist das Querflügen eingeführt worden. Begünstigt wurde die Abtragung auch dadurch, daß man den Dung hauptsächlich in der Mitte der Feldstreifen auffuhr, aus Furcht des Nachbarn Feld zu düngen. Dadurch wurde der Querschnitt der Felder gewölbt und kann man noch heutzutage die alten Felder erkennen, die seit der Separation längst verschwunden sind. Auf diese Verhältnisse machte mich Herr Barop freundlichst aufmerksam.

Man wird wohl mit der Annahme nicht fehl gehen, daß trotz der Entwaldung der Mensch gegen die Wasserschäden energisch ankämpfte und daher schwere Verwüstungen verhinderte. Nicht hindern konnte er dagegen die Abspülung feinen Materials, die Auffüllung der Täler mit solchem, das relative Tieferlegen des Grundwassers und das damit eintretende Verschwinden der Talsümpfe mit Erlen und Schilf. Letzteres konnte dem Menschen obendrein nur angenehm sein. Doch dann kam der 30jährige Krieg! Der Ackerbau nahm ab, die Wasserschäden wuchsen. Schluchten wurden in die Täler gerissen, namentlich im Verlauf der Wege. Von den entwaldeten Gehängen kam der Schutt des alten Waldbodens herab. Während die Aufschüttungen auf den Gehängen im allgemeinen etwa einen halben Meter betragen, wachsen sie in den Tälern bis auf 2—3 m an; sie mögen aber stellenweise noch höher ansteigen. So bilden sie zwischen Keilhau und Eichfeld auf der Nordseite eine 4—5 m hohe Stufe. Noch höher ist die das Dorf Kl.-Gölitz überragende Schuttwand. Ähnliche Stufen finden sich im Heilsberger und Teicheler Tal. Augenscheinlich sind sie dadurch zustande gekommen, daß man zum Schutz gegen den andringenden Schutt Hecken gezogen hat. Diese hielten die abgeschwemmten Massen auf, die Hecke wuchs höher und höher, und mit ihr stieg die Stufe zu oft bedrohlicher Höhe an.

Im Verlauf der Talböden wurden die Schuttmassen hinabgespült. So erklärt es sich, daß bei Keilhau der Kalkgries gerade auf ihnen und an ihren Rändern so hoch liegt. Von dem Ibenberg kann der das Ufer des Wiesengrabens bildende Kalkgries nicht gekommen sein, da zwischen der oberen und unteren Kalkgriesmasse das Röt auf halber Höhe ansteht. Er muß von oben talabwärts gekommen sein. Von dem Kalkgries der Gehänge unterscheiden sich die Ablagerungen von Kalkschutt in dem Kalktuff der Erosionsrinne hauptsächlich durch das lagenförmige Auftreten. Man kann vermuten, daß Wechsel von ruhigen Zeiten mit besonders starken Wolkenbrüchen die Ursache für diese Ablagerungsform sind. Während in den Muschelkalktälern der Kalkgries die für die historische Abschwemmung charakteristische Ablagerung der Gehänge ist, sind aus den Rötschluchten Mengen von rotem feinen Ton gekommen, die mit Kalkbrocken mehr oder weniger durchsetzt sind. Auch gegen sie haben sich die Dörfer durch Hecken gewehrt, und so sind z. B. die aus rotem Ton und Kalkschutt bestehenden Stufen am Ostrand von Thälendorf und Heilsberg entstanden.

Auch der Sandboden des Sandsteingebiets ist zuweilen hoch angehäuft worden, so der schmutzig gelbbraune, sandige Lehm auf der Sandsteinstufe südlich der Keule, der 2 m mächtig ist.

Nach dem Jahre 1848 begann dann die neue Periode. Der

Mensch wurde allmählich wieder Herr über die Natur, wenigstens über die Schäden des reißenden Wassers. Fast komisch aber muß es den unbefangenen Beobachter berühren, daß jetzt bereits die Klagen darüber beginnen, daß die Gewässer keinen Kies mehr hinabbrächten, den man doch früher zwecks Wegebaus einfach habe abgraben können, jetzt aber teuer bezahlen müsse?

Damit hängt wohl z. T. zusammen, daß in den letzten Jahrzehnten ungeheuere Massen von ausgelesenen und zu Wällen aufgehäuften Ackersteinen zwecks Beschotterung der Wege abgefahren worden sind. So bestätigt sich denn auch hier die alte Regel, daß jedes Licht auch Schatten wirft, und jede neue Entwicklung ihre Vorteile und Nachteile mit sich bringt.

9. Die Diluvialzeit.

Zweifellos haben in der Diluvialzeit wesentlich andere Bedingungen als heutzutage in Thüringen geherrscht. Vergletschert war das Land zwar nicht, wohl aber muß ein polares Klima geherrscht haben. Vereinzelte Tierfunde weisen auf eine Tundrenzeit in Mitteleuropa hin und diese dürfte mit der Vergletscherung zusammenhängen. Nun könnte man geneigt sein, die bei der Darstellung gedachter Formen zweifellos recht brauchbare Methode der Deduktion hier anzuwenden. Dann müßte man von den Kräften ausgehen und sich diese auf die Gesteine einwirkend denken. Voraussetzung der Anwendung dieser Methode ist aber die Kenntnis der verschiedenen Klimaarten, ihrer Aufeinanderfolge und ihrer früheren Kräfte. Allein schon für die Diluvialzeit muß man die Unzulänglichkeit unserer Kenntnisse betonen. Wir kennen nicht die Zahl der Eiszeiten; wir wissen nicht, ob überhaupt Interglazialzeiten vorhanden waren, und wenn das der Fall ist, wie das Klima derselben beschaffen war. Wir wissen nicht, wieviel Lößzeiten es gab. Ebensowenig können wir die Frage beantworten, ob das Tundrenklima — einmal? — zweimal? — viermal? — direkt in das Steppenklima der Lößzeit überging oder ob sich eine Waldzeit zwischen schob. Denn überall auf der nördlichen Halbkugel wird die polare Tundra von der kontinentalen Steppe durch eine Waldzone getrennt.

Die Methode der Deduktion ist demnach nur in recht beschränktem Maße anwendbar. Man kann sich sehr wohl die Kräfte, die im heutigen Tundren- und Lößsteppenklima wirksam sind und bestimmte Formen schaffen, vergegenwärtigen und gewinnt damit eine gewisse Grundlage für die Erklärung der Formen, die sich in unserem

Gebiet finden. Deshalb ist es zweckmäßig, die Kräfte und Prozesse der Steppen und Tundrenzone zu besprechen. Weiter darf man aber nicht gehen.

Die Lößzeit. Für die Beurteilung des Klimas der Lößzeit ist von ausschlaggebender Bedeutung die Tierwelt des Lößes. Es sind sowohl hinsichtlich der Schnecken als auch der Säugetiere die Formen der südrussisch-aralo-kaspischen Steppen. Demnach waren wohl die Sommer heiß und trocken, brachten aber trotzdem mit Hülfe schwerer Gewitterregen die Hauptmenge des jährlichen Niederschlags. Die Winter dürften kalt und die Zeit eisiger Schneestürme — Burane — gewesen sein, die aus Osten kamen. Die abtragenden Kräfte bestanden also wohl in starker Insolation im Sommer und Spaltenfrost im Winter. Gegenüber der mechanischen Verwitterung war die chemische gering. Der Vegetationsschutz war schwach, namentlich im Sommer z. Zt. der Wolkenbrüche. Im Frühjahr wird die Schneeschmelze eine gewisse Wirksamkeit entfaltet haben. Wühlende Steppentiere werden feines Material an die Oberfläche geschafft haben, das dem Wind und Schneewasser zum Opfer fiel. Auch mag die Winderosion durch tretende Herdentiere unterstützt worden sein.

An ablagernden Kräften kamen in Frage der Wind mit Lößablagerungen und das fließende Wasser mit Schuttmassen in Bergtälern und in breiten Überschwemmungszonen großer Ströme.

Die Formen, die unter dem Zusammenwirken dieser Kräfte entstanden, waren wohl hauptsächlich folgende: lose Schuttmassen an Steilhängen infolge trockner Verwitterung, Erosionsschluchten durch Gewitterregen im Sommer infolge von Vertikalerosion, Abschwemmen des Schutts von den Gehängen in die Täler, mehr flächenhafte Abspülung durch das Schneewasser über gefrorenem Boden, langsame, oberflächliche Bodenversetzungen infolge abwechselnder Austrocknung und Durchfeuchtung im Sommer und Bodenfrost im Winter. Große Ströme konnten sich einschneiden oder breite Alluvialflächen infolge der sommerlichen Regen und der Schneeschmelze schaffen. Allein gegen die Abtragung kämpften energisch die Staubablagerungen durch den Wind, d. h. der Löß, der z. Tl. in Schwarzerde umgewandelt wurde, und die Anhäufung von trocknem Verwitterungsschutt.

Die Tundrenzeit. Während man sich von den Verhältnissen der Lößzeit nach Analogie des südosteuropäisch-aralo-kaspischen Steppengebietes eine Vorstellung machen kann, liegen für die Tundrenzeit die Dinge schon anders. Gewiß gab es Lemminge, und deshalb könnte man an ein lappländisches-nordrussisches Klima denken. Allein völlig gleiche

Zustände wären nur dann anzunehmen, wenn die Eiszeit durch eine Verlagerung der Erdachse herbeigeführt worden wäre, wenn also Mitteleuropa damals in der Breite der Eismeerküsten lag. Eine Abweichung in den Tageslängen und Jahreszeiten hätte auf Insolation und Niederschläge einen erheblichen Einfluß ausüben müssen. Wäre es z. B. nicht denkbar, daß die Niederschlagsmenge erheblich größer war als die der heutigen, nordischen Tundren, daß das Klima mehr dem der Falkland-Inseln oder Kerguelen glich, daß nicht nur die Schneedecke und damit die Schmelzwassermengen viel größer waren als die in der nordischen Tundra, und daß auch Sommerregen eine wirksame Tätigkeit entfalten konnten? Für eine ganze Anzahl von Prozessen wäre die Kenntnis dieser Verhältnisse von Wichtigkeit. Wie dem auch sei, man wird annehmen können, daß in der Tundrenzeit die chemische Verwitterung gering, die mechanische groß war, daß also viel unzersetzter Schutt entstand. Ferner dürfte die Solifluktion erheblich gewesen sein und ebenso die flächenhafte und lineare Abtragung durch Schneeschmelzwasser über dem gefrorenen Boden. Andererseits dürfte der Bodenfrost der Vertikalerosion entgegengearbeitet haben, in einmal geschaffenen Tälern aber zur Bildung von steilen Wänden auch in weichem Boden Veranlassung gegeben haben. Sommerregen hätten auf dem vegetationsarmen Boden kräftig wirken müssen, aber mehr in Form der Vertikal- als der Horizontalerosion.

Die entstehenden Formen werden demnach verschieden gewesen sein, je nachdem Sommerregen die mehr durch flächenhafte Abtragung entstandenen Formen zerstörten oder nicht.

Steppen- und Tundrazeit haben also gemeinsam die Bildung großer Massen von unzersetztem Schutt durch Insolation und Spaltenfrost. Das polare Klima dürfte durch flächenhafte Solifluktion und die Abtragung durch Schneeschmelzwasser besonders ausgezeichnet gewesen sein, das Steppenklima aber durch sommerliche Vertikalerosion, Löß und Schwarzerde, sowie Ansammlung von unzersetztem Trockenschutt.

10. Vorgänge beim Klimawechsel.

Auf deduktivem Wege kann man sich die Umwandlung, die in einer Landschaft bei Klimawechsel erfolgt, theoretisch ableiten. Wird ein Waldgebiet in eine Tundra verwandelt, so wird der Vegetationsschutz vermindert, aber der Schutz durch das Bodeneis wächst. Es nimmt die Schneeschmelzwassererosion zu und damit Flächenabtragung, in Flüssen aber die Vertikalerosion. Die Bodenversetzungen steigern sich in hohem Grade und damit wiederum die flächenhafte Abtragung. Erfolgt die Umwandlung des Klimas lediglich unter Zunahme der Kälte ohne Abnahme der Niederschläge, dann müssen alle diese Prozesse anwachsen, mit Ausnahme der Bildung und Ablagerung von mechanischem Verwitterungsschutt. Dieser würde in geringerem Grade entstehen, da die Insolation verringert, der Vegetationsschutt im Sommer vergrößert würde.

Wird dagegen durch Wärmezunahme eine Tundra in ein Waldland verwandelt, so wird der bewegliche Boden festgelegt und mit einer Vegetationsschicht überzogen; chemische Verwitterung beginnt in die Tiefe zu greifen; die Flächenabtragung wird stark vermindert, ebenso die Vertikal- und Horizontalerosion, zumal die Menge des abfließenden Wassers sinkt, die des in den Boden eindringenden, von der Vegetation aufgenommenen und verdunstenden Wassers dagegen steigt. Es beginnt also eine Periode der Ruhe und Ablagerung.

Wenn dagegen wegen Trockenheit der Wald einer Steppe Platz macht, beginnt eine starke Vertikalerosion auf steilen Gehängen wegen der Herabsetzung des Vegetationsschutzes und der Gewitterregen. Andererseits müssen die Täler von den herabgeschwemmten Bodenmassen verstopft werden, und das wird namentlich dann eintreten, wenn gleichzeitig Ablagerung von Löß stattfindet.

Ob sich eine Tundra direkt in eine Steppe verwandeln kann, ist sehr zweifelhaft. Jedenfalls würde in solchem Fall die Vertikalerosion wachsen, die Bildung von Trockenschutt vielleicht die gleiche bleiben, aber die Abführung durch Solifluktion abnehmen. Der Schutt würde sich also stärker an dem Ort der Entstehung ansammeln.

11. Relative Erklärung der Oberflächenformen des Blattes Remda.

Man muß einen Unterschied machen zwischen Prozeß und Kraft. Ein Prozeß wird durch bestimmte Bewegungen charakterisiert, die Bewegungen aber können verschiedenen, einzelnen oder kombinierten Kräften ihr Dasein verdanken. So sind z. B. Vertikalerosion, flächenhafte Abtragung u. a. m. Prozesse, die bestimmte Bewegungsvorgänge anzeigen, nichts aber über die Kräfte aussagen. Man könnte von einer relativ und absolut erklärenden Morphologie sprechen, je nachdem man den Charakter der Bewegung oder die Kräfte festzustellen imstande ist. Die relative Erklärung muß der absoluten vorausgehen, ist aber nur ein Übergangsstadium, das freilich ein dauernder Zustand wird, wenn die Kräfte unbekannt sind.

Die Bewegungserscheinungen während der Diluvialzeit.

Wenn man die Umgestaltung der Oberfläche in der Diluvialzeit feststellen will, muß man die Beschaffenheit der Landfläche in der vorausgehenden Zeit kennen. Läßt sich diese erkennen?

Die hypothetische pliozäne Landfläche. (Karte VI.)

Wie erwähnt, hat Philippi auf die Existenz einer präoligozänen Landfläche hingewiesen. Diese sei z. B. auch im Schönen Feld erhalten, allein später seien noch einmal Dislokationen entstanden und zwar hauptsächlich an bereits vorhandenen Verwerfungen entlang. So sei damals die Rumpffläche des Schönen Feldes nach N geneigt worden. Wie sah nun die Landschaft vor der Eiszeit aus?

Begeben wir uns nach Breitenheerda! Auf der Ilm-Saale-Wasserscheide hat die Senke einen muldenförmigen Querschnitt; die Höhendifferenzen sind: Kalmplateau 540 m, Paßhöhe 426 m, Tännich 498 m, also + 114 bezw. + 72 m. Gehen wir in die Mulde abwärts zur Ilm, so lagern sich pliozäne Schichten und Schotter auf und zwar in 350—380m Meereshöhe. Hier liegt also tatsächlich eine pliozäne Landfläche vor. In gleicher Meereshöhe liegen an der Saale Terrassen und Rumpfflächen mit Saaleschottern. Ist nun die Annahme gar so gewagt, daß diese auch der pliozänen Landfläche angehören? Dann wären aber auch die Schotter auf dem Schönen Feld, auf dem Schneerenhügel, bei Lichstedt usw. pliozän. Denkt man sich nun eine Landfläche von dem Breitenheerdaer Paß in 426 m Höhe zu den 350 m hoch gelegenen Saaleterrassen bei Rudolstadt gelegt, so müßte man ungefähr die Landfläche der Pliozänzeit erhalten. In der Mitte des Blattes müßte alles Land bis ca. 400—390 m ausgefüllt werden. Dann würde also alles auf Karte angegebene Land dem pliozänen Hügelland angehört haben. Man achte darauf, daß in dem Rudolstädter Sandsteinland die Isohypsen um 400 m herum nach abwärts dichter zusammen, darüber aber auseinandertreten. Das deutet auf ein Hügelland oberhalb der jetzt eingeschnittenen Täler hin. Wenn wir eine solche pliozäne Oberfläche annehmen, so kann man sich die seit der Diluvialzeit eingetretenen Veränderungen unschwer vergegenwärtigen.

Diluviale Periode.

Wir wollen nunmehr einen Querschnitt durch ein Gehängetal, ferner durch die Talung eines Nebenflusses der Saale und schließlich

Phot. v. S. Passarge.

XIX. Blick vom Bismarckturm der Keule auf die Kirchremdaer Senke.

a = Kalmplateau — b = Paßhöhe — c = Tännich — d = Ausläufer der Keule — e = Boden des östlichen Flügels der Kirchremdaer Mulde — a—b—c = Profillinie der hypothetischen pliocänen Landfläche.

Hamburg: L. Friederichsen & Co.

das Saaletal selbst legen, dann lassen sich folgende Unterschiede feststellen:

1. In allen größeren Gehängetälern ist ein breites Tal im Gestein festzustellen, in diesem eine auf dem Boden und z. Tl. auf den Gehängen aufgehäufte Schuttmasse, in der Schuttmasse eine Kerbschlucht, die entweder im Schutt steckt oder bis auf das Grundgestein geht oder — seltener — in dieses noch eingeschnitten ist. Die Kerben sind aber mit wenigen Ausnahmen bewachsen. Demnach sind schematisch folgende Perioden festzustellen:

a) erste große Ausräumungsperiode — schuf die großen Talfurchen,

b) erste Aufschüttungsperiode — schuf den Schutt in den Tälern,

c) zweite kleinere Erosionsperiode — schuf die Kerbschluchten,

d) Stillstandsperiode — Bewachsung der Kerben.

2. In den Talungen der Nebentäler hat man einmal die Eintiefung der breiten, durch petrogene Stufen gegliederten Talung. Darin liegen Schuttmassen wie Lößlehm und unzersetzter Schutt, der z. Tl. Lößschnecken enthält. Allein in diesen Schutt ist aufs neue eine Talfurche eingesenkt worden. In dieser Talfurche aber liegen fluviatile Ablagerungen wie Kalktuff, gelbbrauner Ton, gelbbrauner Kalkschutt, Sande. In diese Alluvien sind wiederum Kerbschluchten eingeschnitten. Demgemäß hat man folgende Perioden zu unterscheiden:

a) erste große Ausräumungsperiode — schuf die Talungen,

b) erste Aufschüttungsperiode — die unzersetzten Schuttmassen nebst Löß wurden in den Talungen abgelagert,

c) zweite kleinere Ausräumungsperiode — teilweise Entfernung des Schutts aus den Talgräben,

d) zweite Aufschüttungsperiode — in den teilweise ausgeräumten Tälern entstanden Kalktuffe, schmutzig gelbbraune Tone und Schuttmassen, auf den Gehängen zersetzter Schutt,

e) dritte kleinste Erosionsperiode — Bildung der Kerbschluchten,

f) Stillstandsperiode — Bewachsung der Kerben.

3. Im Saaletal kann man zunächst eine Periode starker Austiefung erkennen, die bis zur Oberfläche der Volkstedter Terrasse hinab erfolgte. Diese Austiefung vollzog sich vielleicht nicht ganz

glatt, da zwischen 350 und 220 m Terrassen liegen, allein es könnten die Terrassenstücke an besonders günstigen Stellen gut ausgearbeitet und deshalb erhalten sein (z. B. im Mittleren Muschelkalk auf dem Gehänge des Bismarckberges). Dann kam eine große Aufschüttungsperiode mit Schottern und Löß. Nunmehr erfolgte eine zweite Erosionsperiode, die den heutigen Talgraben der Saale schuf. Dann kam eine neue Aufschüttungsperiode, nämlich die Bildung der Saalau und schließlich das Einschneiden des Saalebettes. Die Perioden wären also:

a) erste Aufräumungsperiode — Entstehen der Talung bis zum Niveau der Volkstedter Terrasse,

b) erste Aufschüttungsperiode — Schotter und Löß der Volkstedter Terrasse,

c) zweite Aufräumungsperiode — Erosion des Talgrabens im Sandstein,

d) zweite Aufschüttungsperiode — Schotter und Tone der Saalau.

e) dritte Erosionsperiode — Einschneiden der Saale in die eigenen Alluvien.

Wie verhalten sich nun die Perioden der einzelnen Talarten zueinander?

Die in das Gestein eingesenkten Gehängetäler gehen anscheinend in die Talungen über. Allein ob dieser Übergang immer gleichsohlig erfolgt, ist zweifelhaft. In einigen Fällen ist das Hängen des Gesteinsbodens über dem Haupttal sicher nachweisbar. Das gilt z. B. für die Täler nördlich von Eichfeld. Die Kerbschluchten sind innerhalb der Talung des Schaaltales in Schutt eingeschnitten, nahe der Mündung der Täler aber liegt die Kerbe im Muschelkalk. Ähnliches ist in andern Tälern nachweisbar — Tal nördlich von Schaala; Tal 2 auf der Ostseite des Teicheler Tals. Über den Betrag des Hängens oder der Übertiefung ist man nicht orientiert. Auf die Erklärung soll später eingegangen werden.

Die Schuttmassen des Nebentals gehen in das des Haupttals über. Daraus ergibt sich die gleichzeitige Bildung beider. Aber auch darin stimmen die Schuttmassen beider Talarten überein, daß unten heller, unzersetzter, oben gelbbrauner, zersetzter Schutt liegt. Dagegen ist in den Gehängetälern eine zweite Erosionsperiode zwischen der Ablagerung der beiden Schuttarten nicht festzustellen. Immerhin ist es denkbar, daß manche der tief ins Gestein eingeschnittenen Kerben, wie z. B. die des Mörlagrabens, die der Täler nördlich von Eichfeld, bereits in der zweiten Erosionsperiode der

Talungen angelegt wurden. Im allgemeinen scheinen aber doch in der Zeit, als in den unzersetzten Schuttmassen der Talungen Erosionsrinnen entstanden, die Gehängetäler von der Erosion nicht zerschnitten worden zu sein, oder es fehlen wenigstens die Spuren davon.

Wichtig ist nun, daß die unzersetzten Schuttmassen der Talungen die Nebentäler auf die Volkstedter Terrasse eingestellt sind, geradeso wie der Boden der Nebentäler. Der Unterlauf dieser mag etwas vertieft worden sein, als sich der Talgraben der Saale bildete, aber ein Hängen ist sicher noch nachweisbar. Trotzdem müssen Schaal- und Remdaer Tal in manchen Teilen des Tals am Ende der zweiten Erosionsperiode tiefe Talgräben besessen haben. Das beweisen die über 10 m mächtigen alluvialen Kalktuffablagerungen von Schaala und Stadtremda. Während aber in den Nebentälern die Austiefung kaum über das Niveau der Volkstedter Terrasse hinabging, schnitt sich die Saale einen — wer weiß wie — tiefen Talgraben ein, der damals das Flußbett war. Hier haben wir also aufs neue verschiedene Energie in der Erosion der Haupt- und Nebentäler. Ja, während sich die Saale in der zweiten Erosionsperiode tief ins das feste Gestein eingrub, ist es zweifelhaft, ob gleichzeitig in den Nebentälern die Schuttmassen auch nur bis zur Oberfläche des Grundgesteins durchschnitten worden sind.

Die Übertiefung der Talungen der Saale-Nebentäler im Verhältnis zu den Gehängetälern ist übrigens wohl weniger auf eine größere Energie der Erosion in den Talungen als vielmehr auf petrogenen Ursprung zurückzuführen. Denn die Stufe liegt auf der Grenze von Myophorienschichten und Röt einer- und Wellenkalk andererseits. Die Nebentäler, die entsprechend dem geologischen Bau zuerst in die weichen Schichten gelangten, schnitten sich tief ein, während die Gehängetäler im Kalk, obgleich sie die gleiche relative Erosionskraft besaßen, zurückbleiben mußten. Ganz anders liegt die Sache am Rande des Saalegrabens. Dort bildet Sandstein gleichzeitig den Boden der Saale und seiner Nebentäler. Trotzdem ist es diesen nicht gelungen, mit dem Hauptfluß gleichen Schritt zu halten. Es existieren also nicht die sog. „normalen“ Verhältnisse, bei denen eine Gleichsohligkeit der Haupt- und Nebentäler zustandekommt.

Wie dem auch sei, klar tritt das eine hervor: die erste große Periode der Austiefung aller Täler und die der Aufschüttung von Schotter und Löß im Haupttal, sowie von unzersetztem Breccienschutt und Löß in den Nebentälern, und drittens von unzersetztem Breccienschutt in den Gehängetälern stimmen in allen Tälern unseres Blattes überein.

Die zweite Ausräumungsperiode ist am ausgesprochensten im Saaletal; sie hat das Bett noch tiefer ins Gestein eingesenkt, schwächer in den Nebentälern, wo bisher noch nicht der Nachweis geführt werden konnte, daß die Erosion durch den unzersetzten Schutt hindurch ins Grundgestein vorgedrungen sei. Sie ist vielleicht am Ausgang einiger Gehängetäler — Mörlagraben, Täler nördlich von Eichfeld — noch nachweisbar, in den meisten andern aber nicht. Das Fehlen oder die mindestens schwache Ausbildung der zweiten Erosionsperiode in den Gehängetälern hat die Erscheinung des „Hängens“ der letzteren zur Folge. Die meisten Gehängetäler besitzen einen auf den oberen Rand der Übergangsböschung eingestellten Hochboden und nicht selten eine ins Haupttal hinabführende Erosionsrinne.

In dem Saaletal sind die Ablagerungen der zweiten Aufschüttungsperiode von der der ersten räumlich durch den Steilrand des Talgrabens getrennt. In den Nebentälern sind sie in die Ablagerungen der ersten Periode eingesenkt und erreichen keinen breiten Anschluß an die im Saaletalgraben, vielmehr stellt nur eine Erosionsrinne die Verbindung her. In der Saalau sind es Schotter und Aueton, in den Nebentälern feine braune Tone mit Pflanzenresten und Schnecken, ferner streckenweise sehr mächtige Kalktuffablagerungen. Darüber liegen schmutzig gelbbraune Schuttmassen aus Kalk, Sand oder Ton. In den Gehängetälern sind die Ablagerungen lediglich zersetzter Gehängeschutt.

Die Erscheinungen der letzten Erosionsperioden bestehen in einem Einschneiden der heutigen Wasserrinnen. Die Saale schnitt sich ihr jetziges 2—3 m tiefes Bett, in den Nebentälern aber gruben sich die Wiesenbäche ein. Dagegen ist für die Gehängetäler charakteristisch, daß sie hier und dort tief eingeschnittene Erosionsrinnen besitzen, die plötzlich beginnen und ebenso plötzlich aufhören. Hierher gehören auch die Rötschluchten und die aus ihnen herausgeschwemmten feinen rotbraunen Tonmassen.

Die Altersbestimmung der Perioden.

Dank dem Vorkommen von Fossilien ist die Altersbestimmung im wesentlichen durchführbar. Nach allem, was bisher erörtert wurde, fällt die zweite Aufschüttungsperiode in die Alluvialzeit. Allein sie ist nicht einheitlich, zerfällt vielmehr in die prähistorische Waldzeit und in die historische Zeit. In ersterer entstanden Kalktuffe und wohl auch z. Tl. die gelbbraunen feinen Tone mit Schnecken, Holz und vermoderten Pflanzenresten auf dem Boden der Grube f bei

Keilhau; vielleicht auch der schwarze Sumpfboden von Keilhau. Sie mögen während des Übergangs der Steppen- zur Waldzeit und während letzterer entstanden sein. In dem Saaletalgraben entstanden die Schotter und der Aueton.

Über die in historischen Zeiten herabgekommenen Schuttmassen ist bereits verhandelt worden. Hier sei nur auf die interessante Tatsache hingewiesen, daß Aufschüttung und Erosion gleichzeitig erfolgen können. Während auf den Gehängen und in den Tälern die schmutzig-gelbbraunen Schuttmassen aufgetürmt wurden, erfolgte gleichzeitig teils auf den Gehängen der Talungen, teils auf dem Boden der Gehänge- und Nebentäler ein Einreißen von Schluchten und Rillen. Man muß also die Möglichkeit im Auge behalten, daß Aufschüttung von Gehänge- und Talschutt sich sehr wohl mit gleichzeitiger Erosion von Schluchten verträgt.

So kommt man denn zu dem Schluß, daß die unzersetzten Schuttmassen aus der Diluvialzeit stammen müssen. Das beweist ja z. Tl. auch die Fossilienführung. Diese Ablagerungen sind indes nicht einheitlich. Die älteste Schicht ist der auf dem Grundgestein liegende, eckige Talschutt, dann folgen Löß und der Lößschnecken haltige Gehängeschutt. Unbestimmt ist die Stellung der unzersetzten Schuttmassen, die weder von Löß überlagert werden, noch Fossilien enthalten; sie können jeder der beiden Stufen angehören.

Die Talformen der Diluvialzeit.

Wenden wir uns nun der Frage zu, durch welche Bewegungen die Talformen erklärt werden können. Ein Blick auf die Karte zeigt, daß die großen Täler die typische Verzweigung der durch Vertikalerosion angelegten Täler besitzen — sie gleichen einem Stamm mit sich verzweigenden Ästen. Demnach muß man annehmen, daß die Vertikalerosion mindestens anfangs der entscheidende Faktor gewesen ist. Wie steht es nun mit der Horizontalerosion? In einigen Tälern treten Windungen, die ja ein Anzeichen der Horizontalerosion sind, deutlich hervor, so im Rinnetal unterhalb Teichröda, im Saaletal bei Betrachtung eines größeren Stückes dieses Flusses. Allein sonst sind die Täler doch recht geradlinig zu nennen, trotz mancher vereinzelter Biegungen. Man kann also sagen, daß die Horizontalerosion bei den kleineren und mittleren Tälern keine erhebliche Rolle gespielt hat.

Weitaus im Vordergrund steht dagegen die Flächenabtragung. Die Breite ist im Verhältnis zur Länge eine sehr bedeutende. Man denke

z. B. an das Tal 5 östlich von Thälendorf, ein ausgesprochenes Trichtertal, und viele andere ähnliche. Betrachtet man nun den Querschnitt der Täler, z. B. Tal 5 am Tännichtal, wo der Boden aufgeschlossen ist, so zeigt sich, daß keine tief eingeschnittenen, mit Schutt ausgefüllten Klammen oder Kerbtäler, sondern flache, geböschte Mulden in das Gestein eingeschnitten sind. Daraus geht hervor, daß die Flächenabtragung gleichzeitig mit dem vertikalen Einschneiden der Täler erfolgt sein kann. Das hieße aber nichts anderes, als daß die Abtragung in der Weise vor sich ging, daß auf dem ganzen Querschnitt unausgesetzt Schuttmassen entstanden und fortgeführt wurden. Die Vertikalerosion mußte in diesem Fall durch den flächenhaft wirkenden Faktor immer so weit in Schranken gehalten werden, daß beide gleichen Schritt hielten. Es ist aber auch möglich, daß die Vertikalerosion vorausging, die Flächenabtragung folgte. Dann gelangte die Vertikalerosion bis zu einer gewissen Tiefe, hörte auf und wurde durch die Flächenabtragung ersetzt.

Die Tatsache, daß die Böschungsformen von der physikalischen Widerstandsfähigkeit der Gesteine abhängen, beweist, daß die chemische Zerstörungskraft keine entscheidende Rolle spielte. Wenn man aber die Stellen, die in der Diluvialzeit besonders wenig widerstandsfähig waren und deshalb breite Täler und flache Böschungen entstehen ließen, unter einander vergleicht, so tritt deutlich hervor, daß es Keuper, Nodosusschichten, Mittlerer Muschelkalk und Röt nebst Myophorienschichten sind. Diese Schichten gehören hinsichtlich ihrer Festigkeit der Gruppe 1 und 2 an, also z. T derselben Gruppe wie der Mittlere und Untere Buntsandstein. Und doch ist der Unterschied in der Widerstandsfähigkeit ein so großer gewesen, daß der Sandstein recht schmale Täler hat, die anderen aber sehr breite, z. T. trichterförmige. Demnach muß ein anderer Faktor als die Festigkeit mitgewirkt haben. Ein Blick auf die Karte der physikalischen Widerstände der Gesteine zeigt, daß die Talbreite und die Abflachung der Böschungen abhängig ist von der Fluktionsfähigkeit der Gesteine.

Die Wichtigkeit der Fluktionsfähigkeit kann man sich an einem Beispiel klar machen. Denken wir uns ein Schichtensystem aus sehr weichen Sandsteinen und harten Kalksteinen, das ein Fluß vertikal zerschneidet. Dann böscht sich das Gehänge in der Weise ab, daß sich ein Panzer aus Kalksteinplatten auf der Schuttböschung entwickelt, der den Prozeß der Abtragung verlangsamt und schließlich bereits bei recht bedeutender Böschung zum Stillstand bringt. Ganz anders verläuft der Prozeß bei einer Wechsellagerung von Tonen, die nicht fester sein mögen als die weichen Sandsteine des ersten Beispiels. Diese Böschung besteht dann aus plastischem, fluktionsfähigen Schutt und daher wird dieser im Polarklima akut oder chronisch abrutschen. Die zerfallenden, widerstandsfähigen Massen werden so wie auf einer Rutschbahn unausgesetzt entfernt und die Abtragung kann ungestört vor sich gehen.

Nun denke man sich dagegen die Wellenkalkmasse über weichem Sandstein von der Festigkeit 1. Es würde eine mit Kalkschutt bedeckte Böschung von großer Widerstandsfähigkeit entstehen. Ganz anders bei toniger Unterlage. Bei günstigen Solifluktionsbedingungen müssen die Tone mitsamt den abgestürzten Kalkmassen hinab in die Täler wandern und die Verbreiterung des Tales — man denke z. B. an das Thälendorfer Trichtertal — unausgesetzt von statten gehen. Kein Schuttpanzer gebietet der Abtragung Einhalt.

Ähnlich mußte in den steilen Gehängetälern der Prozeß verlaufen; frisch sich bildender grober Schutt konnte — immer günstige klimatische Verhältnisse vorausgesetzt — unausgesetzt ausgeführt werden und die Talungen und Talgräben sich verbreitern.

Die Ablagerungen der Diluvialzeit.

Nunmehr wollen wir die Beschaffenheit der Schuttmassen ins Auge fassen. Auf welche Bewegungsvorgänge weisen sie hin?

Der unverwitterte Gehängeschutt muß durch mechanischen Zerfall der Gesteine entstanden sein. Das losgelöste Material ist den Abhang hinabgerollt und je nach dem zufälligen Zusammentreffen ist feines und grobes Material regellos gemengt. Eckig sind die Bruchstücke und haben manchmal die Form abgeplatzter Scherben. Die Platten und Scherben lagern platt auf der Böschung, demnach ist eine Art Schichtung parallel der ehemaligen Böschung vorhanden. Feine staubige weißlich-gelbliche Kalkerde mit Lößschnecken weist auf Zufuhr von Staub durch den Wind hin.

Im Lößlehm zeigt das Fehlen von Schichtung, das Auftreten der Kalkwurzeln und die Steilwandigkeit auf äolisch angesetzten Staub hin. Auch die Lage auf Höhen spricht dafür. Immerhin überwiegt doch die Ansammlung in Tälern und Kesseln und deshalb könnte doch Niederschlag von Staub aus der Luft durch Regen und Abspülen desselben von den Gehängen eine erhebliche Rolle gespielt haben. Ferner ist die Einwirkung der Umgebung augenscheinlich, indem

Sandlagen und vereinzelte Steine auftreten. Auch ist der Umstand auffallend, daß der Lößlehm im Sandsteingebiet fast Sand ist, in Tongebieten dagegen mehr tonig. Steppenstaub allein hat den Lößlehm also sicherlich nicht gebildet; Material der Umgebung ist stellenweise reichlich hineingelangt. Auch weist das Vorkommen von recenten Schnecken auf etwaige spätere Umlagerung hin, falls diese nicht auf Spalten, wie sie beim Austrocknen entstehen, hineingelangt sind.

Der verfrachtete Gehänge- und Talschutt läßt in der Durchmischung von verschiedenem durch mechanischen Zerfall entstandenem Gesteinmaterial auf fremder Unterlage einen Transport deutlich erkennen. Die Art der Bewegung des Schutts in dem Graben von Teichel war keinesfalls eine rollende, mehr eine schiebende. Allein die Schuttmassen gerieten dabei doch durcheinander und wurden ineinander geknetet. Die wellenförmige Grenzfläche zwischen Röt und Kalkschutt weist auf die Abwärtsbewegung einer plastischen Masse unter Druck hin. Die Stauchungen sind mit denen in Glazialgebieten zu vergleichen. Die Diagonalstellung der Platten muß als eine Folge des Schiebens aufgefaßt werden. Die Bewegung der Gesteinsstücke in der Grundmasse gestattete den härteren Gesteinen eckig und kantig zu bleiben, während die weicheren abgerundet wurden. Die Grundmasse war dabei so fest, daß selbst große Blöcke, in ihr schwimmend, transportiert werden konnten. Blöcke von $^1/_2$ bis $^3/_4$ m Durchmesser sind mindestens 2 km transportiert worden. Wichtig ist der Umstand, daß der Schutt sich als ununterbrochene Schicht den Abhang hinabzieht und daß sich dabei die Gesteinsplatten parallel zum Abhang einstellten. Auch Löcher — Ecke südlich von Heilsberg — werden von dem Schutt ausgepflastert. Dieser ist anscheinend durch das Loch geschleppt worden.

Ferner ist bemerkenswert die Abhängigkeit der Zusammensetzung des Schutts von den Gesteinen der Umgebung. Mit dem Eintritt in ein neues Gestein nimmt der Schutt sofort Blöcke desselben auf, und die Grundmasse füllt sich mit dem zerkleinerten neuen Material. So kommt es, daß mit der Örtlichkeit Aussehen, Farbe und Zusammensetzung des Schutts schnell wechseln. Auf den Gehängen des Muschelkalks und Röts weist das dachziegelförmige Übereinandergreifen der lokalen Schuttmassen darauf hin, daß von jeder Gesteinsmasse eine Schuttschicht den Abhang hinabschob, den der tiefer gelegenen Schichten bedeckte und selbst von dem der höheren Schicht bedeckt wurde. In der Grenzschicht traten Stauchungen und Zusammenkneten der verschiedenen Materialien ein. Ferner deutet die

Bänderung der mit Kalkstücken durchkneteten roten und grünlichen Tone auf ein Fließen der plastischen Tonmassen hin. Zwischen dem Schutt der Gehänge und dem der großen Nebentäler besteht ein bemerkenswerter Gegensatz. Die Gehängeschichten enthalten niemals abgerollte Schotter, in dem Schutt der Täler nahe der Saale dagegen sind schöne glatte, runde Schotter nebst Sandschichten keine Seltenheit.

Beachten wir alle Merkmale, so kann man sich dem Gedanken nicht verschließen, daß fließendes Wasser bei der Ablagerung per Schuttmassen keine entscheidende Rolle gespielt, sondern daß die ganzen Schuttmassen sich im plastischen Zustand, z. Tl. wohl auch als Brei herabbewegt haben. Nur so konnten eckige Gesteinsblöcke kilometerweit verschleppt werden, nur so konnte die dachziegelförmige Lagerung und das Zusammenkneten der verschiedenen, auf der Böschung übereinanderliegenden Schichten entstehen und nur so konnten sie zu Falten und Buckeln aufgestaucht werden. So erklärt es sich ferner, daß der Schutt unter zur Böschung paralleler Einstellung der Platten die Abhänge hinabzieht. Flußschotter können eine solche Anordnung gar nicht zeigen. Allein je näher der Saale, umso mehr muß Wasser mitgewirkt haben. Gesteine wurden abgerollt, Sande ausgeschlämmt und in Schichten abgelagert, um wieder von Gesteinsbrei bedeckt zu werden. So konnte wohl der Wechsel der Schichten in der Geitersdorfer Schuttmasse zustande kommen. Anders im Saaletal. Dort liegen ausgesprochene Flußschotter auf der Volkstedter Terrasse, demnach muß die Saale damals mächtige Wassermassen geführt haben.

12. Versuch einer Erklärung der diluvialen Ablagerungen durch die wirksamen Kräfte.

Die pliozäne Zeit.

Nach der allgemeinen Anschauung herrschte in der Pliozänzeit ein dem heutigen ähnliches Klima. Demnach würde man annehmen müssen, daß unser Gebiet ein mit Wald bedecktes Hügelland war, dessen relative Höhen nur wenig über 100 m hinausgingen.

Die Zeit des Polarklimas.

Beim Hereinbrechen der Eiszeit muß sich eine allmähliche Entwaldung vollzogen und mit derselben eine gewaltige Vertikalerosion begonnen haben. Damals dürfte die Anlage der meisten Täler erfolgt sein. Wie war nun das Klima während der Eiszeit in Thüringen? Feucht wie etwa das Klima der Kerguelen oder trocken wie das in Spitzbergen?

Vielleicht erklärt die Annahme eines schneereichen Winters und eines an Schmelzwasser und auch Regen reichen Sommers die starke Erosion am besten. Vermutlich zerstörte der Spaltenfrost die Gesteine kräftig, unter dem Schnee arbeitete er sowohl wie das Schmelzwasser. Der entstandene Schutt war mit Schneewasser genügend durchtränkt, um in eine kräftige, solifluktorische Bewegung zu geraten. So wurde er hinausgeführt. Daß die Solifluktion damals die Hauptrolle als abtragender Faktor spielte, dürfte die auffallende Tatsache erklären, daß in dem leicht zerstörbaren Sandstein nur schmale, in den Röt- und Myophorienletten dagegen, trotz der schützenden Dicke des widerstandsfähigen und so eminent mächtigen Wellenkalks, so auffallend breite Trichtertäler entstehen konnten.

Wenn auch die Vertikalerosion vermutlich mit dem Beginn der Kälteperiode und dem Absterben der Vegetation tiefe Täler schuf, so dürfte die Solifluktion nach Ausbildung des Polarklimas unausgesetzt diese verbreitert haben. Eine besondere Wirksamkeit entwickelte wohl auch die Schneeerosion — Nivation von Hobbs. Unter dem Schnee wird der Boden durch das abwechselnde Frieren und Tauen aufgelockert und das zerkleinerte Material mit dem Schmelzwasser ausgeschwemmt. Infolgedessen wird der Boden unter Schneeflecken vertieft; es entstehen Nischen und namentlich am Ende eines Tales kann sehr wohl infolge der Schneeerosion eine runde Nische, ein Zirkus, ein Trichterzirkus entstehen. Der Gedanke liegt nahe, daß die so häufigen Rundmulden, Zirkustäler und -trichter der geschilderten Schneeerosion ihre Entstehung verdanken. In den Tälern und namentlich in den Talschlüssen mußten ja die Schneemassen sich besonders hoch anhäufen und ganz besonders lange liegen bleiben.

Während so die Gehängetäler durch Schmelzwasser, durch Solifluktion und Schneeerosion verbreitert, vertieft und gerundet wurden, schoben sich die Solifluktionsmassen in die Täler hinab, vermischten sich mit fremdem Material der Umgebung, nahmen lokalen petrographischen Charakter an. Vermutlich ist das Verhältnis einer sich über fremden Boden hinwegschiebenden Solifluktionsmasse von der Tiefe des Bodeneises abhängig. Vielleicht kann der gefrorene Boden geradezu abgeschliffen werden und wäre so die Erscheinung erklärt worden, daß z. B. der rote Brockenton — wohl ein Solifluktionsschutt des Röts — von einer Solifluktionsmasse aus Kalkschutt mit glatter Grenzfläche überlagert wird. Der Kalkschutt schob sich eben über den gefrorenen Boden hinweg; er mischte sich mit ihm nur dann, wenn es das Auftauen des Bodens im Sommer gestattete.

Die Rolle der Schmelzwasser muß noch besprochen werden. Es ist sehr wohl denkbar, daß sich während des Sommers das Schmelzwasser im Verlauf der Täler mehr ansammelte und als Erosionsfaktor zur Geltung kam. Dann ließe sich der Umstand erklären, daß im unteren Remdaer Tal gut abgerollte Schotter zwischen dem eckigen Schutt stecken und in dem Geitersdorfer Profil sich eine gewisse Schichtung bemerkbar macht.

Im Saaletal herrschten wohl besondere Verhältnissse. Vom Thüringer Wald dürften während des Sommers gewaltige Wassermassen durch den schmelzenden Schnee herabgekommen sein. Das heutzutage kurze Hochwasser der osteuropäischen Ströme im Frühjahr zog sich vielleicht in Mitteleuropa über den größten Teil des damaligen Sommers hin. So kam es wohl, daß der große Fluß mächtige Schottermassen herabwälzte, während aus den kleinen Nebentälern nur ein Gemisch von Solifluktionsschutt und Schmelzwasser sich in das Haupttal hinausschob. Man könnte sich sehr wohl vorstellen, daß in dem Saaletal damals ein Kampf zwischen dem Hauptfluß und dem Schutt der Nebentäler stattfand. Denn der Fluß mußte bemüht sein, die seitlich zugeführten Schuttmassen fortzuschaffen und umzuarbeiten. Es mag auch vorgekommen sein, daß der Strom bei ganz abnormem Hochwasser in die Nebentäler eindrang und seine Schotter in diese gelangten. So erklärt sich vielleicht das Vorkommen zerstreuter Saaleschotter in dem Unterlauf der Nebentäler. Indes mögen diese auch von früheren höheren Saaleterrassen herstammen.

Eine besondere Erklärung verlangt der feine, rote Ton unter dem roten Brockenton auf den Gehängen von Keilhau und Altremda. Er gleicht so völlig den feinen Röttonen, die heutzutage aus den Rötschluchten abgeschwemmt werden und als Abspülungsprodukt die Gehänge jener Schluchten überziehen, daß man sich dem Gedanken kaum entziehen kann, daß auch er durch Abspülung entstanden sei. Man könnte an das rieselnde Schmelzwasser denken, das die mittleren und unteren Gehänge mit feinem Schutt bedeckte und über dem sich dann der Solifluktionsschutt des Röts — der Brockenton — herüberschob. Dieser wurde von dem grünlichen und gelben Kalkton mit Kalkstücken aus Myophorienschichten und Wellenkalk überlagert, während Stauchungen und Durchknetung gleichzeitig auf der Grenzfläche stattfanden.

Vielleicht verlief der Prozeß der Austiefung während der Diluvialzeit in der Weise, daß Schmelzwasser und Solifluktion gemeinsam und hinsichtlich der gegenseitigen Intensität wechselnd die Täler ausarbeiteten. Überwogen die sich sammelnden Schmelzwasserströme, so war eine Vertiefung unter Vertikalerosion die Folge; überwog die Solifluktion, so wurden die Täler verbreitert, die Talenden abgerundet. So geschah es vielleicht, daß am Ende der großen Erosionsperiode die Täler tiefer eingeschnitten waren als heutzutage, d. h. die Nebentäler, nicht aber die Saale, die damals noch auf der Volkstedter Terrasse floß.

Den Abschluß bildet aber eine entschiedene Aufschüttung und zwar desselben Materials, das während der Eiszeit ausgeführt worden war, nämlich von Schottern durch die Saale und von Solifluktionsschutt auf den Gehängen der Berge und in den Nebentälern. Was führte zu solcher Aufschüttung? Es müssen Faktoren gewesen sein, die die Transportkraft der Saale abschwächten und die Solifluktion zum Stillstand brachten.

Die Zwischenwaldzeit oder diluviale Waldzeit.

Überall wird die Polarzone von den trockenen, im Winter kalten, im Sommer heißen kontinentalen Steppen durch einen Waldgürtel getrennt. Demnach liegt der Gedanke nahe, daß bei dem Wärmerwerden des Klimas eine Waldecke sich über das Land hinzog. Damals müssen die Regenmengen gewachsen, die Schneemassen abgenommen haben. Im Wald schluckt der Boden viel Wasser und gibt es allmählich an die Flüsse ab. Dadurch wurde die Wasserführung gleichmäßiger, die Transportkraft aber geringer und eine Ablagerung des Schottermaterials mußte in den Strömen beginnen. Aber auch die solifluktorische Beweglichkeit des Schutts wird mit der Abnahme von Schnee und Bodenfrost und mit der Zunahme der Pflanzendecke geringer. Er blieb liegen, erfüllte die Täler und bedeckte die Gehänge. Unter der — hypothetischen — Walddecke mußte chemische Verwitterung einsetzen. Möglicherweise war das Klima sogar wärmer als heutzutage. Ist nun von chemischer Zersetzung und Bildung von Waldboden etwas festzustellen? Hierauf muß man erwidern: Nein, bis jetzt nicht. Deshalb ist diese Zwischenwaldzeit auch nur eine Hypothese. Allein es gibt doch plausible Gründe, die es erklären könnten, daß ein solcher Waldboden die Steppenzeit nicht überdauern konnte.

Die Steppenzeit.

Die Existenz der Steppenzeit wird durch den Löß und seine Fauna bewiesen. Wenn der Wald einer Steppenvegetation Platz machte, so mußten folgende Prozesse einsetzen. Einmal wurden der Humus des Waldbodens und die Wurzeln der Bäume durch Austrocknung zerstört, sodann ist in dem Steppenboden wegen der intensiven Austrocknung im Sommer und der nicht seltenen Durchweichung nach Gewitterregen in den oberflächlichsten Lagen, die der Mächtigkeit des Waldbodens entsprechen dürften, der Prozeß des Abwärtsrückens imgange. Schließlich spült das Schmelzwasser des Winterschnees die Oberfläche des gefrorenen Bodens ab. So wäre die vollständige Entfernung des Waldbodens einer diluvialen Zwischenwaldzeit nicht gar so schwer zu erklären.

Neben den soeben geschilderten Vorgängen, die an Berghängen besonders energisch gewesen sein dürften, müssen in der Steppenzeit noch folgende Prozesse wirksam gewesen sein. Einmal ist die physikalische Verwitterung durch Insolation und Spaltenfrost auf anstehendem Gestein energisch und läßt lose, unzersetzte Schuttmassen entstehen. An den Gehängen des Wellenkalks dürfte die Schuttbildung vor allem wirksam gewesen sein. Der Schutt sammelte sich am Fuß der Böschungen an und überzog diese selbst. Allein dort blieb er wohl im wesentlichen liegen. Denn der Steppenzeit fehlte jenes gewaltige Agenz, das die Gehänge des Röts in der Polarzeit von Schutt befreite, die Solifluktion. Das Abwärtsrücken des Steppenbodens infolge abwechselnder Austrocknung und Durchwässerung dürfte doch wohl nur ein schwacher Ersatz gewesen sein. Demnach wird man den Steppenschutt hauptsächlich am Fuß der Wellenkalkgehänge und anderer steiler Böschungen erwarten müssen. Dort liegt ja auch tatsächlich unzersetzter Schutt.

Der zweite Vorgang ist der der Vertikalerosion durch die Gewitterregen im Sommer. Ihre Wirksamkeit wird — abgesehen von der Regenmenge — in erster Linie von dem Vegetationsschutz, von der Anhäufung von Löß und dem Vorhandensein von tonigem Boden abhängig gewesen sein. Die heutzutage erkennbaren Spuren von Vertikalerosion, die in die Steppenzeit fallen dürften, sind vor allem die Ausräumung der großen Nebentäler unter teilweiser Entfernung des polaren Solifluktionsschutts, ferner tiefe Erosionsrinnen in manchen Gehängetälern. Allein es ist sehr wohl möglich, daß die Bildung der heutigen Rötschluchten bereits in der Steppenzeit begann, und daß auch sonst die Rötböschungen zerschluchtet waren. Für solche Auffassung könnten vor allem die Kalkschuttstreifen zwischen Röttonen auf dem Gehänge zwischen Groß- und Klein-Gölitz sprechen. Sie könnten einmal Schluchten erfüllt haben und da der Schutt unzersetzter, gelblicher Kalkschutt ist, so ist das diluviale Alter das wahrscheinlichste. Allein man könnte auch an eine streifenförmige Anordnung der Steine im Solifluktionsschutt denken, die ja oft so charakteristisch ist. Es ist ferner nicht unwahrscheinlich, daß der Solifluktionsschutt in der Steppenzeit von den Gehängen stellenweise entfernt wurde und daß die Unregelmäßigkeit der jetzigen Verbreitung desselben vielleicht so zu erklären wäre. Hier sind noch viele Probleme zu lösen.

Allein neben der Erosion brachte die Steppenzeit auch die Lößablagerungen. Die Erscheinungen sprechen ganz entschieden dafür, daß die Lößablagerungen erst zu einer Zeit einsetzten, als die polaren Schuttmassen bereits erheblich erodiert waren. So liegt der Lößlehm an der Mündung des Geitersdorfer Tals in viel tieferem Niveau als der Kalk- und Sandsteinschutt, und bei Teichröda geht der sandige, Lößschnecken enthaltende Boden bis zur Wiesenaue hinab. Sie liegen also dort in dem Talgraben, der in den Solifluktionsschutt eingesenkt worden ist. In andern Fällen liegt der Löß aber auch hoch oben auf dem Rand des Talgrabens und auf den Berghängen. Zweifellos ist aber auch der Löß stellenweise wieder erodiert worden und zwar während der Steppenzeit selbst. So präsensiert sich denn diese Zeit als eine Periode der Aufschüttung sowohl als der Vertikalerosion und z. Tl. wohl auch der Flächenerosion durch Abwärtsrücken der oberflächlichen Lagen des Steppenbodens.

Eine besondere Entwicklung machte anscheinend in dieser Zeit des Löß und Steppenschuttes die Saale durch. Wie die südrussischen Flüsse ohne Rücksicht auf die Anhäufung von Löß und Schwarzerde sich in die Steppe einschneiden, so hat auch die Saale sich gerade in der Zeit der Lößablagerungen einen Talgraben geschaffen. Daß auch nach dem Einschneiden in den Sandstein Löß zur Ablagerung gekommen ist, kann auch Blatt Remda nicht erkennen, wohl aber an anderen Stellen des Saaletals. Die Erklärung ist vielleicht folgende. Vielleicht war der Thüringer Wald in der Zeit, in der das thüringische Becken noch von Steppen eingenommen war, bereits ein Waldgebirge mit relativ hohen Niederschlägen. Dann wäre die Saale ein Fluß mit dauernd fließendem Wasser gewesen, in der Steppe also eine dissonante Erscheinung, wie die südrussischen Flüsse in der trocknen Steppe heutzutage. Ein solcher durch die Schneeschmelze im Frühjahr und Wolkenbrüche im Sommer geschwellter Steppenfluß hätte sich sehr wohl tief einschneiden können, während die ursprünglichen mit Löß bedeckten Schotter der Zwischenwaldzeit in eine Terrasse umgewandelt wurden.

Warum schnitten sich aber die Nebentäler nicht ein? Im Gegensatz zu der aus einem regenreichen Waldgebirge kommenden Saale lagen die Nebentäler wahrscheinlich ganz in dem trockenen Gebiet. Nur periodisch führten sie Wasser und in dem schwach geneigten Unterlauf ließen sie ihren Schutt fallen. So erklärt sich vielleicht, daß sie bis zum heutigen Tage im wesentlichen auf die Volkstedter Terrasse eingestellt sind.

Die alluviale Waldzeit.

Das kontinentale Steppenklima machte einem feuchten ozeanischen Platz. Wald zog sich über den Steppenboden hin, diesen chemisch umwandelnd, wie es heutzutage in Südrußland vor unseren Augen geschieht. Festgelegt wurde der durch Wind und rieselndes Wasser abgelagerte Lößlehm, festgelegt der noch vorhandene Solifluktionsschutt. Die Saale, die nicht mehr von so exzessiven Niederschlägen abhängig war und daher an Erosionskraft verlor, ließ in dem während der Steppenzeit geschaffenen Talgraben Schotter und Aueton fallen. Letzterer kam obendrein wohl ganz wesentlich von den Flanken der Talung und dem dort abgelagerten Löß. In den während der Steppenzeit eingerissenen Erosionsrinnen wuchs wahrscheinlich Sumpfwald oder standen Schilfsümpfe, und dort kam es an quellenreichen Stellen zum Absatz mächtiger Kalktufflager. Diese dürften auf dem Boden der Täler viel verbreiteter sein, als es bisher bekannt ist. Grabungen würden wohl überraschende Ergebnisse zeitigen. Neben dem Kalktuff lagerte sich aber wohl auch der gelbbraune, an Pflanzen reiche feine Ton ab und in den Sümpfen humusreicher Schlamm. Auch ist es sehr wohl möglich, ja wahrscheinlich, daß durch Rutschungen der Gehänge steilwandige Schluchten und Bachränder der Steppenzeit abgeflacht wurden. So mögen die Böschungen des Röts und Keupers, des Unteren Wellenkalks, Mittleren Muschelkalks und der Nodosusschichten in der Waldzeit noch geglättet worden sein. Die Talungen wurden aber wohl kaum weiter verändert. Sie haben jetzt vermutlich im wesentlichen dieselben Formen, wie am Ende der Lößzeit. Ausgestaltet hat sie die Eiszeit, modifiziert die Steppenzeit, nur wenig verändert die alluviale Waldzeit.

Die Veränderungen in historischer Zeit bestehen hauptsächlich in dem Wiedererwachen der Vertikalerosion auf den Erosionsbahnen der Steppenzeit, aufs kräftigste unterstützt von der Hohlwegerosion. So manches schöne Zirkustal trägt die Narben dieser Periode zur Schau in Gestalt einschneidender, jetzt bewachsener Kerbschluchten.

Dazu kam das flächenhafte Abspülen der entwaldeten Gehänge, das Aufschütten der Täler mit anfangs feinem Schutt. So wurden die Sumpftäler ausgefüllt, der Grundwasserspiegel sank in relativ tieferes Niveau, es entstanden die glatten Böschungssohlen der heutigen Wiesentäler. Dann kam der Dreißigjährige Krieg und mit ihm begannen die Aufschüttungen von grobem Schutt, die stellenweise die Ansiedlungen geradezu bedrohen, bis seit 1848 mit der Verminderung des Wildes und der Schafzucht die heutige Periode den Sieg erringt, die Periode, in der der Mensch über die Natur und die Folgen der Entwaldung wieder die Herrschaft errungen hat. Und in dieser Periode befinden wir uns augenblicklich.

V. Schlußbetrachtung.

Wenn man sich fragt, welche Ergebnisse die morphologische Kartierung des Meßtischblattes Stadtremda gehabt hat, so könnte man vielleicht folgendes sagen:

1. Die Methode, systematisch nach bestimmten Gesichtspunkten die wirksamen Faktoren zu kartieren, hat den Vorteil, daß man sich zwingt, sorgfältig zu beobachten, die verschiedenen Möglichkeiten zu erwägen und dann erst eine Diagnose zu stellen. Statt mit unbestimmten oder doch räumlich nicht fixierten Begriffen zu operieren, wird man in Stand gesetzt, aus den Karten bestimmte Tatsachen über Widerstandsfähigkeit der Gesteine, Talformen, Böden usw. abzulesen und durch Vergleich zwischen Kräften und Formen harmonische und disharmonische Erscheinungen zu erkennen. Wie klar und deutlich kann man z. B. auf einen Blick den Karten entnehmen, daß die physikalischen Widerstände der Gesteine bei der Ausgestaltung der Oberfläche im großen, die Fluktionsfähigkeit aber für die Ausgestaltung der Talungen und Abflachung der Gehänge maßgebend waren.

2. Die Methode, durch physiologisch-morphologische Karten über die verschiedenen Kräfte und die Aufeinanderfolge der Vorgänge zum Ziel zu gelangen, hat wohl gezeigt, daß das Fundament jeder Erkenntnis morphologischer Formen die genaue Kenntnis des geologischen Baus, der Beschaffenheit und Widerstandsfähigkeit der Gesteine und der Bodenarten ist, von den angreifenden klimatischen Kräften nicht zu sprechen. Die äußeren Formen sind nicht maßgebend. Man wird sie nicht vernachlässigen dürfen; sie können zu Untersuchungen anregen, allein zu einem wirklichen Verständnis kann man ohne Erforschung des Aufbaues nicht gelangen. Niemals

hätte z. B. die bloße Feststellung der äußeren Formen der glatten, nichtssagenden Böschungen des Röts zu einer Erkenntnis ihrer verwickelten Entstehungsgeschichte geführt. Dazu war die Kenntnis der sie bedeckenden Schuttmassen notwendig.

3. Die deduktive Methode darf nur in beschränktem Maße Anwendung finden. Einmal herrscht über die Qualität und Intensität mancher Vorgänge in der Jetztzeit noch keine Klarheit und ferner wird unsere Kenntnis von den klimatischen — angreifenden — Faktoren immer unsicherer, je weiter wir uns von der Jetztzeit entfernen. Bereits für die Diluvialzeit versagt die Methode; nur allgemeine Gesichtspunkte kann man im Vergleich mit den Verhältnissen in heutigen Klimagebieten aufstellen, die vielleicht dasselbe Klima besitzen, das einst in Mitteleuropa herrschte.

4. Da sich die Untersuchungen auf ein sehr kleines Gebiet beziehen, so haben die Ergebnisse zunächst auch nur für dieses Geltung. Da aber die behandelten Erscheinungen der Landschaft meist auf klimatischen Bedingungen beruhen dürften, wird man annehmen können, daß ähnliche Erscheinungen sich auch sonst in Mitteleuropa finden werden. Immerhin wird man sich vor Verallgemeinerungen hüten müssen. Wenn auch z. B. in unserm Gebiet die Verhältnisse nur für eine Eiszeit und Steppenzeit sprechen, so wird man das nicht als einen Beweis für die Einheit der Eiszeit ansehen können. Erst die Durchforschung großer Gebiete kann Klarheit bringen.

5. Die Aufnahmen auf dem Blatt Stadtremda haben zwar einige positive Ergebnisse gehabt, allein wichtiger sind die Anregungen zu weiteren Arbeiten. So ist die Aufnahme der oberflächlichen Bodenschichten ganz ungenügend durchgeführt worden, ja, sie müßte eigentlich erst jetzt beginnen. Denn es ist wohl das wichtigste Ergebnis der Beobachtungen, daß der Nachweis geführt worden ist: ohne direkte Grabungen sind die Umwandlungen der Landschaft während und seit der Eiszeit nicht zu erkennen. Es wäre notwendig, systematisch Gruben in den Tälern anzulegen und so zu einer Erkenntnis der Verteilung des Solifluktionsschuttes, des Steppenschuttes, der später erodierten Gehängeflächen, der Aufschüttungen in den Tälern während der alluvialen Waldzeit und seit der historischen Entwaldung u. a. m. zu gelangen.

6. Es wäre wünschenswert, einflußreiche Faktoren der Jetztzeit eingehender zu untersuchen, als es hier möglich war, also z.B. Dauer und Wirkung der Schneedecke und Schneeschmelze, Zahl und Wirkung der Gewitterwolkenbrüche, Umfang des Hochwassers, Vorhandensein von

Quellen, Umwandlungen der Landschaft in den letzten Jahrzehnten hinsichtlich der Art der Bebauung, der Entwässerung von Sümpfen, der Schafzucht und des Weidelandes, der Aufforstung, der Wasserschäden usw. Was für den einen Ort Keilhau in so dankenswerter Weise durchgeführt worden ist, sollte für zahlreiche Ortschaften durchgeführt werden. Wenn nicht nur für Thüringen, sondern auch für andere Gebiete derartige Nachrichten gesammelt und die Archive bearbeitet würden, so käme nicht nur für die Morphologie, sondern namentlich auch für die Siedlungs- und Landschaftsgeographie Deutschlands ein wichtiges Material zusammen. Namentlich würde sich auch für die Lokalforscher — man könnte an die geographisch interessierten Lehrerkreise denken — ein gewaltiges Feld fruchtbarerBetätigung eröffnen.

Das erstrebenswerteste Ziel aber wäre, es zu erreichen, daß die geologischen Landesanstalten mit Hülfe von systematischen Grabungen die das anstehende Gestein bedeckenden Schichten feststellen würden. Dann käme die morphologische Forschung in die richtigen Bahnen. Denn auf Grund der von den Geologen geschaffenen Aufnahmen könnte der Morphologe weiter arbeiten und zu einem richtigen Verständnis von der Ausgestaltung der Oberfläche der Erde gelangen.

Wenn auch mancherlei Probleme berührt und ihrer Lösung vielleicht etwas näher gebracht worden sind, so verbot es doch der Raum, in dem erklärenden Teil auf die zahlreichen Probleme und Fragezeichen, die in dem beschreibenden Teil auftauchten, erschöpfend einzugehen. Nur die allgemeinen Gesichtspunkte konnten angeführt werden. Allein nach Kenntnisnahme des erklärenden Teils wird der Leser wohl bei nochmaliger Lektüre imstande sein, in jedem einzelnen Fall, z. B. bei jedem Tal, bei jeder Bergform unter Hinweis auf den Text und namentlich unter intensiver Heranziehung der morphologischen Karten selbständig das Problem zu definieren und die Erklärung zu finden oder die Lücken unserer Kenntnisse berücksichtigend eine Differentialdiagnose zu stellen. Vielleicht besteht der größte Vorzug der systematischen Aufnahmen physiologisch-morphologischer Karten gerade darin, daß dem Leser die Möglichkeit geboten wird, selbständig zu urteilen und selbständig Probleme aufzufinden.

Anhang I.

Herr M. Beyle, dem ich an dieser Stelle meinen besten Dank aussprechen möchte, untersuchte 10 Proben auf Pflanzenreste. Die aus unzersetzten Schutt-, Kalk- und Rötbreccien bestehenden enthielten keine Pflanzenreste.

Probe I. Gelbbrauner Ton auf dem Boden der Grube f. Keilhau Caryophyllaceae; cfr. Coronaria flos cuculi A. Br., ein Same; cfr. Cerastium triviale Lk., ein Same; ? Chelidonium majus L., ein Same; Rosa spec., ein Fruchtstein; Sambucus nigra L., ein Same; unbestimmte Samen: eine Art; Wurzeln, Holzreste, Kohlenstücke.

Probe II. Gelbbrauner Ton auf dem Boden der Grube f. Picea excelsa Lk., Bruchstücke einer Nadel; Juncus spec., eine Frucht: Scirpus spec., ein Same; Cyperaceae, Halmstücke; Gramineae, Halmreste; Caryophyllaceae: cfr. Stellaria media Cyr., ein Same; Ranunculus repens L., ein Same; ? Montia, ? Corydalis, ein zerdrückter Same, der vielleicht einer dieser beiden Gattungen angehört; Sambucus nigra L., 4 Samen; unbestimmte Samen: 3 Arten.

Probe III. Kalkiger Ton der Grube f (Kalktuff). Scirpus spec., drei Samen; Carex spec., ein Same; Potamogeton spec., ein Same; unbestimmte Samen: 3 Arten; Wurzeln, Kohlenstücke, Insektenreste, wahrscheinlich von Wassermilben stammend.

Probe IV. Tuffiger Ton aus Grube f (Kalktuff). Picea excelsa Lk., Bruchstücke einer Nadel; ? Juniperus communis L., ein vollständig verkohlter Same, der vielleicht zu dieser Art gehört. Moehringia trinervia Clairv., ein Same; ? Potentilla spec., ein Same; Euphorbia cfr. falcata L., zwei Samen, die mit denen von falcata große Ähnlichkeit haben; ? Aethusa cynapium L., zwei Teilfrüchte; ? Anagallis arvensis L., drei Samen; ? Primula spec., ein Same; Sambucus nigra L. vierzehn Samen; unbestimmte Samen: eine Art, Wurzelreste, Kohlonstücke, Chitinhüllen.

Anhang II.

Nachrichten über Überschwemmungen der Saale in Rudolstadt.

Herr Paul Reinicke in Rudolstadt hat mir folgenden Auszug aus der Renovangschen Chronik übersandt.

1770. 5—8. I. Große Wasserflut durch Schneeschmelze und Eisstauung.

1775. 5. II. Desgleichen.

1777. 25. II. Desgleichen. Eine halbe Elle über dem Wasserdamm. Das Wasser steht in den Straßen.

1781. 14. II. Die Saale überschwemmt die ganze Wiese bis an den Stutenrand; auch der Langenschader Steg ist unter Wasser.

1790. 28. V. Der Wüstebach reißt Teile der Mittelmühle weg. „Am Bache“ müssen die Hausbewohner zu den Dachfenstern hinaussteigen. Der Garten der Ludwigsburg wird ganz ruiniert.

1799. 22. II. Der Wasserdamm wird überschwemmt. In den Straßen steht das Wasser 29 Fuß hoch (??).

1820. 17. I. Das Wasser steht bis zum Stutenrand, in Kirchhasel bis an die Chaussee.

1829. 28. VI. Der Mörlagraben bringt infolge eines Wolkenbruchs gewaltige Wassermassen.

1830. 30. VI. Der Wüstebach reißt mehrere Häuser weg, vom Baumgarten bis zur Untermühle steht das Wasser bis zum zweiten Stock.

1837. 4. V. Die Saale überschwemmt Felder und Wiesen. 4.—6. VIII. Der Wüstebach reißt wieder eine Mühle weg und richtet große Verwüstung an.

1839. 19. V. Dammbruch der Saale mit großer Überschwemmung.

1842. 2. IV. Die Saale tritt über. 31. V. Der Mörlagraben überflutet die Felder infolge eines Wolkenbruchs.

1843. 25—26. II. Saale und Wüstebach treten über die Ufer.

1845. 30. V. Saale und Wüstebach überschwemmen infolge von Regengüssen die Saalgärten und Unterhasel.

1850. 3—4. II. Infolge Eisstauung große Überschwemmung von Unterhasel. Die Kirche stürzt ein, ein Haus wird weggerissen, fast alle anderen Häuser werden beschädigt. Das Wasser steht zwe Ellen hoch. Auch oberhalb ist natürlich alles unter Wasser.

Zwischen 1850—60 liegen keine Nachrichten vor. 1860 schließ die Chronik.

Sicherlich kann man aus diesen Notizen viele wichtige Tatsachen entnehmen, namentlich wäre eine systematische Bearbeitung der Hochwasser für größere Gebiete wohl ergebnisreich. Herr Reinicke weist in seinem Brief auf den richtigen Weg hin, nämlich auf ein Studium der alten Zeitungen in den verschiedenen Orten.

Topographische Karte und Vegetationsschutz.

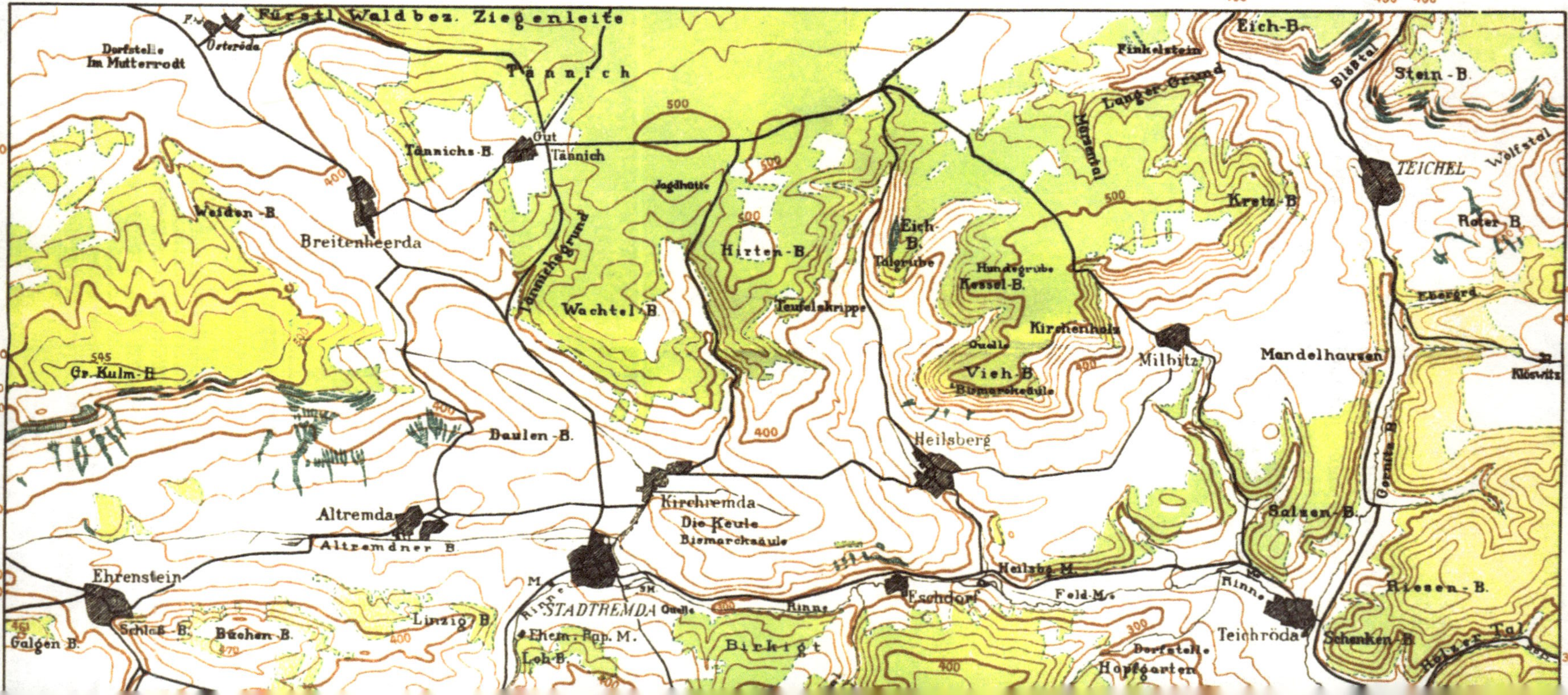

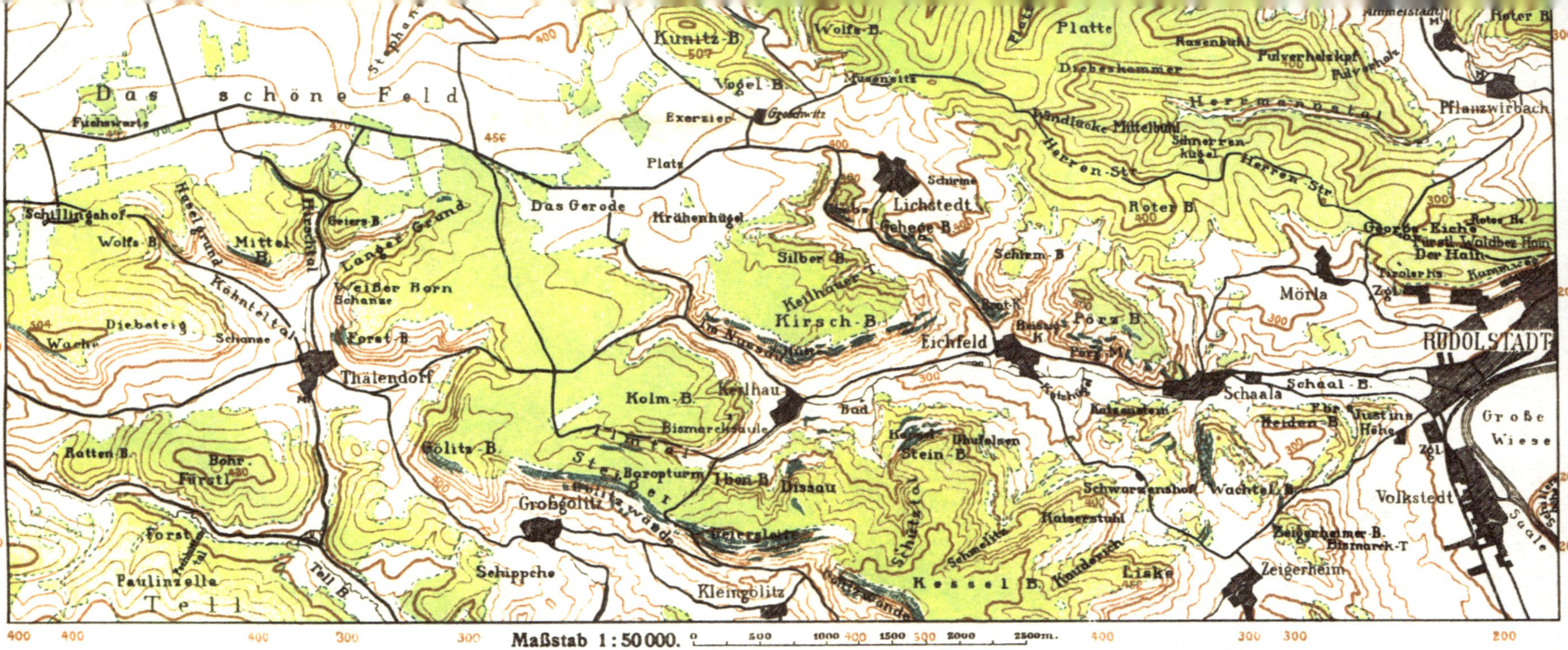

Maßstab 1 : 50 000.

Geschlossene Vegetationsdecke

Lockere oder periodisch fehlende Vegetation, trockene Wiesen und Ödland

Vegetationslos

Hamburg: L. Friederichsen & Co.
1914.

Mitt. d. Geogr. Ges. i. Hamburg, Bd. XXVIII, Taf. 2.

Böschungsstufen.

Maßstab 1:50 000. 0 500 1000 1500 2000 2500 m.

Böschungswinkel 0°—5°

Böschungswinkel 5°—20°

Böschungswinkel 20°—35°

Böschungswinkel über 35°

Hamburg: L. Friederichsen & Co.
1914.

Talformen.

Maßstab 1 : 50 000. 0 500 1000 1500 2000 2500 m.

Talungen	Bewachsene Kerbtäler	Trichterzirkus
Talgräben	Sohlentäler	Bodenstauung
Kerbtäler im Gestein oder Schutt mit aktiver Erosion	Muldentäler	Schutzbauten gegen Erosion
	Zirkus	

Hamburg: L. Friederichsen & Co.
1914.

Geologische Karte.

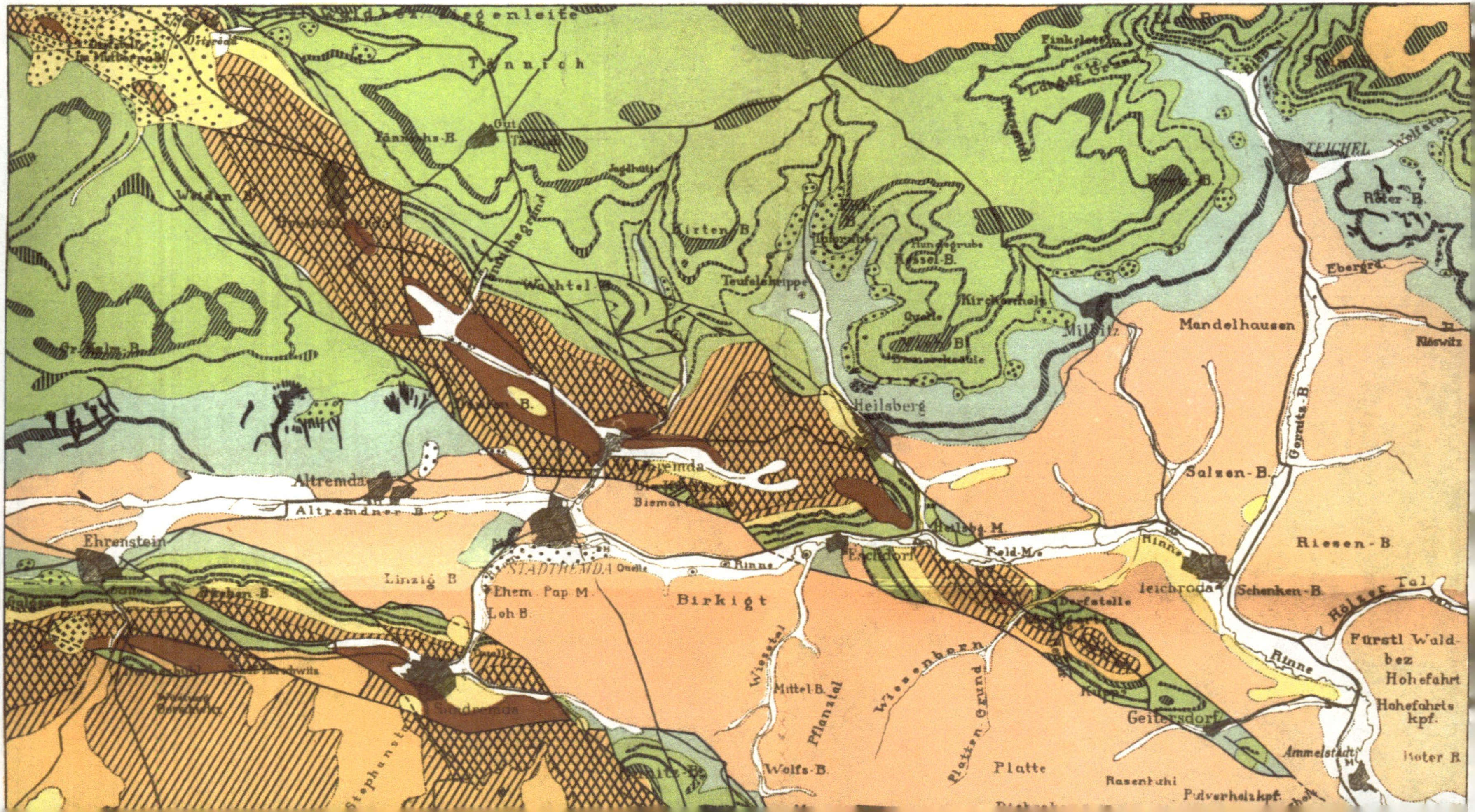

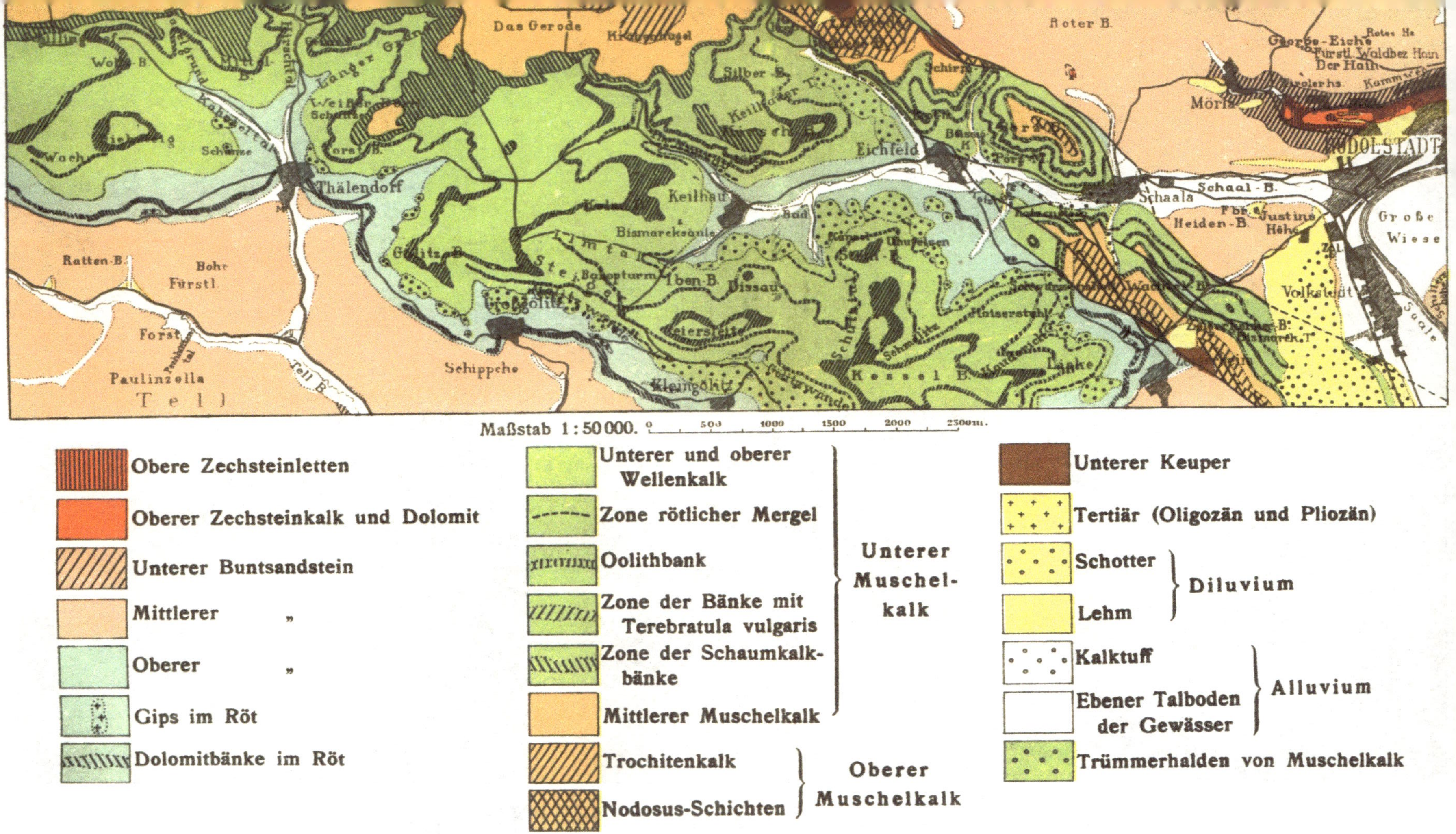

Hamburg: L. Friederichsen & Co.
1914.

Physikalische Widerstandsfähigkeit.

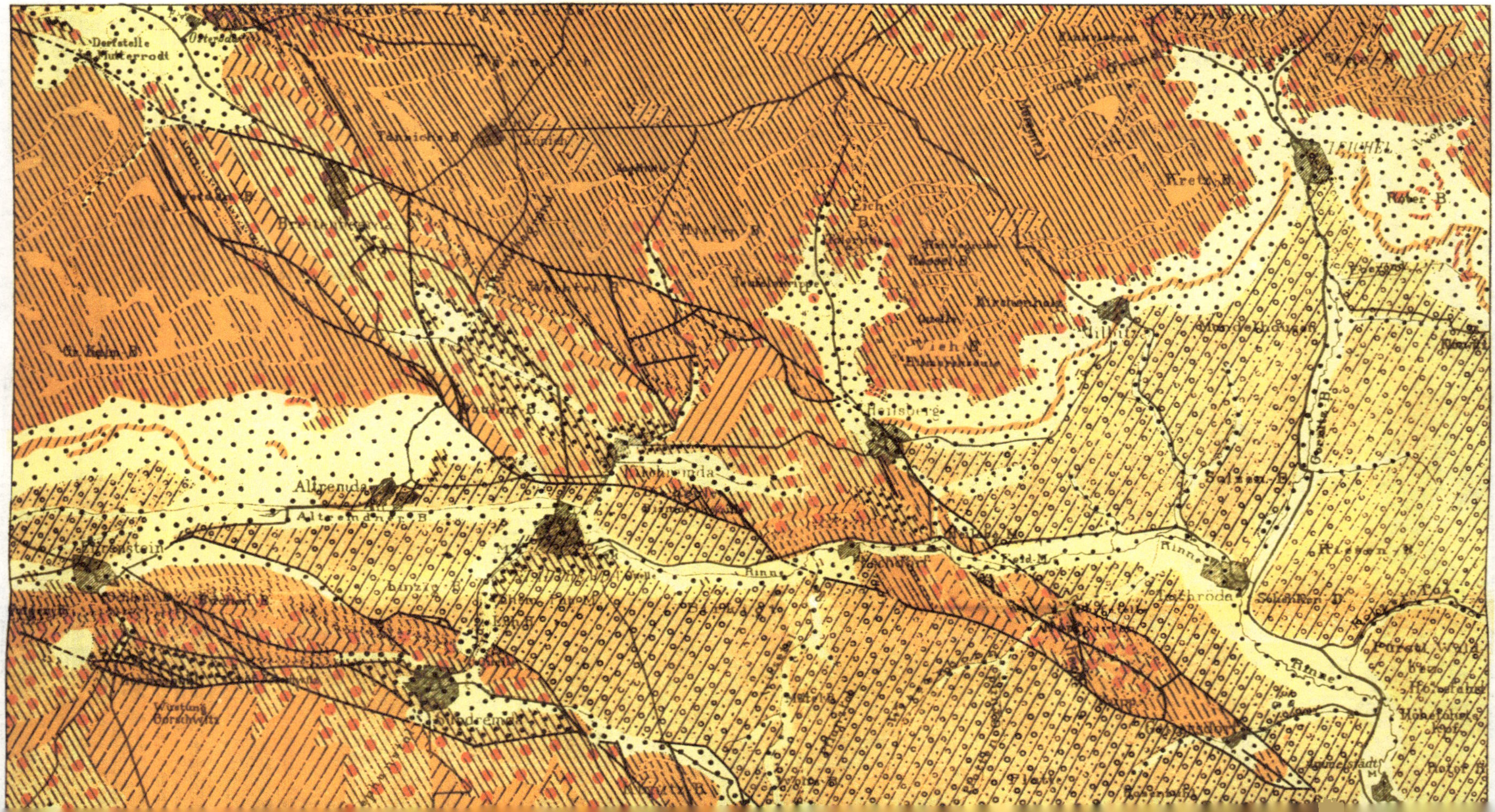

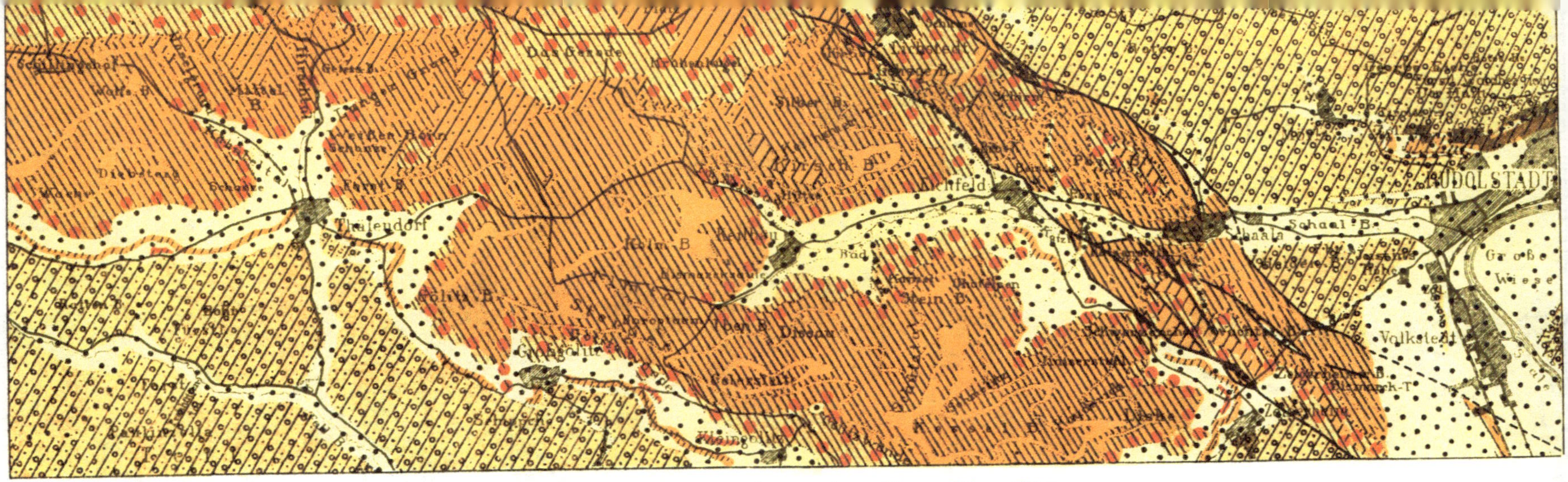

Maßstab 1 : 50 000. 0 500 1000 1500 2000 2500 m.

Wenig feste Gesteine, Stufe I			Wenig porös
Stark zerklüftet	Mäßig feste Gesteine, Stufe II		
Mäßig „			
Wenig „			
Stark zerklüftet	Feste Gesteine, Stufe III		
Mäßig „			
Wenig „			

Mäßige Porosität	
Mäßige Härteschwankung	
Große Härteschwankung	Fluktionsfähige Gesteine
Feste und stark aufweichende Gesteine gemischt	
Infolge von Wasseraufnahme aufquellende Gesteine	

Hamburg: L. Friederichsen & Co.
1914.

Mitt. d. Geogr. Ges. i. Hamburg, Bd. XXVIII, Taf. 6.

Chemische Widerstandskraft der Gesteine.

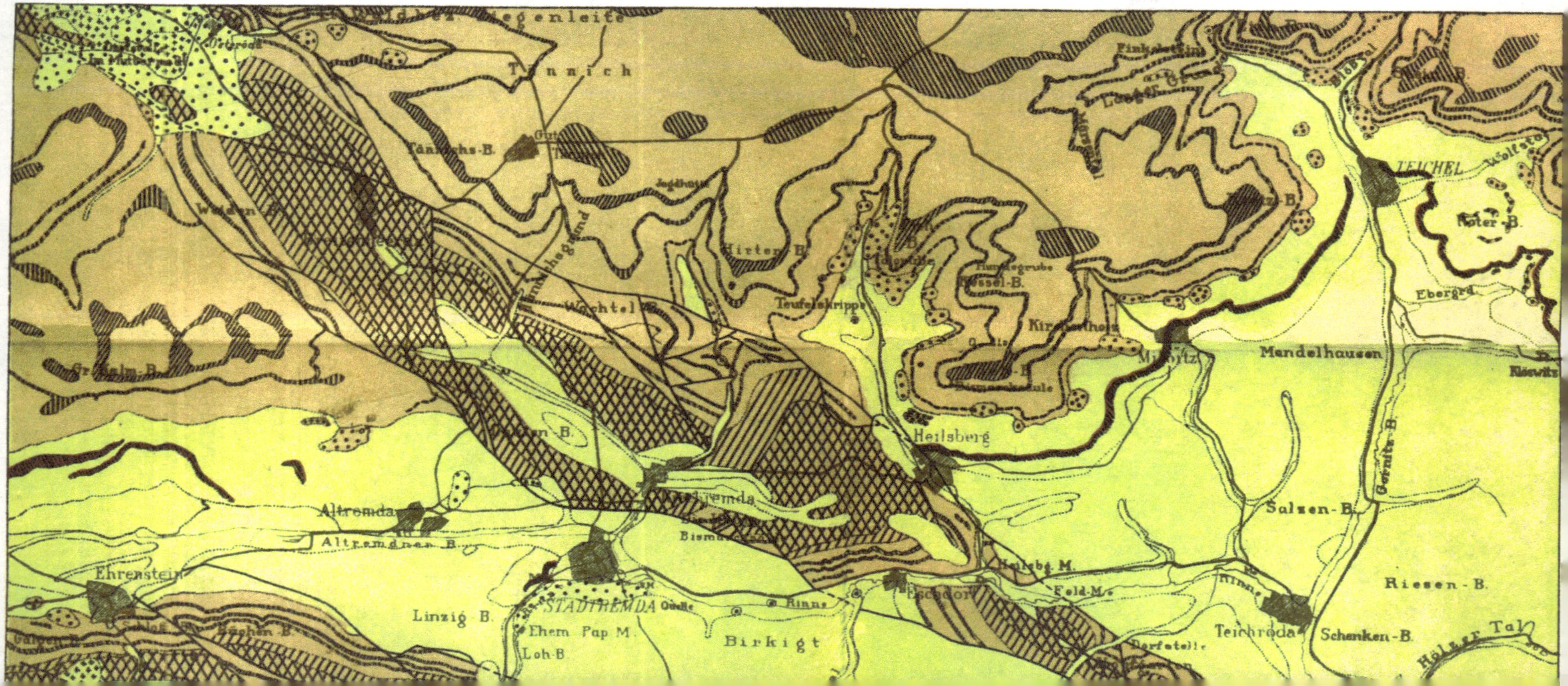

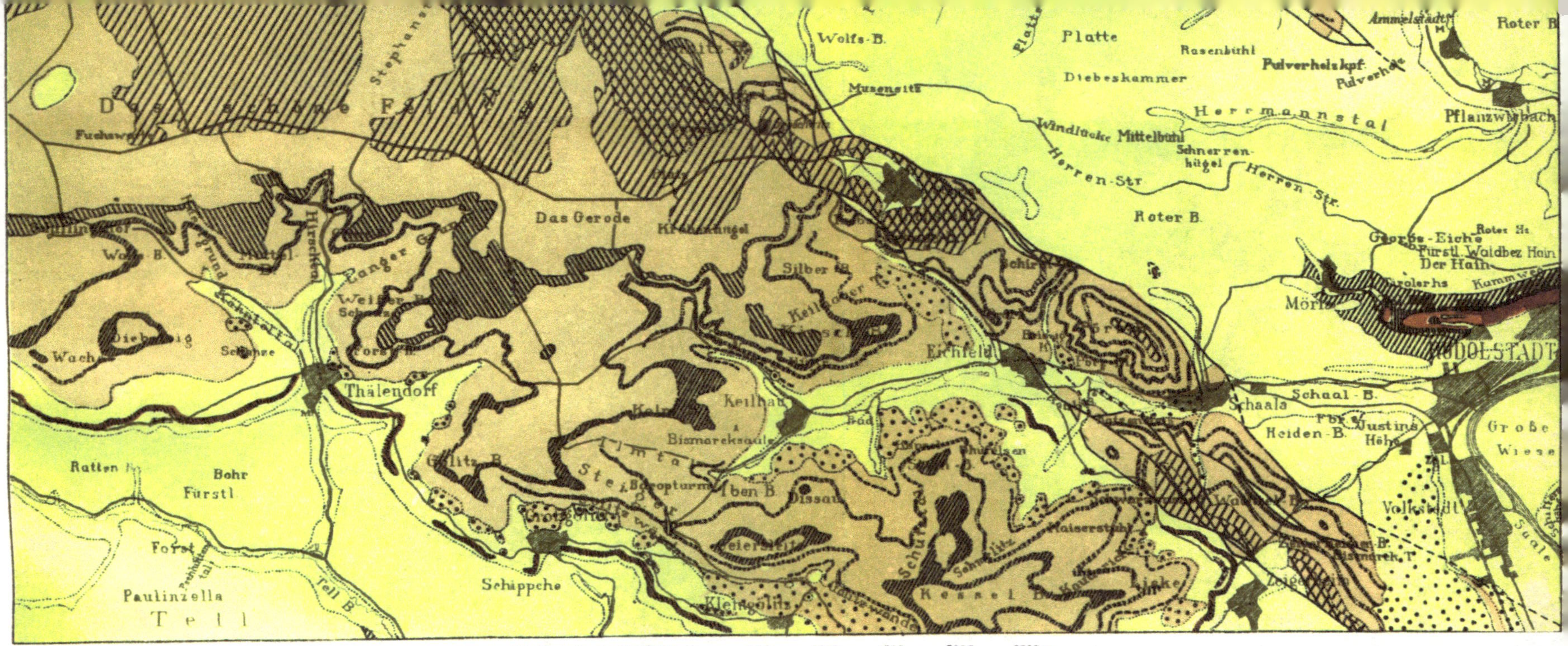

Maßstab 1 : 50 000. 0 500 1000 1500 2000 2500 m.

Schwer lösliche Gesteine

Mäßig lösliche Gesteine

Leicht lösliche Gesteine

Hamburg: L. Friederichsen & Co.
1914.

Bodenkarte.

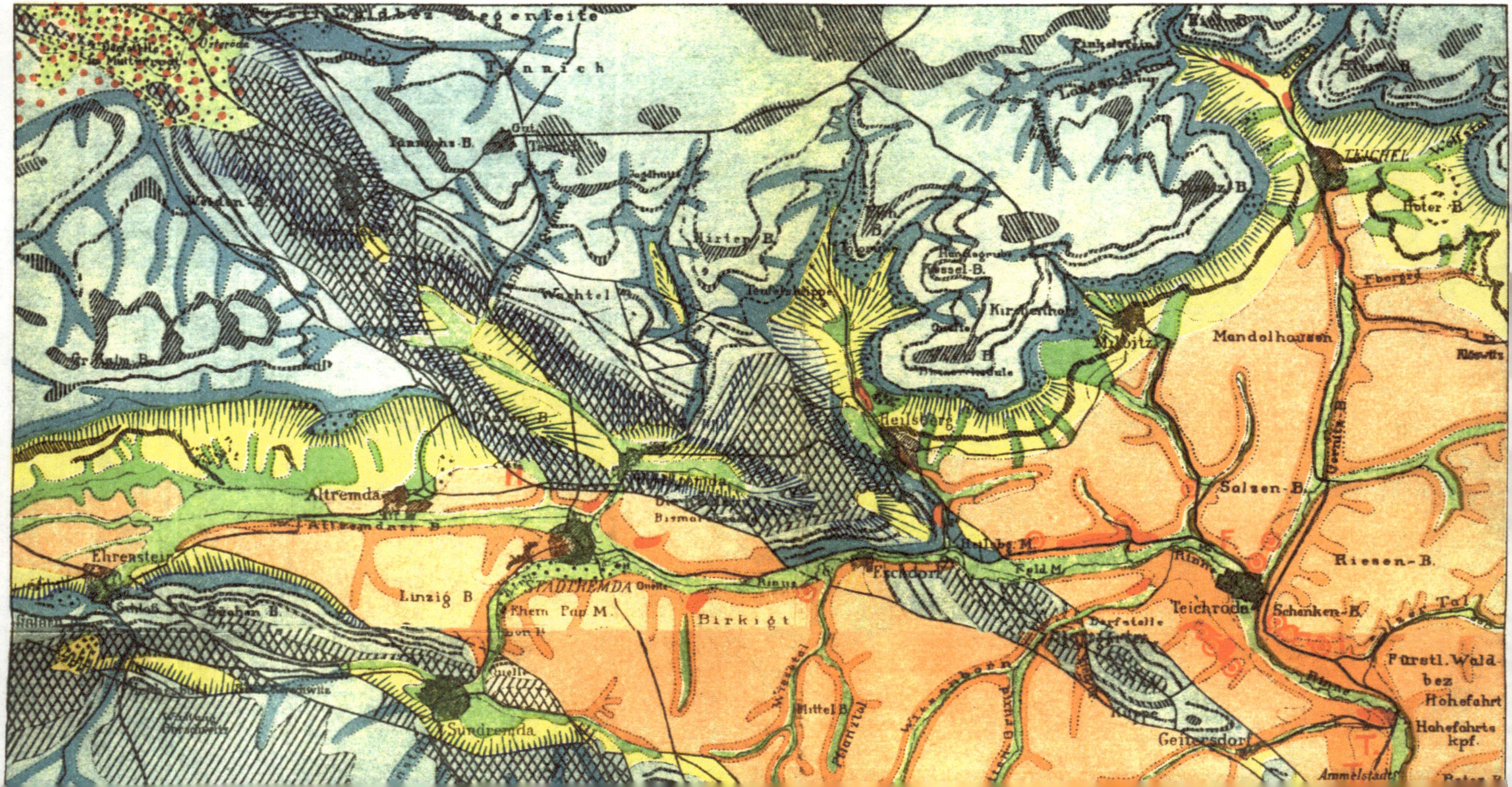
Tännich
Hirten B.
Wachtel
Kirchenthorn
Kessel-B.
Teichel
Hoher B.
Eberg
Mandolhausen
Solzen-B.
Heilsberg
Altremda
Ehrenstein
Stadtremda
Linzig B
Birkigt
Eschdorf
Teichröda
Schenken-B.
Riesen-B.
Sundremda
Geitersdorf
Fürstl. Wald bez Hohefahrt
Hohefahrts kpf.
Ammelstädt

Maßstab 1 : 50 000. 0 500 1000 1500 2000 2500 m.

	Steiniger Kalkboden
	Kalkschutt auf sekundärer Lagerstätte
	Kalkschutt gemengt mit anderen Böden
	Steinarme Tonböden aus Keuper, Röt, Zechsteinletten
	Steinarme Tonböden auf sekundärer Lagerstätte
	Sandige bis lehmige Böden des Buntsandsteins
	Sandige bis lehmige Schuttböden (Sandsteinschutt, Schotter, Lößlehm)
	Aueton der Niederungen und Täler
	Diluviale Schotter der Volkstedter Terrasse
○ ○	Schotter in 250—280 m Meereshöhe
+ +	Schotter in 310—330 m Meereshöhe
	Schotter in 350—365 m, beziehungsweise 450 m Meereshöhe
T.	Vereinzelte Gerölle aus dem Thüringer Wald
	Transportierter Talschutt, anstehend
⊙	Transportierter Talschutt in losen Geröllen
S.	Sandsteingerölle
F.	Diluviale Fossilien
H.	Moorboden

Hamburg: L. Friederichsen & Co.
1914.

Mitt. d. Geogr. Ges. i. Hamburg, Bd. XXVIII, Taf. 8.

Hypothetische Karte der Ausgestaltung der Oberfläche.

Reste der pliozänen (?) Landfläche

In der Diluvialzeit erodierte, zum Teil mit glazialem Schutt bedeckte Täler

Aus der Diluvial- und Alluvialzeit stammender Talschutt der steilen Gehängetäler

Talablagerungen der Alluvialzeit

— — — Grenzen der Talungen

Hamburg: L. Friederichsen & Co.
1914.

Kolibri 360 GmbH
Ferdinand-Jühlke-Straße 7
99095 Erfurt, Deutschland
produktsicherheit@kolibri360.de